KCS 대한화학회 KOREAN CHEMICAL SOCIETY

화학이 지구를 더 푸르게, 안녕과 복지를 위한 화학

원소 주기율표 (Periodic Table of Elements)

범례: 원소기호 O, 원자번호 8, 이름 산소 oxygen, 원자량 15.9994, 안정한산화수 −2, 전기음성도 3.5

[a]가장 안정하거나 잘 알려진 동위원소의 질량수
[b]가장 반감기가 긴 동위원소의 질량

원자량은 탄소-12를 기초로 하였다. 괄호 속에 주어진 원자량은 가장 안정하거나 가장 잘 알려진 동위원소들의 것이다.

주기 (Period) \ 족 (Group)	1 (IA)	2 (IIA)	3 (IIIB)	4 (IVB)	5 (VB)	6 (VIB)	7 (VIIB)	8	9 (VIIIB)	10	11 (IB)	12 (IIB)	13 (IIIA)	14 (IVA)	15 (VA)	16 (VIA)	17 (VIIA)	18 (VIIIA)
1	H 1 수소 hydrogen 1.00794 1 2.2																	He 2 헬륨 helium 4.002602 – –
2	Li 3 리튬 lithium 6.941 1 1.0	Be 4 베릴륨 beryllium 9.01218 2 1.5											B 5 붕소 boron 10.81 3 2.0	C 6 탄소 carbon 12.011 +4,−4, 2.5	N 7 질소 nitrogen 14.0067 +3,−3 3.1	O 8 산소 oxygen 15.9994 −2 3.5	F 9 플루오르 fluorine 18.99840 −1 4.1	Ne 10 네온 neon 20.1797 – –
3	Na 11 나트륨 sodium 22.98977 1 1.0	Mg 12 마그네슘 magnesium 24.305 2 1.2											Al 13 알루미늄 aluminum 26.98154 3 1.5	Si 14 규소 silicon 28.086 4 1.7	P 15 인 Phosphorus 30.97376 5 2.1	S 16 황 sulfur 32.065 6 2.4	Cl 17 염소 chlorine 35.453 +1,−1 2.8	Ar 18 아르곤 argon 39.948 – –
4	K 19 칼륨 potassium 39.0983 1 0.9	Ca 20 칼슘 calcium 40.078 2 1.0	Sc 21 스칸듐 scandium 44.9559 3 1.2	Ti 22 타이타늄 titanium 47.867 4 1.3	V 23 바나듐 vanadium 50.9415 5 1.5	Cr 24 크로뮴 chromium 51.996 3 1.6	Mn 25 망가니즈 manganese 54.9380 2 1.6	Fe 26 철 iron 55.845 3 1.6	Co 27 코발트 cobalt 58.9332 2 1.7	Ni 28 니켈 nickel 58.69 3 1.8	Cu 29 구리 copper 63.546 2 1.8	Zn 30 아연 zinc 65.409 2 1.7	Ga 31 갈륨 gallium 69.72 3 1.8	Ge 32 저마늄 germanium 72.61 4 2.0	As 33 비소 Arsenic 74.9216 +3,−3 2.2	Se 34 셀레늄 Selenium 78.96 4 2.5	Br 35 브로민 bromine 79.904 +1,−1 2.7	Kr 36 크립톤 krypton 83.80 – –
5	Rb 37 루비듐 rubidium 85.4678 1 0.9	Sr 38 스트론튬 strontium 87.62 2 1.0	Y 39 이트륨 yttrium 88.9059 3 1.1	Zr 40 지르코늄 zirconium 91.22 4 1.2	Nb 41 나이오븀 niobium 92.9064 5 1.2	Mo 42 몰리브데넘 molybdenum 95.94 6 1.4	Tc 43 테크네튬 technetium 98.9062[b] 7 1.4	Ru 44 루테늄 ruthenium 101.07 (3,4) 1.4	Rh 45 로듐 rhodium 102.9055 3 1.5	Pd 46 팔라듐 palladium 106.4 2 1.4	Ag 47 은 silver 107.868 1 1.4	Cd 48 카드뮴 cadmium 112.411 2 1.5	In 49 인듐 indium 114.82 3 1.5	Sn 50 주석 tin 118.71 4 1.7	Sb 51 안티모니 antimony 121.760 +3,−3 1.8	Te 52 텔루륨 tellurium 127.60 4 2.0	I 53 아이오딘 iodine 126.904 +1,−1 2.2	Xe 54 제논 xenon 131.293 – –
6	Cs 55 세슘 cesium 132.9054 1 0.9	Ba 56 바륨 barium 137.327 2 1.0	57-71 lanthanoids	Hf 72 하프늄 hafnium 178.49 4 1.2	Ta 73 탄탈럼 tantalum 180.9479 5 1.3	W 74 텅스텐 tungsten 183.84 6 1.3	Re 75 레늄 rhenium 186.2 7 1.5	Os 76 오스뮴 osmium 190.2 4 1.5	Ir 77 이리듐 iridium 192.22 4 1.6	Pt 78 백금 platinum 195.078 4 1.4	Au 79 금 gold 196.9665 3 1.4	Hg 80 수은 mercury 200.59 2 1.5	Tl 81 탈륨 thallium 204.3833 1 1.4	Pb 82 납 lead 207.2 2 1.6	Bi 83 비스무트 bismuth 208.9804 3 1.7	Po 84 폴로늄 polonium (210)[a] 4 1.8	At 85 아스타틴 astatine (210)[a] +1,−1 2.0	Rn 86 라돈 radon (222)[a] – –
7	Fr 87 프랑슘 francium (223)[a] 1 0.9	Ra 88 라듐 radium 226.0254[b] 2 1.0	89-103 actinoids	Rf 104 러더포듐 rutherfordium (261)[a] 4 –	Db 105 더브늄 dubnium (262)[a] 5 –	Sg 106 시보귬 seaborgium (266) – –	Bh 107 보륨 bohrium (264) – –	Hs 108 하슘 hassium (277) – –	Mt 109 마이트너륨 meitnerium (268) – –	Ds 110 다름슈타튬 darmstadtium (271) – –	Rg 111 뢴트게늄 roentgenium (272) – –	Cn 112 코페르니슘 copernicium (277) – –						

전이 원소 (Transition elements): 3족 ~ 12족

내부 전이 원소 (Inner transition elements)

La 57 란타넘 lanthanum 138.9055 3 1.1	Ce 58 세륨 cerium 140.116 3 1.1	Pr 59 프라세오디뮴 praseodymium 140.90765 (3,4) 1.1	Nd 60 네오디뮴 neodymium 144.24 3 1.1	Pm 61 프로메튬 promethium (145)[a] 3 1.1	Sm 62 사마륨 samarium 150.4 3 1.1	Eu 63 유로퓸 wuropium 151.964 3 1.0	Gd 64 가돌리늄 gadolinium 157.25 3 1.1	Tb 65 터븀 terbium 158.92534 3 1.1	Dy 66 디스프로슘 dysprosium 162.50 3 1.1	Ho 67 홀뮴 holmium 164.93032 3 1.1	Er 68 어븀 erbium 167.26 3 1.1	Tm 69 툴륨 thulium 168.9342 3 1.1	Yb 70 이터븀 ytterbium 173.04 3 1.1	Lu 71 루테튬 lutetium 174.97 3 1.1
Ac 89 악티늄 actinium (227)[a] 3 1.0	Th 90 토륨 thorium 232.0381[b] 4 1.1	Pa 91 프로트악티늄 protactinium 231.03588 5 1.1	U 92 우라늄 uranium 238.02891 6 1.2	Np 93 넵투늄 neptunium (237) 5 1.2	Pu 94 플루토늄 plutonium (244) 4 1.2	Am 95 아메리슘 americium (243) 3 1.2	Cm 96 퀴륨 curium (247)[a] 3 1.2	Bk 97 버클륨 berkelium (247) 3 1.2	Cf 98 캘리포늄 californium (251)[a] 3 1.2	Es 99 아인슈타이늄 einsteinium (251) – 1.2	Fm 100 페르뮴 fermium (257) 3 1.2	Md 101 멘델레븀 mendelevium (258) – 1.2	No 102 노벨륨 nobelium (259) – –	Lr 103 로렌슘 lawrencium (262) – –

KCS 대한화학회 THE KOREAN CHEMICAL SOCIETY

화학이 지구를 푸르게 안녕과 복지를 위한 화학

제7개정판

표준 일반화학실험

7th Edition
General Chemistry Laboratory

KCS
대한화학회
THE KOREAN CHEMICAL SOCIETY

화학이 지구를 더 푸르게
안녕과 복지를 위한 화학

대 한 화 학 회

표준 일반화학실험 개정위원회

위원장 : 도춘호

위 원 : 김강진 이남수 홍태기

제7개정판 머리말

대한화학회에서 '표준일반화학실험' 제7개정판을 발행합니다. 대한화학회 발행 일반화학실험 책이 1976년에 초판이 나온 이래, 우리 나라 대학의 대표적인 일반화학실험 교재로 전국 대학가에서 널리 사용되어오고 있습니다.

제7개정판은 국내 여러 대학의 일반화학실험 내용을 파악해서 잘 활용되지 않는 실험은 제외하고 그 대신 우리 생활과 관련되고 화학의 기본이 되는 새로운 실험들을 추가하는 등 학생들에게 도움을 주기 위해 새롭게 판을 짜고 편집하였습니다.

제7개정판의 특징은 다음과 같습니다.

1. 제6개정판의 틀을 유지하면서 일상 생활과 관련되고 또 화학의 기초도 다질 수 있는 새로운 실험 몇가지를 추가했고 또 몇가지 실험들은 그 내용을 보완했습니다.
   추가한 실험 내용: (1) 수돗물 잔류 염소의 정량 분석, (2) 비타민 C 정량, (3) 화학발광, (4) 양이온 확인, (5) 센물의 분석, (6) 불꽃 시험
   변경한 실험 내용: (1) 은 나노입자 만들기, (2) 완충 용액
2. 화학 술어, 화합물, 기구, 화학자들의 이름을 영문 표기와 설명을 추가하였습니다.
3. 최신 자료 및 기존 실험 내용도 보완하고, 읽기 쉽고 실험 준비에 편리하도록 편집하였습니다.

화학은 이제 화학을 전공하는 화학자뿐만 아니라 일반 시민들도 화학을 교양으로 알아야 하는 시대가 되었습니다. 이것은 화학이 학문 분야뿐만 아니라 우리 인생의 모든 분야와 연관이 있다는 것을 과학과 사회의 발달과 함께 많은 사람들이 이해하기 시작했기 때문입니다. 특히 인생의 안전과 건강과 복지에 대한 관심의 증대와 함께 화학에 대한 이해가 더욱 중요해졌기 때문입니다. 또한 새로운 과학과 기술의 발전, 지역적인 문제와 지구 온난화 등 기후 변화, 에너지, 식량, 질병, 식수 문제 등 인류 번영의 기본적인 전 세계적 문제를 해결하는데도 화학이 중요한 역할을 한다는 것을 이해하기 시작했습니다. 이번에 개정한 일반화학 실험책은 이러한 점들을 염두에 두고 생활 속의 화학 그리고 첨단 학문으로서의 화학을 포함하도록 하였습니다.

끝으로 제7개정판의 준비를 위해 애써 주신 김강진, 이남수, 홍태기 위원 및 자료 제공 및 원고를 검토해준 이억균, 안양수, 고원배, 이기학, 서원석, 김태규, 손홍래, 우희권, 여운석, 윤웅찬, 원종옥, 이진용, 장락우, 장우동, 정옥상, 조병기, 조성준, 최철호, 한인숙 여러 교수들께 진심으로 감사드립니다.

2010년 12월

표준 일반화학실험 제7판 개정위원회 위원장 **도 춘 호**

초판 머리말

일반화학은 이공계 대학의 기초과목으로써 또한 일반 대학의 교양과목의 하나로써 그 중요성은 새삼 강조할 필요도 없을 것이다. 또한 이공계 교육에서는 강의와 실험을 한데 묶어 교육하는 경향이 크게 늘어나 이공계 학생에게는 물론 인문 사회계 학생에게도 일반화학실험까지를 부과하고 있는 대학도 있다.

따라서 우리의 현실에 맞는 일반화학실험 교과과정의 편성과 이에 따른 실험교재의 필요성이 요구되어 온지도 여러 해가 되었다. 그간 국내 대학에서 사용되어 온 실험교재를 훑어보면 대게 미국의 대학 실험교재를 그대로 또는 이를 번역해서 혹은 이를 적당히 재편성해서 써오고 있었던 것이 사실이다. 그러나 이들 교재는 부유한 그 나라의 실정에 맞춘 것으로 고가의 장비와 시약, 재료 등을 거침없이 사용토록 되어 있어 아직도 빈약한 우리의 대학 실정과는 동떨어진 것이 많다. 물론 우리의 사정이 훨씬 향상되기만 한다면 이러한 교재를 택해도 과히 무리가 없을지 모르지만 우리의 현실은 그렇지가 못하다. 이러한 사정으로 해서 여러 해 전부터 대학의 화학교육을 담당하고 있는 교수들 사이에서 우리의 실정에 알맞고 그러면서도 현대 화학의 첨단에서 과히 뒤지지 않는 일반화학실험 과정의 설정과 이에 따르는 교재편찬을 위한 논의가 오가던 중 1975년부터 대한화학회 화학교육위원회에서 이 문제가 정식으로 거론되기 시작하였다. 이리하여 동년 봄에 일반화학실험 교재 표준화위원회가 정식으로 발족하게 되고 문교부 학술연구조성비의 후원을 얻어 우선 교과과정 심의에 착수하였다. 부산의 동아대학교에서 개최되었던 1975년도 대한화학회 추계총회에서 가졌던 상기 표준화위원회에서는 다시 일반화학실험교재 편찬위원회의 설치를 결의하고 이 위원회로 하여금 syllabus의 작성을 의뢰하여 본격적인 작업에 들어서게 되었다. 이에 앞서 8월에는 본학회, 서울대학교 및 UNESCO 한국위원회의 공동 주최로 동남아 제국 일반화학실험 workshop이 개최되어 syllabus 작성작업에 많은 참고자료를 얻을 수 있었다.

교재편찬위원회는 1976년에 들어서서 본격적인 활동을 개시하여 누차에 걸친 회합을 갖고 syllabus시안작성소위원회가 작성한 초안을 예의 검토 확정을 보고, 이어서 집필자를 선정, 원고집필을 의뢰하고 동년 9월말까지 일차원고 작성이 완료되었다. 수집된 원고는 다시 여러 차례에 걸친 독회를 거쳐 수정을 가한 후 11월 말경에 완성을 보아 인쇄에 넘길 수 있었다.

이 교재의 편찬 원칙으로는 다음과 같은 사항들이 채택되었다.

(1) 한 실험당의 단위 시간은 2시간으로 한다.

(2) 실험에 사용될 화학물질은 가능한 한 우리 환경에 밀접한 것을, 그리고 국내에서 쉽게 입수할 수 있는 것을 택한다.

(3) 고가한 장치의 사용을 되도록 피하고 화학의 원리를 이해시키는 데에 역점을 둔다.

(4) 꼭 필요하다고 인정되는 경우 다소 고가한 기기를 다루는 실험도 포함시키나 이러한 경우 되도록 이에 대치할 수 있는 같은 원리에 따른 실험을 함께 넣어 각 대학의 실정에 따른 취사 선택의 여지를 둔다.

이 교재가 발간되기까지는 많은 어려움이 있었다. 원고를 집필해주신 분들이 전국적으로 분산되어 있는 관계로 편찬위원회의 의도가 충분히 설명 내지는 주지되지 못했고, 서로 사이의 의견교환의 기회가 적어 원고의 체제가 일치하지 못했다든가 또는 실험 내용이 syllabus에서 의도했던 바에 벗어났다든가 하는 일도 적지 않았다. 따라서 부득이 편찬위원회에서 원고제출의 지연으로 시간에 쫓기는 바가 되어 사전에 집필하신 분께 양해를 구하지 못한 점에 대해서는 미안한 느낌을 금할 수 없다. 너그러운 양해를 구하는 바이다.

끝으로 이 책이 나오기까지에 많은 노력을 베풀어 주신 분들의 성함을 아래에 기록하고 거듭 감사의 뜻을 표하고자 한다.

일반화학실험교재 표준화위원회 위원

최상업, 박종희, 이상협, 이우영, 하영구, 안운선, 박기채, 황정의, 이용근, 정진순, 이병조, 박노학, 김시준, 이진택, 김일두, 박충확, 윤상기, 정구순, 김시중.

일반화학실험교재 편찬위원회 위원

최상업, 최규원, 박기채, 최재시, 이태녕, 이진택, 김장환, 하영구, 진정일, 김시중, 장세희.

집필위원

김일두, 박종희, 정구순, 하영구, 이태녕, 박일현, 문병열, 이상영, 김장환, 이병조, 황정의, 사공열, 이본수, 정진순, 권동숙, 진정일, 이억석, 이용근, 박노학, 민태원, 박진하, 김태린, 문수찬, 박기채, 이길상, 윤상기, 박종민, 노익삼, 이조웅, 이우영.

이 밖에 이우영 박사는 최종 원고 정리 및 인쇄교정을 맡아 이 책을 완성시킴에 있어서 많은 수고를 하셨다. 또한 75년도에 이어 76년도에도 문교부 학술연구비의 지원을 받았으며, 이 지원은 본교재 편찬에 있어서 큰 도움이 되었음을 밝히는 동시에 이를 주선해 주신 문교부당국에 깊은 감사의 뜻을 표하는 바이다.

마지막으로 이 교재 편찬에 있어서 누구보다도 많은 노력을 기울였고 또한 정력적으로 이 일을 추진해 오신 화학교육위원장 김시중 박사의 공로가 컸음을 밝혀둔다.

1976년 12월

대한화학회 간사장 **장 세 희**

차 례

부 록

A. 화학 실험에 대한 소개

화학은 “물질의 성질과 그 변환”을 연구하는 학문으로 일상 생활에서 첨단 산업 분야까지 그 응용 범위가 대단히 넓은 실용과학 분야이며, 현대 과학과 공학의 모든 분야와 깊은 관련을 가지고 있다. 따라서 화학은 화학을 전공하기 위해서만이 아니라 현대의 과학이나 공학을 이해하기 위해서 반드시 필요하다.

화학은 기본적으로 자연 현상의 정확한 관찰을 바탕으로 하는 실험과학이기 때문에 화학을 배우는 과정에서 실험은 핵심적인 부분을 차지한다. 화학 실험실에서 얻게 되는 경험은 모든 과학과 공학의 실험에 활용되고, 나아가서 주변의 자연 현상을 더욱 잘 이해할 수 있는 기초 지식이 된다.

화학 실험은 상식을 가진 사람이면 누구나 할 수 있으며, 화학 실험에서는 정확하고 자세한 관찰과 논리적인 사고를 통하여 자연 법칙을 이해하고 이를 응용할 수 있는 능력을 키울 수 있다. 화학 실험을 보다 유익하게 익히기 위해서 다음과 같은 자세를 갖는 것이 중요하다.

1. 실험을 할 때는 언제나 실험의 목적과 방법을 충분히 이해하여 실험에 대한 자신감을 갖도록 한다. 화학 실험은 상식을 가진 사람이라면 누구나 할 수 있는 것이기는 하지만, 조심하지 않으면 정확한 결과를 얻지 못하거나 심각한 사고가 일어날 수 있다.
2. 실험을 시작하기 전에 필요한 기구와 시약이 준비되어 있는가를 확인한다. 실험을 하는 중에 기구나 시약이 모자라게 되면 실험을 끝내지 못하게 되거나 사고로 이어질 수 있다.
3. 실험에 사용하는 기구와 시약의 특성을 충분히 파악하고, 안전한 사용법을 익혀두도록 한다. 화학 실험에서 사용하는 시약 중에는 심한 독성을 가진 것이 많기 때문에 매우 조심스럽게 취급하여야만 한다. 만약의 사고가 일어날 경우에 어떤 대책이 필요한가도 꼭 익혀두어야 한다.
4. 반드시 시약의 종류를 확실하게 표시해두는 습관을 익혀야 한다. 공동으로 사용하는 시약병에 담긴 시약은 오염이 되지 않도록 조심해야 한다. 사용 후에 남은 시약을 공동으로 사용하는 시약병에 다시 넣어서는 안 되고, 전용으로 사용하는 피펫 이외의 기구를 공동 시약병에 넣어도 안 된다.
5. 실험을 하는 동안에 중요한 관찰 사항이나 측정값 또는 의문 사항은 즉시 실험 노트에 적어도는 버릇을 익혀야 한다. 측정값을 이용한 계산의 모든 과정도 함께 적어두어야 한다. 측정값을 아무 곳에나 적어두었다가 실험이 끝난 후에 노트를

정리하는 것은 대단히 나쁜 버릇이다. 실험 노트를 쉽게 읽을 수 있도록 그 내용을 확실하게 적어두는 것이 깨끗한 노트를 만드는 것보다 훨씬 더 중요하다.

6. 실험을 마친 후에는 실험 노트에 적어둔 관찰 사항을 바탕으로 "실험 보고서"를 작성한다. 실험 보고서에는 자세한 계산 과정은 적지 않아도 되지만, 실험에서 얻은 결과에 대한 정확한 분석이 포함되어야 한다.
7. 실험의 결과에 대하여 동료와 토론을 하는 과정에서 많은 것을 배울 수 있다. 그러나 무조건 동료의 실험 결과를 베껴서는 안 된다. 공동으로 수행한 실험의 경우에는 실험 데이터가 같아야 하지만 계산된 결과와 해석은 다를 수도 있다.
8. 실험하는 과정에서 생각난 의문 사항은 반드시 도서관의 참고 자료를 활용하여 해결하는 버릇이 필요하다. 필요하면 조교나 동료의 도움을 받을 수는 있지만 스스로 의문사항을 해결하는 능력을 키울 필요가 있다. 화학 물질의 성질에 대한 자세한 자료는 다음과 같은 참고 자료를 이용할 수 있다.

   1) Handbook of Chemistry and Physics (CRC Press, Boca Raton, Florida)
   2) Merck Index (Merck & Co., Rakway, New Jersey)
   3) Lange's Handbook of Chemistry (MaGraw-hill, New York)

9. 실험이 끝난 후에는 기구를 깨끗이 씻어서 원래의 자리에 정리해두고, 남은 시약을 적절하게 처리해야 한다.
10. 화학 실험실은 조심하지 않으면 매우 위험한 장소이기 때문에 실험실에서는 절대 흥분하지 말고 뛰거나 큰 소리로 떠들거나 장난을 쳐서는 안 되며, 실험실에서 음식물을 먹거나 음료수를 마셔서는 안 된다.

B. 화학 실험의 기본 사항

1. 시약의 취급 방법
2. 저울 사용법
3. 액체의 부피 측정 방법
4. 기구의 이름

B1. 시약의 취급 방법

실험을 성공적으로 마치기 위해서는 순도가 높은 시약이 필요하다. 새 시약병에 담긴 시약은 순도가 확실하겠지만, 이미 사용하던 시약병에 담긴 시약의 경우에는 평소에 시약을 어떻게 사용했는가에 따라서 그 순도가 결정된다. 시약병에 담긴 시약의 순도를 유지하기 위해서는 시약을 취급하는 방법을 잘 익혀두어야 한다.

(1) 필요한 시약의 양을 미리 확인하여 가장 작은 시약병을 사용해야 하며, 사용하기 전에 시약병의 표식을 두 번 이상 확인해야 한다. 다른 학생들과 함께 사용하는 시약병을 자신의 실험대로 가져가서는 안 된다.

(2) 시약을 꺼낸 후에는 반드시 시약병의 뚜껑을 닫아 두어야 한다.

(3) 시약병의 뚜껑은 실험대 위에 놓지 말고 손가락으로 잡고 있어야 한다. 시약병의 뚜껑에 이물질이 묻으면 시약병의 시약을 모두 오염시킬 수 있다.

(4) 사용하고 남은 시약은 절대 시약병에 다시 넣어서는 안 된다. 작은 양의 시약을 아끼려는 생각 때문에 시약병에 담긴 시약을 모두 못쓰게 만들 수 있다.

(5) 액체 시약이 담긴 시약병에 전용으로 사용하는 피펫이 아닌 피펫을 직접 넣으면 절대 안 된다. 필요한 양만큼의 시약을 비커에 덜어서 사용하고, 비커에 남은 시약은 회수통에 버려야 한다.

(6) 시약병을 놓아두는 실험대와 저울 주변에 시약을 흘리지 않도록 조심하고, 언제나 깨끗하게 닦아두어야 한다. 액체 시약병의 바깥에 흘러내린 시약도 깨끗하게 닦아내야 한다.

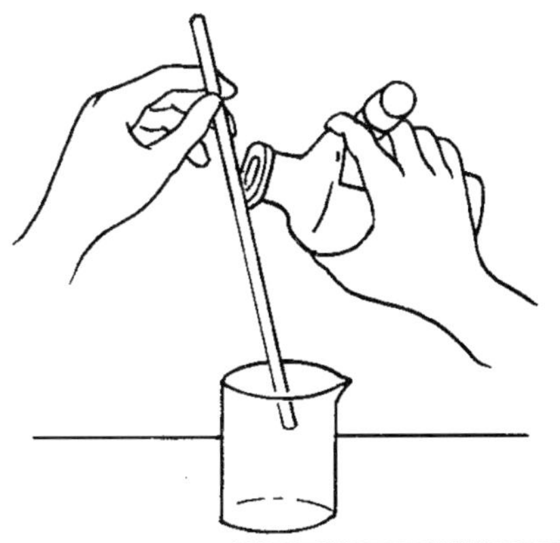

그림 1 액체 시약을 따라내는 법

(7) 고체 시약을 취급할 때는 언제나 깨끗하

게 닦은 약주걱을 사용해야 한다. 사용하는 시약의 양에 따라 적당한 크기의 약주걱을 선택해야 한다.

(8) 액체 시약을 따라낼 때는 두 손으로 시약병을 안전하게 잡고, 시약병의 표식에 흘러내린 시약이 묻지 않도록 표식이 위를 향하도록 해야한다.

(9) 액체 시약을 따라낼 때에는 유리 막대나 비커의 벽을 따라 액체가 흘러내리도록 해야 한다. 용액에 액체를 직접 떨어뜨리는 것은 매우 위험하다(그림 3 참조).

B2. 저울 사용법

화학 실험에서 시료의 질량을 측정하는 데는 저울을 사용한다. 저울은 그 정밀도에 따라 "어림 저울"과 "화학 저울"로 구분한다. 어림저울은 0.01 g 또는 0.001 g까지 측정할 수 있고, 화학 저울은 0.0001 g까지 측정할 수 있도록 제작되어 있다.

그림 2 어림 저울

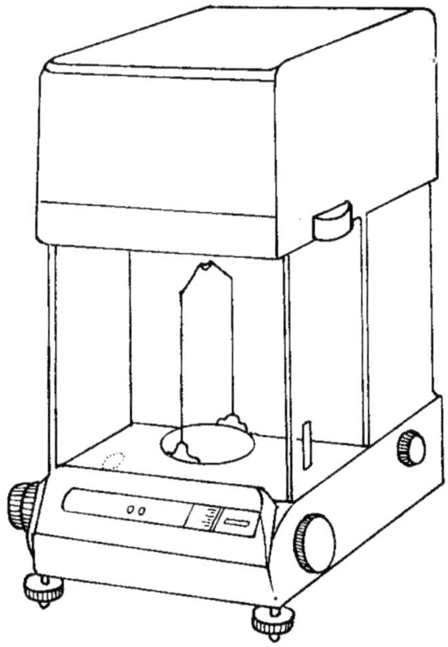

그림 3 화학 저울

저울은 정밀 측정 장치이기 때문에 정확한 사용법을 알고 깨끗하게 사용해야 한다. 저울의 사용법은 제작사에 따라서 조금씩 다르기 때문에 저울을 처음 사용하기 전에 반드시 사용법을 주의해서 읽어 두어야 한다.

저울은 진동이 없는 실험대 위에 항상 수평이 유지되도록 놓아두어야 하고, 각자의 실험대로 옮겨 다녀서는 안 된다. 저울의 접시에 시약이 떨어지지 않도록 조심해야 하고, 만약 물이나 시약이 묻었을 경우에는 즉시 깨끗하게 닦아내야 한다.

먼저 저울의 전원을 켜고 잠시 기다린 후에 저울의 영점을 확인한다. 시약을 담을 시약 종이나 용기를 조심스럽게 접시 위에 올려 놓고 질량을 읽는다. 전자 저울의 경우에는 이 때에 영점을 다시 맞추도록 하는 버튼이 있는 경우도 있다. 저울에 나타나는 질량을 읽어서 실험 노트에 옮겨 적는다.

특히 화학 저울은 대단히 정밀한 장치이기 때문에 특별히 조심해서 취급해야 한다. 시료를 접시에 얹거나 내릴 때만 저울의 문을 열어야 한다. 접시에 시료를 얹거나 내릴 때와 저울 추를 바꾸는 다이알을 돌리 때에는 손잡이를 돌려서 저울대가 받침대에서 올려져 있도록 해야한다.

B3. 액체의 부피 측정 방법

액체의 부피를 측정할 때는 눈금 실린더, 뷰렛, 피펫 또는 부피측정용 플라스크를 사용한다. 비커나 플라스크에 새겨진 눈금은 정확하지 않기 때문에 어림 측정을 할 때만 사용해야 한다. 부피를 측정하는 유리 기구를 가열하면 유리가 팽창해서 정확한 측정이 불가능하게 되기 때문에 절대 가열해서는 안 된다.

부피를 측정하는 유리 기구는 먼저 비눗물이나 세척액을 이용해서 세척솔로 깨끗하게 씻은 후에 증류수로 여러 번 헹군 다음 완전히 건조시켜서 사용하는 것이 좋다. 시간이 없을 경우에는 증류수로 헹군 다음에 다시 사용하려는 액체로 몇 번 더 헹구어 사용한다. 유리 기구가 깨끗하지 않으면 유리벽에 묻은 액체가 균일하게 흘러내리지 않고, 부피 측정도 정확하지 않게 된다. 액체를 바꿀 경우에는 반드시 유리 기구를 다시 세척해야 한다.

유리 기구의 눈금을 읽지 전에 유리벽에 묻은 액체가 모두 흘러 내리도록 충분히 기다려야 하고, 눈금이 새겨진 부분을 수직이 되도록 세운 후에 눈금을 읽어야 한다. 눈금을 읽을 때는 눈의 높이가 액체의 눈금과 같이 되도록 하고, 메니스커스의 바닥 부분에 해당하는 위치에 해당하는 눈금을 읽어야 한다. 유리 기구의 가장 작은 눈금을 10등분해서 읽는다. 즉 1 mL 간격으로 눈금이 새겨진 유리 기구의 경우에는 0.1 mL까지 읽어야 한다.

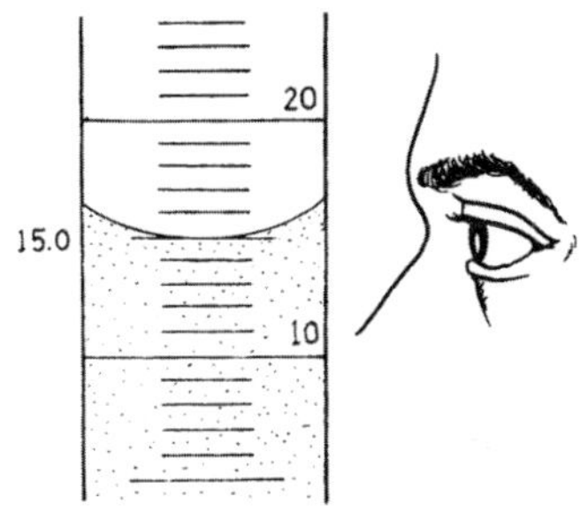

그림 4 액체의 눈금 읽는 법

부피를 측정하는 유리 기구는 실험에 필요한 정밀도와 사용 목적에 알맞은 것을 선택해서 사용해야 한다. (실험 1 참조).

B4. 기구의 이름

(1) 눈금 실린더

액체의 부피를 어림으로 측정하는 경우에 사용하는 것으로 측정하고자 하는 액체의 부피에 적당한 크기의 눈금 실린더를 사용해야 한다. 너무 크거나 작은 눈금 실린더를 사용하면 정확한 측정이 어렵다.

(2) 뷰렛

일정한 양의 액체 시료를 옮기거나 반응 그릇에 넣어주는 액체 시료의 양을 정확하게 측정하기 편리하도록 위에서부터 눈금이 새겨져 있다. 액체의 부피를 측정한 다음 일정한 양의 시료를 따라낸 후에 다시 눈금을 읽어서 그 차이로부터 따라낸 액체의 부피를 알아낸다.

뷰렛을 사용하기 전에 콕크가 빠져서 옆으로 액체가 새어나오지 않는가를 확인해야 하고, 뷰렛에 액체를 넣을 때는 반드시 깔때기를 사용해야 한다. 뷰렛의 콕크는 왼손으로 감아쥐고 손가락의 끝 부분으로 콕크의 끝 부분을 안쪽으로 밀면서 돌려야 한다. 잘못해서 콕크가 빠지게 되면 세척해서 완전히 건조한 다음에 콕크에 적당한 양의 그리스를 바른 후에 제자리에 끼워야 한다. 그리스를 너무 많이 바르면 콕크의 구멍이 막힐 수 있다.

(3) 피펫

일정한 양의 액체를 정확하게 취하기 위해서 사용하는 유리 기구이다. 피펫에는 일정한 양만을 취할 수 있도록 만들어진 홀피펫과 뷰렛과 같이 눈금이 새겨진 눈금피펫이 있다.

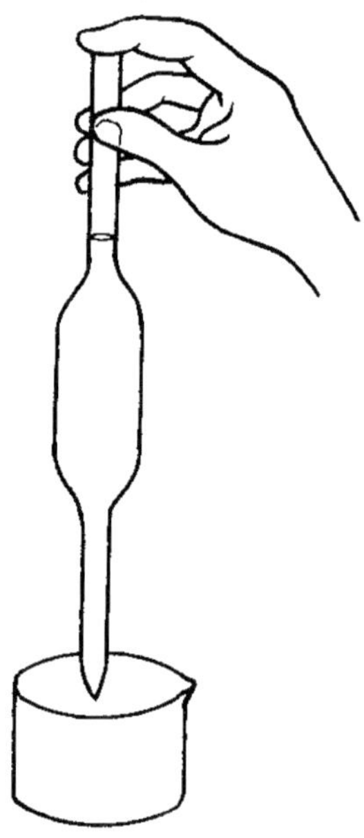

그림 5 피펫 사용법

피펫을 사용할 때는 피펫용 빨게를 사용하고, 입으로 액체를 빨아올리지 말아야 한다. 빨게가 없어서 입으로 빨아올려야 할 경우에는 액체의 증기를 들여마시지 않도록 해야 하고, 액체가 입으로 넘어들어가지 않도록 특별히 조심해야 한다.

피펫의 끝을 비커의 바닥 부분까지 넣은 다음에 고무 빨게의 끝을 피펫에 가볍게 대어서 액체가 눈금의 위까지 올라오도록 한 후에, 재빨리 빨게를 떼어내고 오른손 둘째 손가락으로 피펫의 구멍을 막아서 액체가 흘러내리지 않도록 한다. 오른손 첫째와 셋째 손가락을 이용해서 피펫을 좌우로 돌리면 액체가 조금씩 흘러나온다. 먼저 원하는 눈금에 메니스커스를 맞춘 후에 반응 그릇으로 옮겨가서 원하는 양의 시약을 취한다. 피펫에 액체를 넣은 채로 실험실을 돌아다녀서는 안 된다.

피펫을 입으로 불거나 털어서는 안 된다. 피펫의 끝을 용기의 벽에 닫게 하여 피펫의 끝에 묻어있는 액체도 용기로 옮겨야 한다.

최근에 많이 보급되고 있는 자동 피펫은 그 사용법이 매우 간단할 뿐만 아니라 정밀도도 높은 장점이 있다.

(4) 부피 플라스크

일정한 양의 액체를 정확하게 취할 수 있도록 눈금이 새겨진 플라스크로 흔히 일정한 농도의 용액을 만들 때 사용한다.

먼저 용질의 양을 정확하게 측정해서 플라스크에 넣은 후에 용매를 눈금까지 채운다. 메니스커스를 정확하게 맞추기 위해서 드롭퍼("스포이드"라고도 함)를 사용해도 좋다. 플라스크의 마개를 막은 다음에 잘 흔들어서 균일한 용액이 되도록 한다.

고체 용질을 사용할 경우에는 용매를 적당히 넣어서 용질을 완전히 녹인 다음에 용매를 눈금까지 채워야 한다. 부피 플라스크는 일정한 온도에서 사용해야만 정확한 부피를 측정할 수 있기 때문에 플라스크를 가열해서는 안 된다. 만약 고체 용질에 잘 녹지 않아서 가열해야 할 경우에는 비커에 용질을 넣고 최소한의 용매를 넣은 후에 적당히 가열하면서 용질을 녹인다. 비커의 용액을 플라스크에 옮기고 난 후에 용매로 비커를 여러 차례 세척하여 그 용액도 플라스크에 함께 넣어주어야만 정확한 농도의 용액을 만들 수 있다.

(5) 온도계의 종류와 사용법

화학 실험실에서는 주로 온도에 따라 부피가 변하는 액체의 부피를 이용해서 온도를 측정하는 온도계를 사용한다. 붉은색으로 착색된 알코올을 사용하는 알코올 온도계와 수은을 사용하는 수은 온도계가 많이 이용된다. 온도계의 밑부분이 온도를 측정하려는 시료와 충분히 접촉하도록 한 후에 온도를 읽어야 한다. 수은 온도계의 경우에는 메니스커스가 위로 볼록하게 되어 있으므로 눈의 높이를 메니스커스의 위와 같이 되도록 한 후에 가장 작은 눈금을 10등분해서 읽는다.

온도계의 눈금은 주로 순수한 물의 어는점(0 ℃)과 끓는점(100 ℃)을 기준으로 새겨져 있다. 그러나 대량으로 생산된 온도계의 경우에는 눈금이 정확한 위치에 새겨져 있지 않는 경우가 많기 때문에 온도계를 사용하기 전에 얼음물과 끓는 물로 온도계의 눈금을 확인하는 것이 바람직하다.

온도계는 온도를 측정하는 기구이므로 유리 막대와 같이 용액을 저어주는 목적으로 사용해서는 안 된다.

시료의 온도가 온도계의 눈금을 벗어나게 되면 온도계가 파손될 염려가 있기 때문에 조심해야 한다. 수은 온도계가 깨어져서 수은이 실험대에 떨어졌을 때는 즉시 충분한 양의 황 가루를 뿌려두고 24시간 이상 방치한 후에 황 분말을 수거해서 폐기물 통에 버려야 한다. 수은은 매우 유독하기 때문에 그대로 두거나 손으로 만져서는 안 된다.

(6) 액체와 고체를 분리하는 방법

고체가 바닥에 가라앉아 있을 경우에는 비커를 조심스럽게 기울여서 액체를 따라낼 수 있다. 또한 원심 분리기를 사용해서 고체를 시험관 바닥에 가라앉힌 다음에 용액을 분리할 수도 있다. 그러나 고체가 잘 가라앉지 않을 경우에는 거름 종이를 사용해서 고체와 액체를 분리한다. 거름 종이는 그림 8과 같이 두 번 접어서 바깥쪽의 끝을 조금 잘라낸 다음에 깔때기에 넣고 소량의 용매로 적셔 주어서 깔때기의 벽에 밀착되도록 한다. 고체가 섞여있는 용액을 잘 저어주면서 깔때기에 붓는다. 용액에 튀지 않도록 하고, 거름종이 위로 넘치지 않도록 조심해야 한다. 비커 벽에 묻은 고체는 소량의 거른액 또는 용매로 씻어서 거름종이에 옮긴다.

고체가 너무 작아서 용액에 잘 빠지지 않을 경우나 많은 양의 고체를 거를 때에는 사기 또는 유리로 만든 뷰흐너 깔때기를 사용한다. 이 때는 거름 종이를 뷰흐너 깔때기의 바닥에 놓고 용매로 적셔서 잘 밀착되도록 하고, 깔때기를 감압 플라스크에 꽂은 후에 감압기를 사용해 용매를 빨아낸다. 거른액을 다음 실험에 사용해야 할 경우에는 감압기에서 수돗물이 역류하는 것을 막기 위해서 감압기와 감압 플라스크 사이에 포착기를 장치하고, 감압기의 전원을 그거나 수돗물을 잠그기 전에 연결 호스를 분리시켜야 한다.

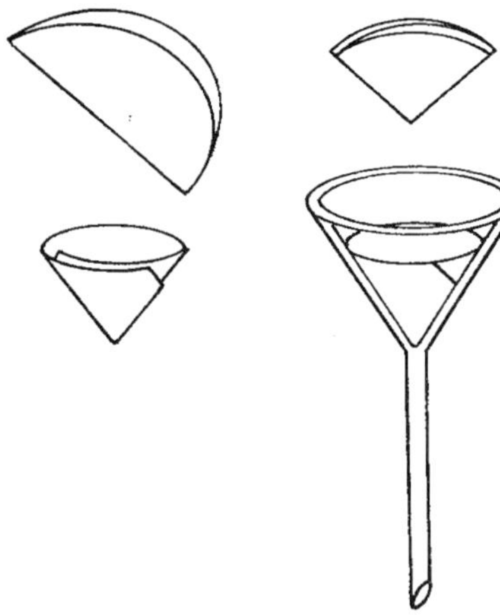

그림 6 거름 종이 잡는 법

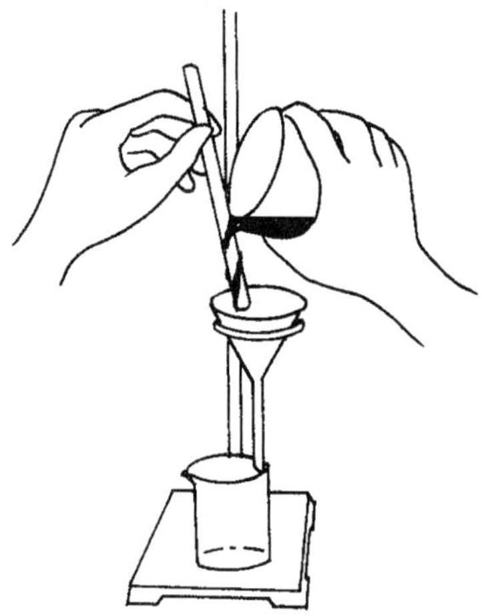

그림 7 깔때기 사용법

원심분리기는 시험관에 담긴 용액을 빠른 속도로 회전시켜서 생기는 원심력을 이용해서 밀도가 큰 입자들이 시험관의 아래쪽에 가라앉도록 만드는 장치이다. 원심분리기는 매우 빠른 속도로 회전하기 때문에 무게 중심이 맞지 않으면 회전할 때 균형이 깨져서 심하게 흔들리게 된다. 그러므로 분리하려는 용액이 담긴 시험관과 무게가 비슷한 시험관을 원심분리기에 축에 대하여 대칭이 되도록 넣어준 후에 회전을 시켜야 하고, 회전하고 있는 원심분리기에 손을 대지 않아야 한다.

기구의 이름

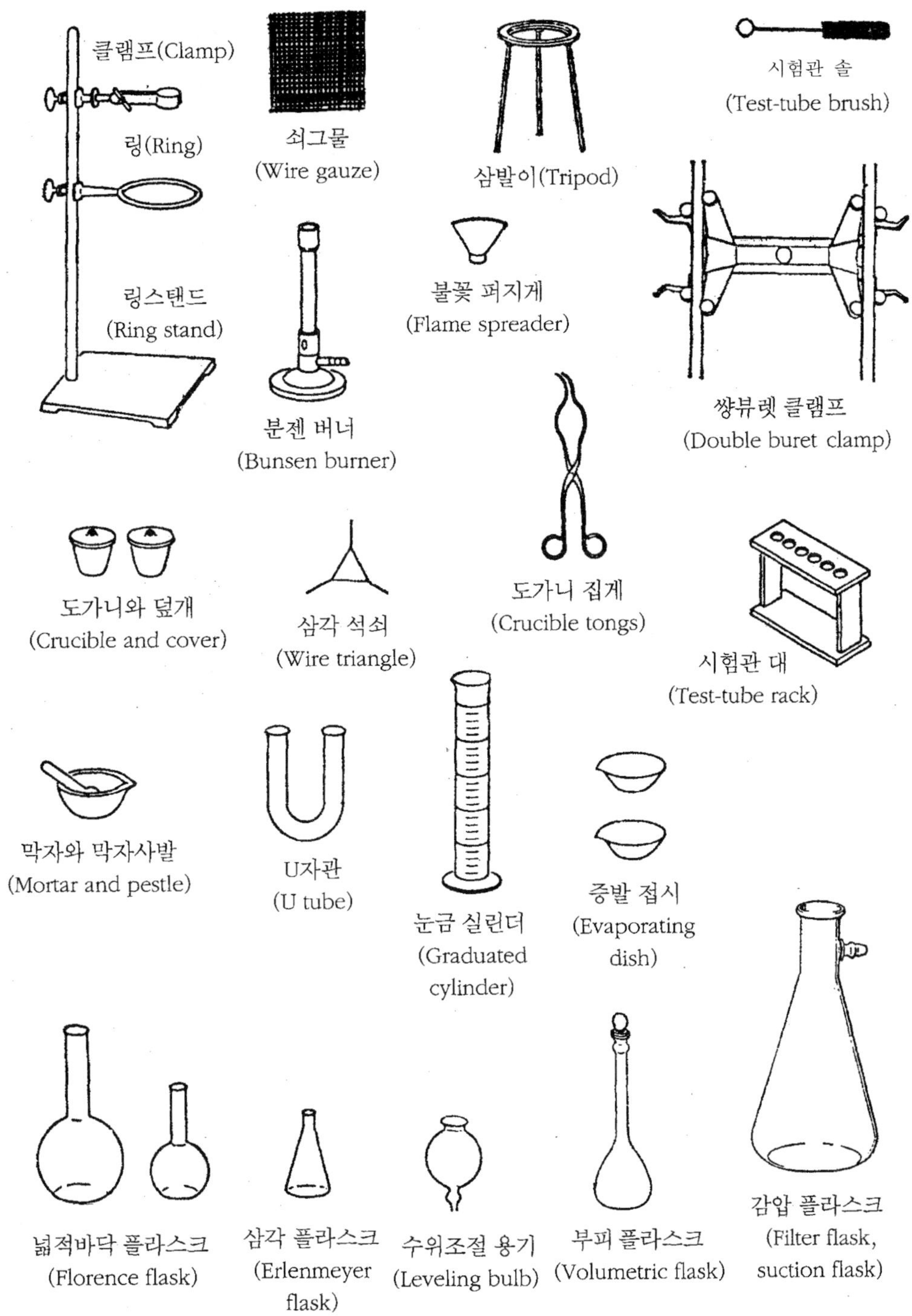

클램프(Clamp)
링(Ring)
링스탠드
(Ring stand)
쇠그물
(Wire gauze)
분젠 버너
(Bunsen burner)
삼발이(Tripod)
불꽃 퍼지게
(Flame spreader)
시험관 솔
(Test-tube brush)
쌍뷰렛 클램프
(Double buret clamp)
도가니와 덮개
(Crucible and cover)
삼각 석쇠
(Wire triangle)
도가니 집게
(Crucible tongs)
시험관 대
(Test-tube rack)
막자와 막자사발
(Mortar and pestle)
U자관
(U tube)
눈금 실린더
(Graduated cylinder)
증발 접시
(Evaporating dish)
넓적바닥 플라스크
(Florence flask)
삼각 플라스크
(Erlenmeyer flask)
수위조절 용기
(Leveling bulb)
부피 플라스크
(Volumetric flask)
감압 플라스크
(Filter flask, suction flask)

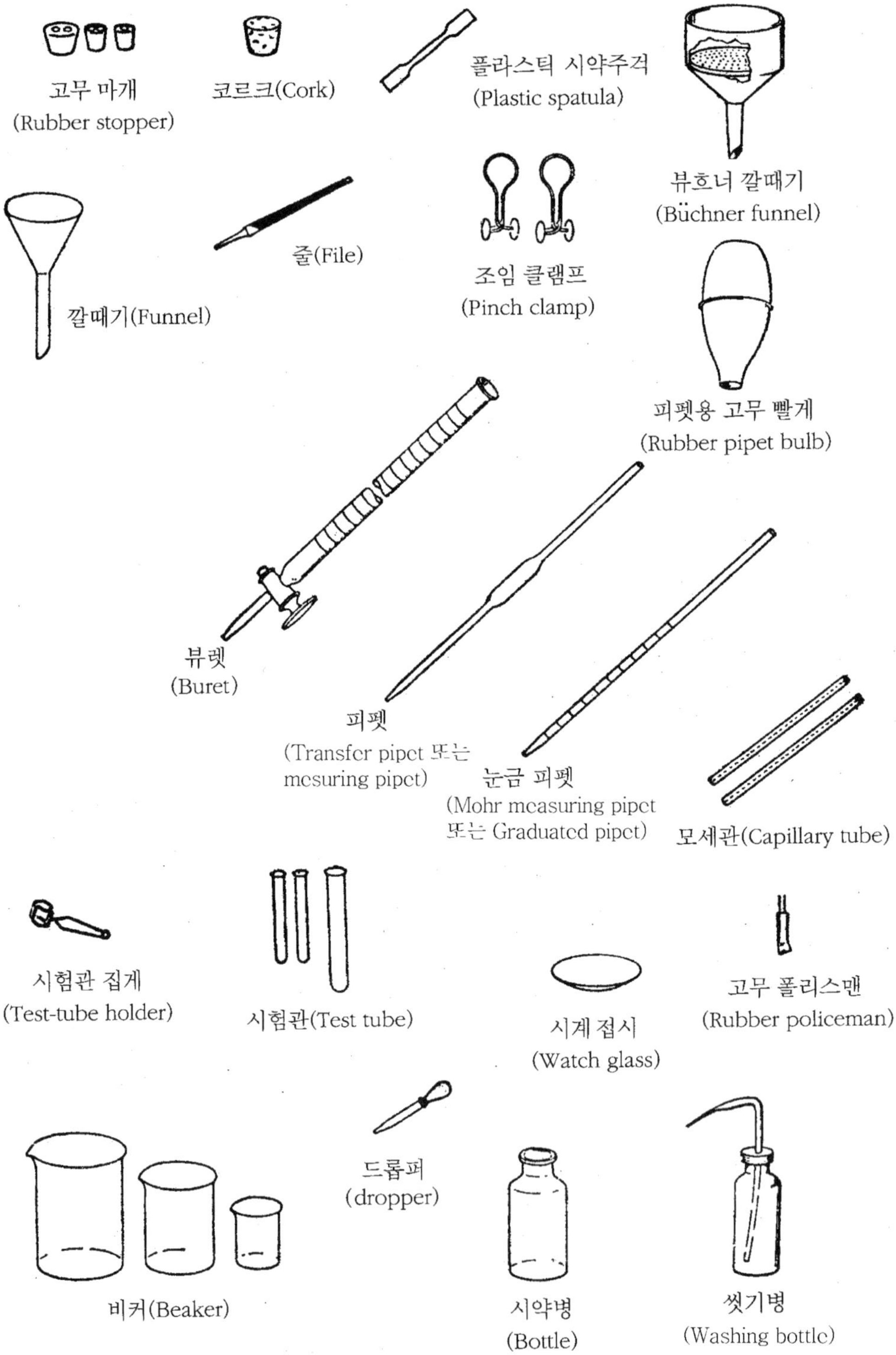
고무 마개
(Rubber stopper)
코르크(Cork)
플라스틱 시약주걱
(Plastic spatula)
뷰흐너 깔때기
(Büchner funnel)
깔때기(Funnel)
줄(File)
조임 클램프
(Pinch clamp)
피펫용 고무 빨게
(Rubber pipet bulb)
뷰렛
(Buret)
피펫
(Transfer pipet 또는
mesuring pipet)
눈금 피펫
(Mohr measuring pipet
또는 Graduated pipet)
모세관(Capillary tube)
시험관 집게
(Test-tube holder)
시험관(Test tube)
시계 접시
(Watch glass)
고무 폴리스맨
(Rubber policeman)
드롭퍼
(dropper)
비커(Beaker)
시약병
(Bottle)
씻기병
(Washing bottle)

C. 실험실에서의 안전 규칙

화학 실험실에서는 많은 위험 요소가 도사리고 있다. 매우 조심하지 않으면 자신은 물론 동료에게도 심각한 피해를 주는 사고가 일어날 수 있기 때문에 아래 사항을 잘 읽어서 기억해두어야 한다.

1. 허가받지 않은 시험은 절대 하지 말아야 한다.

실험을 시작하기 전에 실험의 내용에 대하여 충분히 알아두어야 한다. 일부 화학 실험은 매우 조심하지 않으면 폭발이나 화재 등으로 이어질 수 있기 때문에 사용하는 시약, 반응, 그리고 기구의 특성에 대하여 미리 알아두어야만 한다.

2. 비상구의 위치와 안전 장비의 위치와 사용법을 알아두어야 한다.

사고가 일어날 경우에 실험실을 벗어나는 방법과 소화기, 소화 담요, 샤워, 구급약 등의 위치와 사용법을 정확히 알아두어야 한다. **위급 상황이 발생하면 당황하지 말고, 사태를 정확히 파악한 후에 상식에 따라 행동하여야 한다.** 모든 사고는 즉시 조교에게 알려야 한다.

3. 반드시 보안경을 착용해야 한다.

시약이 튀어 오르거나 유리 파편은 눈에 치명적인 손상을 줄 수 있기 때문에 실험실에서는 언제나 화학 실험용 보안경을 착용해야 한다. 콘택트 렌즈를 착용하는 것은 매우 좋지 않다. 눈에 시약이 들어갔을 경우에는 우선 다량의 물로 씻어낸 후에 적절한 치료를 받아야 한다.

4. 적절한 복장을 착용해야 한다.

절대 맨발로 실험실에 들어가서는 안 되고, 발등을 덮고 잘 미끄러지지 않는 신발을 신어야 한다. 소매가 넓은 옷은 실험에 방해가 될 뿐만 아니라 사고의 요인이 되기도 한다. 실험복을 입는 것이 가장 바람직하다. 긴 머리도 사고의 원인이 될 수 있기 때문에 흘러내리지 않도록 해야 한다. **만약 시약이 옷이나 피부에 묻었을 경우에는 우선 흐르는 물로 10분 이상 씻어낸 후**에 조교의 지시를 받아야 한다.

그림 8 냄새 맡는 법

5. 맛을 보거나 냄새를 맡지 않는다.

실험실에 있는 시약은 절대 맛을 보아서는 안 되며, 강한 냄새를 풍기는 시약은 냄새를 직접 맡지 말고, 어쩔 수 없는 경우에는 손으로 부채질을 하여 냄새를 맡아야 한다. 실험실은 언제나 통풍이 잘 되도록 해야 하며, 냄새가 심한 시약은 반드시 후드에서 취급한다.

6. 시험관을 불꽃으로 직접 가열하지 않는다.

시약이 담긴 시험관은 반드시 물 중탕을 이용해서 가열해야 하며, 시험관의 열린 부분이 옆의 동료를 향하지 않도록 조심한다. 액체를 가열할 경우에는 반드시 끓임쪽을 넣어서 액체가 끓어오르지 않도록 해야 한다. 또한 시험관에 담긴 내용물을 위에서 직접 내려다보는 것은 위험하기 때문에 반드시 옆쪽에서 관찰해야 한다.

7. 진한 산과 염기를 조심하여 다루어야 한다.

진한 산과 염기를 섞으면 많은 열이 발생하기 때문에 위험하다. 물을 진한 산에 부어 넣으면 안 되고, 물을 저으면서 진한 산을 조금씩 섞어 주어야 한다.

8. 시약병의 표식을 두 번 이상 확인한다.

시약병에 붙어있는 표식을 두 번 이상 확인하는 버릇이 필요하다. 시약병의 모양이 비슷한 것도 많고, 이름이 비슷하면서 전혀 다른 시약도 많다. 시약병의 표식에 인쇄된 위험 표식에 대해서도 주의를 기울여야 한다.

9. 시약병은 반드시 두 손으로 옮긴다.

시약병의 뚜껑을 잡고 옮기는 것은 매우 위험하다. 시약병은 반드시 두 손을 사용해서 병의 모통 부분과 바닥을 받쳐들어야 한다. 그러므로 액체 시약을 사용할 경우에 병의 바깥에 흘러내린 시약을 깨끗이 닦아 두는 버릇이 필요하다.

10. 뜨거운 유리 기구는 집게를 사용한다.

유리는 가열하여도 색깔이 변하지 않기 때문에 매우 조심해야 한다. 뜨거운 유리 기구는 반드시 집게를 사용하여 옮기도록 한다. 장갑을 사용하면 편리하다.

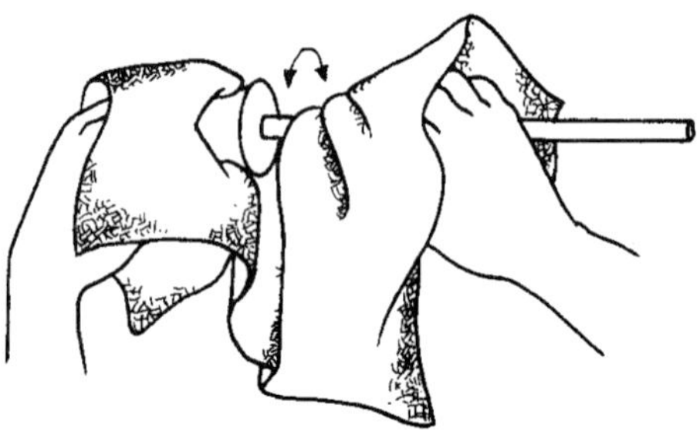

그림 9 유리관을 끼우는 법

11. 고무 마개에 유리관을 끼울 때 조심한다.

고무 마개에 유리관을 끼울 때는 유리관에 물을 묻혀서 조심스럽게 밀어 넣는다. 고무 마개와 유리관을 수건으로 감싸는 것이 좋고, 무리한 힘을 가하지 않도록 조심한다.

12. 사용한 시약을 적절하게 처리한다.

실험에 사용한 시약을 하수구에 버리거나 쓰레기통에 버리면 공해의 원인이 된다. 반드시 회수통에 모아서 적절히 처리할 수 있도록 해야 한다. 특히 진한 산이나 염기 또는 유기 용매를 하수구에 버리지 말아야 한다.

사고가 발생했을 때의 응급처치 방법

화학 실험실에서 사고가 일어났을 경우에는 모든 실험을 중단하고, 당황하지 말고 침착하게 상황을 파악하여 적절한 조치를 취한 후에 조교에게 즉시 보고해야 한다. 사고에 대한 적절한 조치를 취하지 않을 경우에는 자칫 더 큰 사고로 이어질 수도 있다. 실험실에서 생긴 상처는 적절한 응급처리를 한 후에 즉시 의사에게 치료를 받아야 한다. 조교가 실험실의 안전에 대하여 확인한 후에만 실험을 계속할 수 있다.

1. 시약을 쏟았을 경우

피부나 옷에 시약을 쏟았을 경우에는 흐르는 수돗물로 10분 이상 씻어낸다. 몸의 넓은 부위에 시약을 쏟았을 경우에는 샤워로 충분히 씻어낸다. 피부에 상처가 생겼을 경우에는 아무 약이나 바르지 말고, 깨끗한 붕대로 상처를 보호한 다음에 의사에게 적절한 치료를 받아야 한다.

2. 눈에 시약이 들어갔을 경우

눈을 뜬 상태로 흐르는 수돗물로 10분 이상 씻은 후에 즉시 의사의 치료를 받는다.

3. 화재가 발생했을 경우

버너나 전열기 등을 모두 끄고, 인화성 물질을 먼 곳으로 옮긴 후, 방독면을 착용한 후에 "화학 화재용 소화기"나 모래를 사용해서 불을 끈다. 물과 잘 섞이지 않는 유기 용매에 불이 붙었을 경우에는 물을 사용해서는 절대 안 된다. 화학 실험실에서 일어난 화재의 경우에는 독성 가스에 의한 피해가 우려되기 때문에 화재 경보기를 작동시켜서 건물 내의 모든 사람들에게 위험을 알리고, 학교 당국에 즉시 보고해야 한다.

4. 옷에 불이 붙었을 경우

당황해서 뛰어다니지 말고, 바닥에 누운 후에 실험복과 같은 옷이나 소화 담요를 사용해서 불을 끈다. 바닥에 몸을 굴려서 불을 끌 수도 있고, 얼굴에 가까운 부위가 아니라면 화학화재용 소화기를 사용해도 되며, 유기 용매에 의한 불이 아닐 경우에는 물을 사용해도 좋다.

5. 화상을 입었을 경우

화상이 심할 경우에는 아무 연고나 함부로 바르지 말아야 한다. 상처를 깨끗한 헝겊으로 덮은 다음에 즉시 의사의 치료를 받아야 한다. 화상을 심하지 않을 경우에는 차가운 물로 씻어서 열기를 식힌 후에 화상 연고를 바르고 붕대로 덮는다.

6. 피부를 베었을 경우

상처를 에탄올로 소독하고, 유리 파편 등을 완전히 제거한 다음 깨끗한 수건으로 눌러서 지혈을 시킨다. 상처가 심각할 경우에는 의사의 치료를 받아야 한다.

7. 시약을 마셨을 경우

즉시 손을 입에 넣어서 마신 것을 모두 토하도록 한 후에 의사의 치료를 받는다.

8. 유독한 기체를 마셨을 경우

즉시 통풍이 잘 되는 곳으로 옮기고 앉거나 누워서 깊게 호흡을 한다. 다량의 기체를 마셨을 경우에는 즉시 의사의 치료를 받아야 한다.

9. 폭발이 발생했을 경우

실험실의 모든 학생은 가까운 출구를 이용해서 대피해야 한다. 화재가 발생했을 경우에는 화재 발생의 경우와 같이 처리한다.

D. 보고서와 실험 노트 작성 요령

연구소나 대학의 연구실에서 연구 실험을 할 때 사용하는 실험 노트는 실험에서 관찰하거나 측정한 자료의 증거가 되고, 특허권에 대한 분쟁이 일어날 경우에 중요한 실험의 증빙 자료가 되는 중요한 문서이다. 실험 보고서는 실험에서 관찰한 내용을 종합적으로 정리하고 분석해서 얻은 결론을 적은 중요한 문서이다. 실험실의 사정에 따라 두 사람 이상이 함께 실험을 하더라도 실험 노트와 보고서는 반드시 개인적으로 작성해서 제출해야 한다.

실험 노트에는 실험에 필요한 모든 자료와 실험 방법이 정리되어 있고, 실험에서 관찰한 내용과 측정값들이 정확하게 기록되어 있어야 한다. 그러나 다른 문헌의 방법을 그대로 사용했을 경우에는 모두 옮겨 적을 필요는 없고, "X X 의 방법을 이용했다."와 같이 적으면 된다. 실험이 끝난 후에는 실험 노트의 자료를 분석한 내용을 자세하게 기록해야 하고, 그 내용을 정리해서 보고서로 만들어 조교에게 제출해야 한다. 실험이 끝난 후에는 어떤 일이 있어도 실험 노트에 적은 관찰 또는 측정값을 바꾸어서는 안된다. 실험 노트에 기록을 잘못했을 경우에는 잘못된 부분을 지우지 말고, 그위에 줄을 긋거나 "X"로 표시하고 정확한 내용을 다시 써야 한다.

(1) 실험 노트

실험을 시작하기 전에 실험에 대하여 충분히 준비하여 아래 사항을 노트에 정리해 두어야 한다.

1) 실험의 제목과 날짜 : 실험책의 번호와 함께 적고, 실험 날짜를 확실하게 적는다.
2) 실험의 목적 : 실험을 통해서 이해하고 싶은 현상을 간단하게 적는다.
3) 서론과 원리 : 실험의 중요성, 실험에서 확인하려는 개념, 실험 결과의 분석에 필요한 수식, 실험과 관련된 정의를 간단하게 요약한다.
4) 시약 및 기구 : 실험에 필요한 기구와 시약의 양을 적는다.
5) 실험 방법 : 실험의 각 단계를 알아보기 쉽게 정리하고, 주의 사항 등을 적는다.
6) 관찰 및 측정 결과 : 실험의 과정에서 관찰하거나 측정해야 할 내용을 정리한다.
7) 결과 및 논의 : 실험에서 관찰한 내용을 이용해서 결과를 얻는 과정을 상세하게 적고, 실험 결과에 포함된 불확정도와 실험 결과에 대한 상세한 논의를 적는다.
   실험을 하는 동안에 관찰한 내용과 측정값은 빠짐없이 바로 실험 노트에 정확하게 기록하는 버릇이 필요하다. 실험이 끝난 후에는 측정값들을 분석해서 얻은 결과를 적고, 그 결과에 대한 간단한 의견을 적어둔다. 실험 결과에 포함된 불확정도에 대해서 생각해보고, 불확정도를 줄이기 위한 방법도 생각해본다. 관찰한 내용이나 측정값은 실험책에 포함된 양식을 사용해도 좋다.

(2) 보고서

실험 보고서에는 다음 사항이 포함되어야 한다.

1) 서론과 원리 : 실험을 통해서 증명하거나, 결정하거나, 분석하려고 하는 목적을 간단히 적는다. 실험책이나 다른 책의 일부를 그대로 옮겨 적는 것은 시간과 노력의 낭비일 뿐이다. 공부한 내용을 최대한으로 요약해서 적는 것이 좋다.
2) 방법 : 실제 실험에서 수행한 실험 내용을 번호를 붙여서 간단하게 적는다. 실험책의 내용과 다르게 실험한 부분은 확실하게 알아볼 수 있도록 적어야 한다. 그러나 기본적인 기구의 조작 방법 등은 적지 않아도 된다.
3) 결과 및 논의 : 실험의 결과를 가능하면 표 또는 그래프로 정리해서 적는다. 표와 그래프에는 어떤 물리량을 표시한 것인가를 확실하게 적어야 한다. 조교의 지시에 따라 실험책의 측정 양식을 그대로 사용하거나 옮겨 적어도 좋다. 계산 과정을 모두 적을 필요는 없지만 측정값에서 어떤 방법으로 결과를 얻었는가는 명백하게 적어야 한다. 만약 틀린 실험 결과가 얻어졌다면 왜 그런 결과가 얻어지게 되었는가에 대해 분석해서 적어야 한다.
4) 결론 : 마지막으로 자신의 실험으로 처음에 의도했던 목적을 달성했는가와 실험에서 확인되었거나 결과에서 유도된 자연 법칙에 대하여 간단하게 적는다.

측정값의 불확정도와 유효 숫자

화학은 자연 현상에 대한 정확한 관찰과 측정을 체계적으로 정리하여 논리적인 해석을 추구함으로써 자연 법칙을 이해하려는 분야다. 따라서 화학 실험에서의 관찰과 측정은 화학을 배우는 첫 단계라고 할 수 있다. 관찰과 측정의 결과는 즉시 실험 노트에 정확하게 적어두고, 실험이 끝난 후에 이것을 근거로 실험의 내용을 정확하게 분석해야 한다.

화학 실험에서의 관찰은 색깔의 변화, 고체의 생성, 기체의 발생 등과 같은 정성적인 것도 있지만, 화학 실험의 핵심은 역시 부피, 질량, 온도와 같은 물리량을 정확하게 측정하는 것이다. 이러한 양을 측정하기 위해 눈금이 새겨진 유리 기구, 저울 또는 온도계와 같은 기구를 사용하며, 기구의 정밀도와 취급 방법에 따라 측정 결과가 조금씩 달라진다. 따라서 실험에서 원하는 정밀도에 따라 적절한 기구를 선택해야 하고, 그 기구의 정확한 사용법을 충분히 익혀서 재현성이 있는 측정값을 얻을 수 있도록 훈련을 해야 한다.

(1) 불확정도

실험에서 얻게 되는 결과는 사용하는 기구와 측정 방법에 따라서 조금씩 달라서 참값과는 차이가 있게 된다. 실험값의 차이는 주로 실험자의 측정 능력에 의해서 결정되는 정확성의 부족에 의한 부분과 측정에 사용하는 기구, 측정의 방법, 또는 측정 환경에 의하여 어쩔 수 없이 발생하는 정밀도의 부족에 의한 부분으로 구별된다. 예를 들어서 어떤 실험자가 유리 기구에 새겨진 눈금을 읽는 방법을 확실하게 모르고, 물의 메니스커스 밑부분 대신 윗부분의 눈금을 읽는다면 정확도가 떨어진 측정이 될 것이다. 한편 0.1 g까지 읽을 수 있는 어림저울 대신 0.0001 g까지 읽을 수 있는 화학 저울을 사용하면 훨씬 정밀한 측정을 할 수 있다.

측정의 정확도는 실험자의 훈련에 따라 얼마든지 개선할 수 있지만, 정밀도를 높이려면 값이 비싼 기구와 훨씬 복잡하고 주의를 필요로 하는 실험 방법을 사용해야 하기 때문에 많은 시간과 노력, 그리고 비용이 필요하다. 예를 들어 금반지의 질량을 0.1 g 정도의 정밀도로 측정할 경우에는 반지의 겉에 먼지나 손때가 묻어도 문제가 되지 않지만, 화학저울을 사용해서 0.0001 g까지 측정하려면 먼지와 손대가 묻어있을 때와 그렇지 않을 경우에 측정값이 달라지기 때문에 훨씬 더 세심한 주의가 필요하고, 측정 과정도 그만큼 더 복잡하게 될 것이다. 자신의 실험 목적에 맞는 정밀도를 가진 기구를 선택하여 사용하는 것이 경제적이나 시간적으로도 효율적이다.

대부분의 경우에는 참값을 알 수 없기 때문에 측정의 정확도를 확실하게 나타낼 수 있는 방법은 없다. 그러나 측정의 정밀도는 같은 실험은 N번 반복해서 얻은 측정값 $\{x_i\}$으로부터 얻은 불확정도("표준편차"라고도 함)를 이용해서 나타낼 수 있다.

$$\text{불확정도} = \sqrt{\frac{\sum_i (x_i - < x >)^2}{N-1}}$$

여기서 $\langle x \rangle$는 측정에서 얻은 평균값이다.

(2) 유효 숫자

측정의 정밀도를 확실하게 나타내기 위해서는 평균값과 함께 표준 편차를 표시해야 하지만, 과학 분야에서 흔히 사용하는 측정값을 표시할 때는 마지막 자리의 숫자는 불확정하고, 그 앞의 숫자는 확실하도록 적는다. 따라서 불확정도가 포함된 숫자까지를 포함한 유효 숫자의 개수가 많을수록 정밀한 측정의 결과임을 바로 알 수 있다.

예를 들어 0.1 g까지 측정할 수 있는 어림 저울을 사용할 경우에는 소숫점 아래 첫째 자리에 불확정도가 포함되어 있어서 12.5 g과 같이 적어야 한다. 어림 저울을 사용한 측정값을 12.5425 g과 같이 적으면 마치 화학 저울을 사용한 측정값으로 이해될 수 있으므로 주의해야 한다. 12.5 g으로 나타낸 측정값은 3개의 유효 숫자를 갖는다.

이런 방법을 사용할 때는 숫자의 크기를 나타내기 위해서 마지막에 붙이는 0과 측정에서 얻은 0을 구별하기 위해서 1200 대신에 1.20×10^3이라고 적는다. 이 경우에 마지막의 0은 단순히 자릿수를 표시하기 위한 것이고, 그 앞의 0은 불확정도가 포함되어 있는 측정의 결과를 나타내는 것이다. 0.03520에서 소숫점 앞과 뒤의 0은 단순히 자릿수를 표시하는 것이고, 마지막의 0은 측정의 결과를 나타낸다.

불확정도가 포함된 숫자를 이용해서 계산을 할 경우에는 아래의 규칙을 사용해야 한다.

1) 두 숫자를 더하거나 뺄 경우에 얻어진 결과는 두 숫자 중에서 불확정한 숫자의 위치가 소수점에서 가장 왼쪽에 있는 숫자를 기준으로 결정한다. 즉, 10.3 + 0.236은 10.536이지만 첫째 숫자의 0.3이 불확정하기 때문에 소숫점 아래의 3자리가 모두 불확정하다. 따라서 10.3 + 0.236 = 10.5로 적어야 한다.
2)두 숫자를 곱하거나 나눌 때는 유효 숫자의 개수가 가장 작은 숫자의 유효 숫자 개수 만큼만 취한다. 예를 들어 유효 숫자가 5개인 25.669를 유효 숫자가 3개인 23.1로 나누면 그 결과는 유효 숫자가 3개인 1.11로 적어야 한다.

이러한 규칙에서 알 수 있는 것처럼 여러 단계의 측정을 거쳐서 실험 결과를 얻을 경우에는 모든 단계의 측정이 정밀해야만 마지막에 얻은 결과도 정밀하게 된다. 화학저울을 사용해서 질량을 측정하더라도 부피를 눈금 실린더로 대강 측정할 경우에 얻어지는 밀도는 정밀하지 못하다. 부피를 정확하게 측정할 수 있는 기구가 없으면 화학저울과 같이 정밀한 질량 측정 기구를 사용할 필요가 없다.

실험 1 질량 측정과 액체 옮기기
Measuring Weight and Volume

■ 목표 : 저울 사용법과 액체를 옮기는 기구의 사용법을 익히고, 실험 데이터의 처리 및 불확정도 추정 방법 등을 배운다.

■ 핵심 개념 : 측정(measurement), 불확정도(standard deviation, uncertainty)

1. 서론

화학 실험은 도구나 기구를 이용하는 물리적 양의 측정으로 이루어진다. 화학 실험에서 가장 기본이 되는 물리적 양은 질량과 부피이다. 질량(mass)은 엄밀하게는 주어진 물질의 고유한 양이고 무게(weight)는 이 물질에 작용하는 중력의 측정치이다. 그러나 화학에서는 종종 이들 용어를 상호 교환적으로 사용한다.

무게는 저울을 사용해서 측정한다. 저울은 수천 킬로그램의 거대한 화물자동차의 무게를 측정하는 것에서부터 μg (10^{-6} g, microgram)이나 ng (10^{-9} g, nanogram) 정도의 극미량에 이르기까지 측정 용량과 측정의 정밀도에 따라 다양한 형태가 있다. 일반적으로 화학 실험에서는 측정 용량이 수백 그램이고 측정의 정밀도가 10 mg (0.01 g)에서 0.1 mg (0.0001 g)인 저울을 사용한다. 그림 1-1은 일반적으로 화학 실험에서 사용하는 수치 판독계가 부착되어 있고, 접시 위에 무게를 측정하고 싶은 시료를 바로 올려놓을 수 있는 직시형 저울(direct reading balance)이다. 저울을 사용하기 전에 반드시 저울의 측정 용량과 정밀도를 알아보고 실험의 목적에 맞는 것인가를 확인해야 한다.

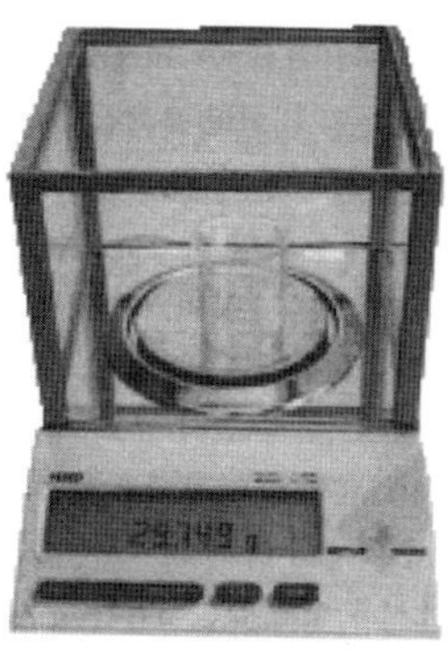

그림 1-1 직시형 거울

화학 실험에서 용액의 부피 측정에 사용되는 보편적인 기구는 눈금 피펫(measuring pipet), 부피 피펫(transfer pipet), 뷰렛(buret), 눈금 실린더(graduated cylinder), 부피 플라스크(volumetric flask) 등이다. 부피 피펫과 눈금 피펫은 정확한 양의 액체를 취해 다른 용기에 옮기는데 사용되며, 부피 피펫이 눈금 피펫 보다 정밀도가 높다. 역시 액체를 옮기는데 사용되는 뷰렛은 주로 적정할 때 쓴다. 눈금실린더에 담긴 용액을 다른 용기로 옮기더라도 실린더에 약간의 용액이 남게 되어서 정확한 부피를 측정할 수는 없다. 부피 플라스크는 용질을 녹여서 일정한 부피의 용액을 만드는 데 유용한 기구이다. 실험의 정밀도를 높이기 위해서는 용액의 부피를 측정하는 여러 가지 기구들을 실험의 내용에 맞게 적절히 선택하여 바르게 사용하는 것이 중요하다. 사용하는 도구나 기기는 얻고자하는 결과에 걸맞은 정밀도를 가져야 한다. 또한 도구나 기기를 제대로 사용해야만 정밀한 실험 결과를 얻을 수 있다.

모든 측정한 값에는 불확정도가 포함되어 있다. 불확정도는 기기나 기구의 보정이 잘못되어 생기기도 한다. 실험실에 있는 온도계로 같은 용액의 온도를 측정할 때 서로 다른 값을 얻게 되는 것이 그런 예이다. 많이 사용되는 유리 기구의 불확정도는 다음과 같다.

표 1-1 유리 기구의 불확정도

뷰렛			피펫		부피 플라스크	
용량(mL)	눈금(mL)	불확정도(mL)	용량(mL)	눈금(mL)	용량(mL)	불확정도(mL)
5	0.01	±0.01	1	0.01	5	±0.02
10	0.02	±0.02	5	0.05	10	±0.02
25	0.1	±0.03	10	0.1	25	±0.03
50	0.2	±0.05	25	0.2	100	±0.08

측정 기계나 기구를 잘 보정하더라도 기구를 미숙하게 조작하거나 실험의 한계 때문에 어쩔 수 없이 나타나는 불확정도도 있다. 예를 들어서 뷰렛이나 눈금 피펫을 사용할 때 아무리 주의를 기울여도 눈금 간격의 1/5 이상을 정확하게 구분하는 것은 어렵다. 그러므로, 25 mL 용량의 뷰렛을 사용할 때 눈금 읽기의 불확정도는 ±0.02 mL가 된다. 뷰렛으로 옮긴 용액의 부피는 처음 눈금과 마지막 눈금의 차이가 되므로 뷰렛으로 측정한 용액의 부피에는 0.04 mL 정도의 불확정도가 포함되게 된다. 적정을 할 때 2 mL의 용액을 사용하였다면 눈금 읽기에서 생기는 불확정도의 범위는 ±0.04 mL, 즉 전체 부피의 2%가 된다. 그렇지만 10 mL의 용액을 사용하면 불확정도는 전체 부피의 0.4%로 줄어들게 된다. 그러므로 적정을 할 때 2 mL의 용액이 사용되는 경우에는 표준 용액의 농도를 낮추거나 시료의 농도를 높여서 10 mL 이상의 용액이 사용되도록 조절하거나, 용량이 5 mL 또는 10 mL인 작은 뷰렛을 사용하는 것이 좋다.

실험 자체의 한계에서 발생하는 불확정도는 측정을 충분히 반복해서 평균값을 얻게 되면 상쇄된다. 그러나 실제 실험에서는 같은 실험을 무한히 반복할 수는 없고, 몇 차례만 반복할 수 있을 뿐이다. 한정된 횟수만큼 반복한 실험 결과는 통계적인 방법을 이용해서 평균값과 불확정도를 구한다. *N*번 실험을 반복한 경우에 불확정도(또는 표준편차)는 다음과 같이 주어진다.

$$\sigma = \sqrt{\frac{\Sigma(\text{측정값} - \text{평균값})^2}{N-1}} \tag{1-1}$$

실험 결과를 나타낼 때는 여러 차례 반복한 실험의 평균값과 그 값의 신뢰 수준 또는 불확정도의 범위를 함께 제시하는 것이 바람직하다. 통계적으로 의미가 있을 정도로 충분히 반복한 실험의 결과를 나타낼 때는 불확정도의 범위를 확실하게 표시하기도 하지만, 보통 1~2차례 반복한 실험의 결과의 경우에는 유효 숫자를 이용해서 신뢰 수준을 묵시적으로 나타내기도 한다. 유효 숫자를 고려하여 표현된 숫자에서는 마지막 자리의 숫자는 불확정하다. 즉, 2.13×10^{-3} g으로 표현한 실험 결과의 경우에는 불확정도가 $\pm 0.01 \times 10^{-3}$ g이 되는 셈이다. 실험에서 얻은 값들을 연산해서 다른 값을 얻을 때에도 최종 결과의 유효숫자 표현에 세심한 주의를 기울여야 한다. 연산 과정에서의 유효 숫자 처리 방법에 대해서는 이 책의 앞부분에 있는 "측정값의 불확정도와 유효숫자"를 참고한다.

2. 실험 기구 및 시약

A. 실험 기구

저울(balance) 0.01 g의 정밀도

피펫(pipet) 0.01 mL까지 눈금이 있고 2.00 mL 또는 1.00 mL 용량

실린더(sylinder) 10 mL

뷰렛(buret) 10 mL

비커(beaker) 10 mL

B. 시약

증류수(distilled water)

3. 실험 방법

실험을 하기 전에 11페이지의 “화학 실험의 기본 사항”을 충분히 익히도록 한다.

실험 A. 무게 측정

1) 실험에 사용할 저울의 제조회사와 모델, 측정 용량 (최대 측정 무게), 측정의 정밀도를 조사하고 ‘실험 결과’에 적는다.
2) 조교가 설명해주는 올바른 저울 사용법을 충분히 익힌다.

실험 B. 피펫을 이용한 액체의 이동

1) 조교가 설명해주는 고무 채우게(filler)와 피펫의 사용법을 충분히 익힌다.
2) 고무 채우게를 사용해서 증류수를 피펫에 반 정도 채운 다음, 피펫을 옆으로 기울여서 돌려가면서 피펫의 안쪽 면을 헹구어주고 사용한 증류수를 버린다. 피펫의 안쪽에 증류수 방울이 남아있으면 피펫을 세제를 이용해서 깨끗하게 씻어내고 다시 증류수로 깨끗하게 헹군다.
3) 저울 위에 비커를 올려놓고 무게를 측정한다.
4) 고무 채우게를 사용해서 피펫의 가장 위쪽 눈금 위까지 증류수를 채운다. 피펫에 용액을 채울 때는 공기가 빨려 들어가지 않도록 피펫의 끝이 항상 용액 속에 잠겨 있도록 해야 하고, 채우게 속으로 용액이 빨려 들어가지 않도록 해야 한다.
5) 정확하게 2.00 mL의 증류수를 저울 위에 올려놓은 비커에 옮기고 무게를 기록한다.
6) 저울 위에 놓인 비커에 2.00 mL의 증류수를 피펫으로부터 정확하게 옮기고 무게를 측정한다.
7) 위의 4)와 5)의 과정을 4회 더 반복하여 측정한다.
8) 부록에 있는 물의 밀도를 이용해서 피펫으로 옮긴 증류수 부피의 평균값과 표준편차를 구한다.

실험 C. 눈금 실린더를 이용한 액체의 이동

1) 눈금 실린더의 안쪽 벽면에 물방울이 생기지 않도록 깨끗하게 씻고 증류수로 헹군다.
2) 3.0 mL의 증류수를 눈금 실린더에 채운 다음 실험 B와 같은 방법으로 저울 위에 놓인 비커에 옮기고 무게를 측정한다.
3) 4회를 더 반복하고, 부록에 있는 물의 밀도를 이용해서 눈금 실린더로 옮긴 증류

수 부피의 평균값과 표준편차를 구한다.

실험 D. 뷰렛을 이용한 액체의 이동

1) 조교가 설명하는 뷰렛의 사용법과 눈금 읽는 법을 충분히 익힌다.
2) 깨끗하게 씻어서 증류수로 헹군 뷰렛에 증류수를 채운다. 뷰렛의 끝에 공기 방울이 남아 있으면 코크를 빨리 열어서 공기를 빼낸다.
3) 약 3 mL씩의 증류수를 위의 실험과 같은 방법으로 빼내어 무게를 잰다. 빼낸 증류수의 부피를 정확하게 알아야 하므로 눈금을 정확하게 읽어야 한다.
4) 4회를 더 반복해서 증류수의 평균 밀도와 표준편차를 구한다.

4. 주의 및 참고 사항

1) 실험 시간이 부족하면 실험 C를 하지 않아도 되고, 반복 실험의 횟수를 3회로 줄여도 된다. 시간이 충분하면 5.00 mL 부피 플라스크를 이용해서 피펫, 뷰렛, 부피 플라스크의 용도가 어떻게 다른가를 확인할 수도 있다.
2) 고무 채우게에 용액이 들어가면 채우게가 손상될 수도 있고, 채우게에 들어갔던 용액이 피펫에 담긴 용액을 오염시킬 수도 있기 때문에 채우게에 용액이 절대 들어가지 않도록 조심해야 한다.
3) 피펫이나 뷰렛의 끝에 매달린 액체 방울도 용기에 옮겨야 한다. 피펫의 정확한 사용법은 이 책 앞 부분의 설명을 참고한다.

5. 실험 결과 처리

실험에서 측정한 결과를 기록한다. 실험 B와 C에서 필요한 물의 밀도는 부록에서 가장 가까운 두 온도에서의 밀도를 이용해서 비례적으로 구한 값을 이용한다. 예를 들어서 물의 온도가 23.4 ℃라고 하면, 이 온도에서의 밀도는 [23 ℃에서의 밀도 + 0.4 × (24 ℃에서의 밀도 − 23 ℃에서의 밀도)]로 계산한다. 밀도는 무게를 부피로 나누면 얻어진다.

6. 생각해볼 사항

1) 유리 기구의 겉에 인쇄된 내용은 무엇을 뜻하는가?
2) 유리 기구를 이용해서 용액을 옮길 때의 불확정도는 대략 어느 정도이고, 용액의 부피에 따라서 어떻게 달라지는가?
3) 실험에 사용한 유리 기구 중에서 어떤 것이 원하는 부피를 정확하게 옮기는 데에 적절하지 않은가? 실험에서 용액의 부피를 정확히 옮기려고 할 때 유리기구 중에서 적합하지 않은 것은 어떤 것이 있을까?

7. 실험 결과

실험 A. 무게 측정

사용한 저울

제조회사 ______________________ 모델명 ______________________

최대 측정용량 ______________________ 정밀도 ______________________

실험 B. 피펫을 이용한 액체의 이동

피펫을 이용하여 1회 취한 액체의 부피 ______ mL

	1회	2회	3회	4회	5회
처음 무게(g)	_____	_____	_____	_____	_____
나중 무게(g)	_____	_____	_____	_____	_____
액체의 무게(g)	_____	_____	_____	_____	_____

평균 무게 __________ g 무게의 불확정도 __________ g

실온 __________ ℃ 증류수의 밀도 __________ g/mL

실제로 옮긴 증류수의 부피와 불확정도 ; __________ mL __________ mL

실험 C. 눈금 실린더를 이용한 액체의 이동

1회 취한 액체 (눈금 실린더)의 부피 ______ mL

	1회	2회	3회	4회	5회
처음 무게(g)	_____	_____	_____	_____	_____
나중 무게(g)	_____	_____	_____	_____	_____
액체의 무게(g)	_____	_____	_____	_____	_____

평균 무게 __________ g 무게의 불확정도 __________ g

실온 __________ ℃ 증류수의 밀도 __________ g/mL

실제로 옮긴 증류수의 부피와 불확정도 ; _________ mL _________ mL

실험 D. 뷰렛을 이용한 액체의 이동

	1회	2회	3회	4회	5회
처음 눈금	_____	_____	_____	_____	_____
마지막 눈금	_____	_____	_____	_____	_____
옮긴 부피 (mL)	_____	_____	_____	_____	_____
액체의 무게 (g)	_____	_____	_____	_____	_____
액체의 밀도 (g/mL)	_____	_____	_____	_____	_____

액체의 밀도와 불확정도 ; ____________ g/mL ____________ g/mL

읽을거리

유리 기구에 적혀있는 내용

피펫이나 뷰렛에는 TD 또는 EX라는 표시와 온도가 적혀져 있다. TD는 "to deliver"의 약자로써 옮긴 용액의 부피가 읽은 눈금에서 계산된 부피와 같다는 뜻이다. 반면에 부피 플라스크에는 TC ("to contain")또는 IN이라고 적혀 있는데 이는 눈금까지 액체를 채울 때 적혀 있는 부피가 들어간다는 뜻이다. 따라서 이 부피 플라스크의 액체를 다른 용기로 옮기면 적혀진 일부가 용기 내에 남아있으므로 적혀 있는 부피보다 적은 양이 옮겨진다.

따라서 일정한 양의 액체를 다른 용기에 넣을 때는 TD라고 표시된 기구를 사용하고, 일정한 양의 액체 용액을 만들어서 그 중 일부만을 사용하려고 할 때는 TC라고 표시된 기구를 사용해야 한다. 유리 기구는 온도가 높아지면 팽창하게 되어서 옮기거나 담는 용기의 양이 커진다. 온도가 10℃ 높아질 때 부피가 늘어나는 정도는 파이렉스 제품이 약 0.01%(소다-석회 유리는 (이의 2~3배) 0.02 ~ 0.03%)로 기구의 불확정도(보통 기구에 적혀져 있다)보다 월등히 작아서 아주 정밀한 실험의 경우가 아니면 무시해도 된다.

실험 2 재결정 Recrystallization

■ 목표 : 산-염기 성질을 이용해서 용해도가 비슷한 두 물질을 분리하고 정제한다.

■ 핵심 개념 : 온도에 따른 용해도 변화(temperature dependence of solubility), 유기산과 그 염의 용해도(solubility of organic acid and its salt)

■ 관련 개념 : 분리(separation)

1. 서론

자연에서 분리되거나 실험으로 합성된 물질에는 대부분의 경우에 원하지 않은 불순물이 포함되어 있다. 이런 혼합물에서 원하는 물질을 순수한 상태로 분리시키는 것은 화학실험에서 아주 중요한 과정이다. 고체의 경우에 원하는 물질과 불순물의 용해도가 상당히 다르면 적당히 따뜻한 용매에 혼합물을 녹인 다음에 순수한 물질을 재결정할 수 있다. 이 밖에도 추출(실험 7), 크로마토그래피(실험 8), 그리고 액체 혼합물의 경우에 사용하는 증류(실험 9)도 많이 사용되는 분리 방법이다.

재결정은 온도에 따라 용해도가 다른 점을 이용하는 방법이다. 대부분의 경우에 화합물이 용매에 녹는 용해 과정은 흡열 과정이기 때문에 온도가 높아질수록 용해도가 커지지만, 반대의 경향을 보이는 경우도 있다. 예를 들어서 아세트산 나트륨을 물에 녹이는 경우에는 열이 발생하는 발열 과정이기 때문에 아세트산 나트륨의 용해도는 온도가 높을수록 작아진다.

주어진 온도에서 어떤 물질이 용매에 더 이상 녹지 않을 때까지 녹인 용액을 포화 용액이라고 하고, 용매 100 g에 녹을 수 있는 용질의 양을 용해도라고 한다. 주어진 용질이 어떤 용매에 잘 녹는가를 결정할 수 있는 일반적인 법칙은 없다. 그러나 흔히 극성 용질은 극성 용매에 잘 녹고, 비극성 용질은 비극성 용매에 잘 녹는다고 알려져 있다.

혼합물을 뜨거운 용매에 녹인 후에 다시 식히면 대부분의 경우 용해도가 줄어들어 용해도 이상으로 녹아있던 용질은 침전물로 떨어지게 된다. 만일 불순물의 양이 적고, 우리가 관심을 가지고 있는 물질이 충분히 포함되어 있는 경우 용해도에 의한 침전물은 불순물이 포함되지 않은 순수한 물질이 된다. 그러므로 재결정 방법을 이용하여 불순물을 제거할 경우 불순물의 용해도는 크고 원하는 물질의 용해도는 비교적 작게 하는 용매를 선택하는 것이 바람직하다. 또한 온도가 높을 때와 낮을 때의 용해도 차이는 회수할 수 있는 물질의 양을 결정하기 때문에 온도에 따른 용해도의 차이가 큰 용매일수록 더 바람직하다.

그러나 이와 같은 정보를 실험 전에 미리 아는 것이 쉽지 않다. 그러한 경우, 적은 양의 용매를 사용하여 높은 온도로 포화 용액을 만든 후 충분히 낮은 온도까지 냉각시켜 재결정하는 일반적인 방법을 사용한다. 그러나 지나치게 적은 양의 용매를 사용하거나 너무 낮은 온도로 냉각시키게 되면 불순물도 함께 침전으로 떨어지게 되어서 순수한 물질을 분리하지 못하게 될 수도 있다.

고체 물질은 정해진 온도에서 녹아 액체가 된다. 순수한 고체의 경우에는 고체가 녹는 동안에 온도가 거의 변화하지 않아서 녹는 온도의 범위가 매우 좁지만, 불순물로 오염된 경우 순수 물질보다 낮은 온도에서 녹기 시작하여 혼합물이 녹으면서 온도가 계속 올라가서 고체 혼합물이 녹는 온도의 범위가 상당히 넓어지게 된다. 따라서 고체 시료가 녹기 시작해서 완전히 녹을 때까지의 온도 범위를 측정하면 고체 시료의 순도를 쉽게 알아낼 수 있다. 한편 혼합물 시료에는 용매에 거의 녹지 않는 불순물이 섞여 있을 수도 있다. 이런 경우에는 용매에 녹는 부분만 녹이고 녹지 않는 불순물은 걸러낸 다음에 재결정하는 방법을 사용할 수 있다.

그러나 뜨거운 용액을 식힐 때 포화용액이 되는 온도에서도 침전이 형성되지 않는 경우도 많다. 이런 상태의 용액은 비평형 상태의 과포화 용액(supersaturated solution) 또는 과냉각 용액(supercooled solution)이라고 한다. 이런 비평형 상태의 용액에 얻고자 하는 물질("씨앗"(seed)이라고 함)을 조금 넣어주거나, 유리 막대로 용기의 벽을 문질러 주면 갑자기 결정이 생기는 경우가 있다. 그러나 결정이 형성되는 속도가 너무 빠르면 입자의 크기가 매우 작아서 결정을 씻는 과정에서 쉽게 녹을 수도 있고, 결정의 내부에 불순물이 갇혀서 함께 침전이 되는 경우가 있다. 그러므로 재결정 방법을 사용할 때는 용액을 식히는 속도를 낮추어서 크기가 충분히 큰 결정이 서서히 만들어지도록 하는 것이 좋다.

재결정으로 얻은 침전물은 용액으로부터 걸러서 분리한다. 걸러낸 침전의 표면에는 불순물이 포함된 용액에 묻어 있기 때문에 차가운 용매로 씻어내어야 한다. 이때 용매의 온도가 너무 높거나 너무 많은 양을 사용하면 회수한 침전이 다시 녹아버릴 수 있기 때문에 조심해야 한다. 이 실험에서는 아세트아닐라이드(acetanilide)와 벤조산(benzoic acid)의 혼합물을 분리해서 재결정 방법으로 정제한다. 두 화합물은 모두 물에 조금씩 녹지만, 벤조산의 경우 염기성 용액에서 해리되기 때문에 용해도가 더 커진다. 따라서 먼저 염기성 수용액에서 아세트아닐라이드를 침전으로 분리한 다음에 용액을 산성으로 변화시켜서 벤조산의 침전물을 얻는다.

아세트아닐라이드(물에 약간 녹음) + 벤조산(물에 약간 녹음)

↓ NaOH

아세트아닐라이드(물에 약간 녹음) + 벤조산 나트륨(물에 녹음)

| 재결정

아세트아닐라이드 침전물 회수　　　벤조산 나트륨 용액

↓ HCL

벤조산 침전물 회수

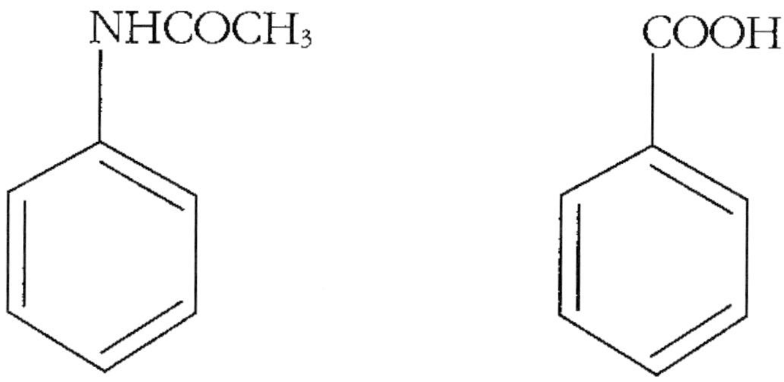

그림 2-1 아세트아닐라이드와 벤조산

2. 실험 기구 및 시약

A. 실험 기구

저울(chemical balance)
오븐(drying oven)
가열판(hot plate)
비커(beaker) 100 mL

눈금 실린더(graduated cylinder) 10 mL 또는 50 mL
눈금 피펫(또는 1회용 피펫)(measuring pipet or disposable pipet)
유리 막대 (glass rod)
시계접시(watch glass)
온도계(thermometer)
뷰흐너 깔때기(Büchner funnel)
감압 플라스크(suction flask)
감압기(aspirator)
얼음 중탕 또는 물중탕(ice bath or water bath)
거름종이(filter paper)
pH 지시종이(pH paper)

B. 시약
벤조산과 아세트아닐라이드 혼합물 (약 1:1)
3 M NaOH 수용액(3 M NaOH)
5 M HCl 수용액(5 M HCl)

3. 실험 방법

실험 A. 아세트아닐라이드의 분리와 재결정

1) 벤조산과 아세트아닐라이드가 혼합된 시료 약 2 g의 무게를 정확하게 측정해서 비커에 넣고 30 mL의 물을 넣는다.
2) 시료의 50%가 벤조산이라고 생각하고 이를 중화시키는데 필요한 3 M NaOH 수용액의 부피를 계산하여 이 양의 1.5배를 시료가 녹아있는 비커에 넣는다.
3) 충분히 저어준 후에 pH 지시종이로 용액의 pH가 염기성인지를 확인한다. 만약 염기성이 아니면 NaOH 수용액을 몇 방울 더 넣어주고 다시 확인한다.
4) 용액을 거의 끓을 때까지 가열한다. 만약 녹지 않은 고체가 남아있으면 NaOH 수용액을 몇 방울 더 가하고, 그래도 녹지 않은 것이 있으면 뜨거운 상태에서 그대로 거른다.
5) 비커를 시계접시로 덮고 용액이 식을 때까지 기다린다.
6) 침전물을 뷰흐너 깔때기를 이용하여 여과하고 차가운 물 1 mL씩으로 2~3회 씻어 내린다. 거른용액과 침전물을 씻은 용액은 모두 합쳐서 실험 B에서 사용할 것이므로 잘 보관한다.
7) 침전물을 말린 다음 무게를 잰다. 녹는점 측정 장치가 있으면 회수한 고체의 녹

는점을 측정한다.

실험 B. 벤조산의 분리와 재결정

1) 실험 A에서 얻은 거른용액에 5 M HCl 수용액을 첨가하여 용액이 산성이 되도록 한다. 필요한 HCl 수용액의 부피는 실험 A에서 첨가한 NaOH 용액의 부피와 비슷하다. 용액이 확실하게 산성이 되도록 만들기 위해서 HCl을 약 1 mL 정도 더 첨가한다.
2) 용액을 거의 끓을 정도로 가열한다. 뜨거운 상태에서도 녹지 않는 물질이 있으면 증류수 2~3 mL를 더 넣는다. 녹지 않은 물질이 다 녹을 때까지 증류수를 2~3 mL씩 첨가한다.
3) 비커를 시계접시로 덮고 용액이 식을 때까지 기다린다.
4) 침전물을 거르고 차가운 물 1 mL씩으로 2~3회 씻는다.
5) 침전물을 말려서 무게를 잰다. 녹는점 측정 장치가 있으면 녹는점도 측정한다.

4. 주의 및 참고 사항

1) 용액을 거를 때는 먼저 액체를 따른 다음에 고체를 거름종이 위로 옮긴다. 침전물을 씻을 때는 먼저 차가운 물을 비커에 넣고 비커에 남아있는 침전물과 함께 여과지에 따른다.
2) 시간이 충분하지 못하면 실험 A에서 아세트아닐라이드만 회수해도 된다.
3) 회수한 침전물의 녹는점이 문헌값(이) 122. 4 ℃ (벤조산)과 113~115 ℃ (아세트아닐라이드)보다 낮으면 다시 한 번 물에서 재결정하는 것이 좋다.

표 2-1 물에 대한 용해도 (g/L)

온도	10 ℃	25 ℃	95 ℃
벤조산	2.1	3.4	68
아세트아닐라이드	–	5.4	50

5. 실험 결과 처리

사용한 시료에서 회수한 화합물의 양과 순도(녹는점으로 판단)로 실험의 성공 여부를 판단한다.

6. 생각해볼 사항

1) 표 2-1의 자료를 이용해서 NaOH 용액을 첨가하지 않고 무게비로 1:1로 혼합된 벤조산과 아세트아닐라이드 2.00 g을 25 ℃의 물 30.0 mL로 재결정할 때 얻어지는 고체의 조성을 계산하여라.
2) 위의 혼합물에서 두 화합물을 분리시키는 다른 방법을 생각해 보아라.

7. 실험 결과

분리와 재결정에 사용한 혼합 시료의 무게________________ g

벤조산을 중화시키는데 사용한 NaOH의 부피 ________________ mL

실험 A에서 얻은 아세트아닐라이드의 무게 ________________ g

재결정한 아세트아닐라이드의 녹는 범위 ________ ~ ________ ℃

실험 B에서 첨가한 HCl 수용액의 부피 ________________ mL

실험 B에서 얻은 벤조산의 무게 ________________ g

재결정한 벤조산의 녹는 범위 ________ ~ ________ ℃

기타 관찰 사항

📖 읽을거리

최초의 한국 태생 노벨화학상 수상자는 페더슨

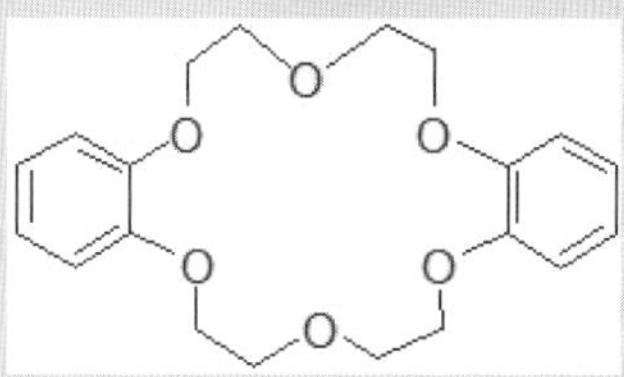

아마도 한국 출신이 노벨 화학상을 수상한 적이 있다는 사실을 아는 사람은 많지 않겠지만 분명한 사실이다. 1987년 크램(Donald Cram)과 렌(Jean-Marie Lehn)과 함께 크라운 화합물을 합성한 공로로 노벨 화학상을 공동 수상한 페더슨(Charles J. Pederson, 1904~1989)은 부산에서 태어났다. 그의 아버지는 원산 금광에서 일하던 노르웨이 기술자였고 어머니는 일본인이었다. 페더슨이 화학에 대해 흥미를 갖게 된 것은 원산 금광에서부터였다고 한다. 페더슨은 1927년 MIT에서 유기화학으로 석사 학위를 받고 듀퐁의 잭슨연구소에서 42년간 연구활동을 하였다. 따라서 박사학위를 갖지 않은 아주 드문 노벨화학상 수상자이기도 한 셈이다. 그는 1962년 바나듐 촉매의 성능을 향상시키기 위해 카테콜 모노에터와 다이클로로다이에틸 에터를 반응시켜 5배위 페놀성 리간드를 합성하려고 했다. 이 과정에서 그는 원하는 생성물 이외에 0.4%(!!)의 수득률로 섬유상 결정을 얻었다. 이 물질은 알칼리 이온과 반응하여 유기 용매에 녹는 성질을 보였다. 이 화합물이 바로 다이벤조-18-크라운-6였다. 직관적으로 이 화합물의 중요성을 인식한 그는 이 화합물에 대한 집중적인 연구에 착수했으며, 주형 축합을 이용해서 좋은 수득률로 합성하는 방법을 고안하였다. 이러한 페더슨의 업적이 오늘날 거대고리화합물 화학(chemistry of macrocyclic compounds), 주인-손님 화학(host-guest chemistry), 그리고 초분자화학(supramolecular chemistry)의 기틀이 되었다. 주인-손님 화학은 크램이, 초분자화학은 렌이 각각 도입한 용어로 오늘날 화학 연구의 주된 분야가 되고 있다. 보통 사람이면 불순물로 처리할 0.4% 수득률의 생성물을 분리하여 특성을 규명하고 그 물질의 중요성을 밝히므로서 화학의 새로운 장을 펼친 페더슨의 통찰력은 우리 모두가 본받아야 할 것이다.

실험 3

탄산염 분석

Analysis of Carbonate Salt

■ 목표 : 탄산염이 염산과 반응할 때 발생하는 이산화탄소의 부피을 측정하여 탄산염의 종류를 알아낸다.

■ 핵심 개념 : 화학량론(stoichiometry), 불확정도(standard deviation), 이상 기체(ideal gas), 상태 방정식(equation of state)

■ 관련 개념 : 염(salt)

1. 서론

실험실에서 얻은 측정값에는 언제나 상대적 불확정도(relative uncertainty)가 포함된다. 불확정도는 실험을 여러 차례 반복해서 얻은 측정값을 통계적으로 처리해서 짐작한다. 그러나 실험에 따라서는 불확정도의 크기를 미리 알 수도 있다. 예를 들어 어림 저울을 사용하는 경우에는 저울의 가장 작은 눈금의 1/10 보다 작은 값을 얻을 수는 없다. 온도나 압력과 같은 외부적 요인이 측정값에 영향을 미치는 경우도 있다.

측정값에 영향을 주는 요인을 미리 알아내어 이를 측정값에 적절하게 반영시켜주는 과정을 측정값의 보정(calibration)이라고 한다. 그러나 실험에 따라서는 모든 불확정도의 요인을 미리 파악해서 측정값에 반영시켜줄 필요가 없는 경우도 있다. 측정값에 대한 보정이 필요한가 그렇지 않은가는 실험에서 궁극적으로 얻고자 하는 결과의 정확도가 얼마인가에 따라 결정된다.

매우 정확한 결과를 얻기 위해서는 실험 과정에 포함된 모든 측정값들이 정확해야 하고, 따라서 측정에 영향을 미칠 수 있는 모든 요인을 파악하고, 필요한 경우에는 측정값들을 적절하게 보정해주어야 한다. 그러나 실험 결과의 불확정도 범위에 들어갈 정도로 영향이 작은 불확정도의 요인이 실험 결과에 어떤 영향을 미치는가를 알아내기 위해서는 측정하려고 하는 물리적 양의 의미와 측정 방법에 대한 광범위한 지식이 필요하며, 그런 지식은 실험을 통해서 얻을 수밖에 없다.

이 실험에서는 알칼리 금속의 탄산염에 염산을 넣을 때 발생하는 이산화탄소 기체의 양을 측정해서 알칼리 금속의 종류를 알아내는 과정을 통하여 측정에 영향을 줄 수 있는 불확정도 요인을 파악하고, 알칼리 금속의 종류를 알아내고자하는 실험 목적을 고려할 때 어떤 불확정도 요인이 영향을 미칠 것인가를 알아본다.

알칼리 금속 M(Li, Na, K, Rb, Cs, Fr)은 M_2CO_3 형태의 탄산염을 형성하는데, 알칼리 금속의 탄산염을 묽은 염산에 넣어주면 이산화탄소가 발생한다. 주어진 무게의 탄산염에서 얻어진 이산화탄소의 양을 알아내면 알칼리 금속 M의 종류를 알아낼 수 있다.

$$M_2CO_3 + 2HCl \rightarrow 2M^+ + 2Cl^- + H_2O + CO_2$$

알칼리 금속의 탄산염이 염산과 반응할 때 발생하는 기체의 부피는 물을 채운 유리관을 이용해서 측정한다. 기체의 부피를 측정하기 위한 목적으로 제작된 측기관(eudometer)을 사용할 수도 있지만, 이 실험에서는 물을 채운 유리관을 거꾸로 세워서 측기관으로 사용한다.

이산화탄소 기체의 부피를 측정하는 과정에 영향을 미칠 수 있는 불확정도의 요인을 정확하게 파악하고, 이 불확정도가 알칼리 금속의 종류를 알아내는 데에 어떤 영향을 미칠 것인가를 알아보는 것이 이 실험의 목적이다.

2. 실험 기구 및 시약

A. 실험 기구

50 mL 뷰렛(buret)
100 mL 삼각 플라스크(Erlenmeyer flask)
고무 마개(rubber stopper)와 유리관(glass tube, 또는 buret)
고무관(rubber tube)
스탠드(stand)

B. 시약

알칼리 금속의 탄산염
Li_2CO_3 (lithium Carbonate)
Na_2CO_3 (sodium carbonate)
K_2CO_3 (potassium carbonate)
6 M HCl(*aq*) (hydrochloric acd)

3. 실험 방법

1) Li_2CO_3, Na_2CO_3, K_2CO_3 중의 하나를 선택해서 시료 0.1 g의 질량을 정확하게 잰다.
2) 100 mL 플라스크에 사용할 수 있는 고무 마개에 구멍을 뚫어서 유리관을 꼽고, 6 M HCl 20 mL를 넣는다.
3) 50 mL 뷰렛의 아래쪽에 수위 조절용기를 연결하고, 위쪽은 플라스크와 연결된 고무관을 연결한 후, 유리관의 물높이를 가장 높은 눈금 부근에 오도록 조절한다.
4) 플라스크의 마개를 열고 무게를 측정한 탄산염 시료를 재빨리 쏟아 넣고 마개를 단단히 막는다.
5) 플라스크를 조금씩 흔들어주면서 이산화탄소 기체가 더 이상 발생하지 않을 때까지 기다린다.
6) 수위 조절용기의 높이를 유리관의 수면과 같도록 조절한 후에 유리관의 눈금을 다시 읽고 기록한다.
7) 실험실의 온도와 압력을 기록한다.
8) 실험을 3회 반복한다.

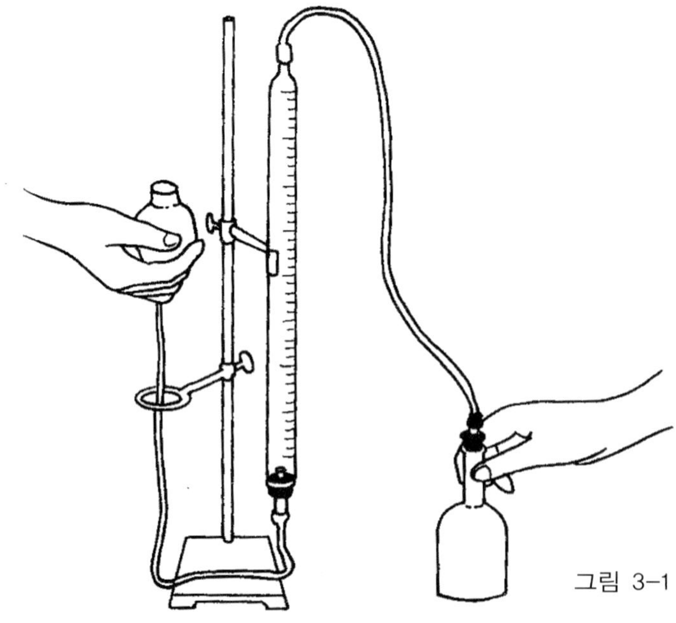

그림 3-1 기체 부피를 측정하는 장치

4. 주의 및 참고 사항

1) 20 mL HCl 용액에는 약 6.0×10^{-4} 몰의 이산화탄소 기체가 녹으며, 유리관에 담긴 물에도 상당한 양의 이산화탄소가 녹는다. 이산화탄소가 물에 녹아서 생기는 불확정도를 제거하기 위해서는 유리관에 넣을 물을 이산화탄소로 포화시키는 것이 좋다. 200 mL에 0.3 g의 Na_2CO_3를 넣고 6 M HCl 1 mL를 넣으면 물을 포화시키기에 충분한 양의 이산화탄소가 발생한다.
2) 이산화탄소의 양을 정확하게 측정하기 위해서는 수위 조절용기의 높이를 유리관의 수면과 같은 높이로 유지해야 한다.

5. 실험 결과 처리

1) 유리관에 모인 이산화탄소 기체가 받고 있는 압력을 얻기 위해서는 대기압에서 물의 증기압(부록 5)을 빼주어야 한다.
2) 발생한 이산화탄소 기체의 부피와 실험실의 온도, 압력을 이상기체 상태 방정식($pV = nRT$)에 넣어서 발생한 이산화탄소의 몰수를 계산한다.
3) 사용한 탄산염의 무게에서 알칼리 금속의 원자량을 구하고, 금속의 종류를 알아낸다.

6. 생각해볼 사항

1) 위의 주의 및 참고 사항 1)에서 이산화탄소의 용해도를 보정하지 않았다. 이는 실험에서 얻은 탄산염의 분자량에 몇 % 정도의 영향을 미치는가?
2) 플라스크 마개를 열고 탄산염을 넣을 때 어쩔 수 없이 약간의 이산화탄소가 없어지게 된다. 발생된 이산화탄소가 손실되지 않도록 탄산염과 염산을 반응시킬 수 있는 방법을 고안해보자.

7. 실험 결과

	1회	2회	3회
탄산염 시료의 무게	________ g	________ g	________ g
반응이 시작되기 전의 유리관 눈금	________	________	________
반응이 끝난 후의 유리관 눈금	________	________	________
발생한 이산화탄소의 부피	________	________	________
실험실의 온도	________	________	________
실험실의 압력	________	________	________
물의 증기압이 보정된 압력	________	________	________
발생한 이산화탄소의 몰수	________ 몰	________ 몰	________ 몰
탄산염의 분자량	________	________	________

탄산염의 분자식 ______________________________

읽을거리

이산화탄소와 식품

화석연료의 연소는 물론 체내에서 유기물의 산화 반응에서 생기는 이산화탄소는 상온과 상압에서 무색, 무미, 무취의 기체이다. 쉽게 만들 수 있는 이산화탄소는 산업 공정에서도 다양하게 활용될 뿐만 아니라 식품 첨가제로도 사용된다.

이산화탄소가 가장 많이 첨가된 식품으로는 콜라나 사이다와 같은 탄산음료를 들 수 있다. 맥주와 샴페인에도 이산화탄소가 들어있다.

이산화탄소는 음료수에 거품을 일으키고 쏘는 듯한 맛을 내며 음료수가 상하는 것을 막아주는 다양한 역할을 한다. 탄산음료가 의학적으로 효과가 있다는 직접적인 증거는 없지만 수술 직후에 다른 음식을 먹지 못해서 생기는 메스꺼움을 완화하고 수분을 제공하기 위해서 사용되기도 한다.

음료수에 이산화탄소를 녹이기 위해서는 고체 이산화탄소인 드라이아이스를 사용하거나 스테인리스로 만든 용기에 84kg cm^{-2} 이상의 압력을 가해서 만든 액체 이산화탄소를 이용한다. 탄산음료를 냉장 보관할 경우에는 내부 압력이 23kg cm^{-2} 정도이다. 탄산음료에 더 많은 양의 이산화탄소를 녹게 만들기 위해서는 이산화탄소기체 압력을 높이고 온도를 낮추어 주어야 한다.

빵을 만들 때 사용하는 효모에는 사카로마이세스 세레비시에라는 발효균이 있어서 밀가루의 글루코스, 프럭토스, 말토오스, 슈크로스 등의 당을 발효시켜 이산화탄소와 에탄올을 만들어낸다. 이산화탄소는 밀가루 반죽에 기포를 제공함으로써 빵 반죽이 부풀게 만들어 빵 특유의 특성이 나타나도록 만들어준다.

📖 **읽을거리**

이산화탄소와 지구 생명

지구상에 생명체가 나타나게 된 과정에 대해서는 여러 가지 이론이 제기되어 왔다. 지구상에 생명체가 처음 출현한 것은 35~39억년 전이었던 것으로 알려져 있다.

화석 기록에 나타나는 가장 오래 된 생물체는 박테리아나 남세균(cyanobacteria)과 같이 세포벽이 없는 단세포 생물인 원핵생물(prokaryotes)이다. 25~28억년 전까지도 지구의 대기 대부분이 이산화탄소로 되어 있었다. 지구상에 나타나기 시작한 원핵생물들은 광합성 작용 등을 통해서 대기 중의 이산화탄소를 흡수해서 고정시키기 시작했다. 남조류는 지구 역사상 처음으로 물에서 전자와 수소를 공급받는 광합성 작용을 통해서 대기 중으로 산소 기체를 배출했던 것으로 알려져 있다.

그 이후 20억년 전부터 세포막으로 둘러싸이고 미토콘드리아와 세포핵을 가진 아메바같은 단세포 진핵생물(eukaryotes)이 출현했으며, 진핵생물은 대기 중의 산소를 소비하면서 생명을 이어갔다. 이런 진핵생물은 선캄브리아기의 후기(7~5억년 전)까지 번성하였고, 그 이후부터 다양한 형태의 다세포 생물들이 출현하여 번성하기 시작했다.

대기 중의 이산화탄소를 고정시키는 생명체가 과도하게 번성하면서 지구의 온도를 유지시켜주는 역할(온실효과)을 하던 이산화탄소가 감소하게 되었고, 그 결과 지구에는 빙하기가 도래하게 되었다. 빙하기가 끝난 후에는 대기 중의 이산화탄소를 고정시키는 녹색 식물과 대기 중으로 이산화탄소를 배출하는 동물이 균형을 이루면서 지구 대기권의 온도가 일정하게 유지되어 왔다. 그러나 최근에 인간에 의한 산업 활동이 급격히 증가하면서 대기 중으로 이산화탄소 배출량이 늘어나고, 이에 따라서 이산화탄소에 의한 온실효과가 과도하게 되어 환경 문제가 되고 있다.

실험 4 아보가드로 수의 결정

Determination of Avogadro's Number

■ 목표 : 물 위에 생기는 기름막을 이용하여 몰의 단위인 아보가드로 수를 결정한다.

■ 핵심 개념 : 아보가드로 수(Avogadro's number), 몰(mole), 단분자층(monolayer), 극성(polarity)

■ 관련 개념 : 몰질량(molar mass), 계면활성제(surfactant)

1. 서론

질량수가 12인 탄소 12 g에 들어있는 탄소 원자의 수를 아보가드로 수(Avogadro's number, N_A = 6.022 × 10^{23})라고 하며, 아보가드로 수 만큼에 해당하는 원자나 분자를 1몰(mole)이라고 한다. 이것은 마치 달걀 30개를 1판이라고 부르는 것과 마찬가지이다. 다만 원자나 분자는 그 크기와 질량이 매우 작기 때문에 아보가드로 수가 대단히 클 뿐이다.

아보가드로 수는 탄소 원자 1몰이 차지하는 부피(V_m)와 탄소 원자 하나가 차지하는 부피(V_1)를 알면 아래 식을 이용해서 얻을 수 있다.

$$N_A = \frac{V_m}{V_1} \tag{4-1}$$

우선 지구상에 존재하는 탄소는 몇 가지 동위원소들이 섞여있기 때문에 탄소 1몰의 평균 질량은 12.011 g이고, 탄소 원자가 촘촘히 쌓여서 만들어진 다이아몬드의 밀도(3.51 g/cm^3)를 이용하면 탄소 원자 1몰이 차지하는 부피(V_m)를 쉽게 계산할 수 있다.

탄소 원자 하나의 부피를 정확하게 알아내는 것은 그렇게 쉽지 않지만, 기름처럼 물에 섞이지 않는 탄소화합물을 이용하면 간단하게 짐작할 수 있다.

물(H_2O)은 전자를 잘 잡아당기는 산소 한 개에 두 개의 수소가 104.5°의 각도를 이루며 결합되어 있어서 전기쌍극자의 성질을 갖고 있는 극성 분자이다. 액체 상태에서 소금(NaCl)이 물에 잘 녹는 것도 바로 물의 이런 극성때문이다. 그러나 전기쌍극자의 성질을 갖지 않는 벤젠이나 헥산과 같은 비극성 분자들은 물과 잘 섞이지 않는다.

스테아르산(stearic acid, $CH_3(CH_2)_{16}COOH$)은 비극성을 나타내는 긴 탄화수소 사슬($CH_3(CH_2)_{16}-$)의 끝에 극성을 나타내는 카복실기(-COOH)가 붙어있는 막대기처럼 생긴 분자이다. 이런 분자를 물 위에 떨어뜨리면 극성을 가진 카복실기는 물과 잘 달라붙지만 비극성의 탄화수소 사슬은 물과 잘 접촉하지 않으려는 경향이 있다. 그래서 물 위에 스테아르산을 충분히 떨어뜨리면 카복실기가 물 쪽으로 향하고 비극성의 탄화수소 사슬이 물층 위로 서있는 단분자층의 막이 형성되며, 이런 막을 단층막(monolayer)이라고 부른다.

일정한 면적을 가진 물 표면 전체에 스테아르산의 단분자층이 만들어지기 위해 필요한 스테아르산의 부피를 물 표면의 넓이로 나누어주면 스테아르산 분자의 길이를 얻게 된다. 곧은 사슬 모양의 스테아르산 분자는 탄소 원자 18개가 쌓여 있는 것으로 볼 수 있기 때문에 스테아르산의 길이로부터 탄소 원자 하나의 지름을 얻을 수 있고, 그 값을 이용하면 탄소 원자 하나가 차지하는 부피(V_1)도 얻을 수 있다.

2. 실험 기구 및 시약

A. 실험 기구

큰 물통(water container)

눈금 실린더(graduated cylinder) 10 mL

유리 모세관 피펫(glass capillary pipet)

시약주걱(spetula)

B. 시약

증류수(distilled water)

헥산(hexane)

스테아르산(stearic acid)

송화가루

3. 실험 방법

1) 헥산(hexane)으로 내부를 씻은 피펫에 헥산을 충분히 채운다.
2) 피펫을 똑바로 세운 상태에서 눈금 실린더에 헥산 용액을 반쯤 채우고 눈금을 읽는다. 헥산 용액을 한 방울씩 떨어뜨려 부피가 1.00 mL가 되도록 한다. 만약

1.00 mL의 방울수가 100 이하이면 구멍이 더 작은 피펫으로 바꾸어야 한다. 피펫을 기울이면 방울의 부피가 달라지기 때문에 똑바로 세워야 한다.

3) 큰 물통에 물을 반쯤 채우고 수면이 잔잔해질 때까지 기다린다.
4) 작은 시약주걱으로 송화 가루를 조금 떠서 물통의 가운데 부분에 조심스럽게 뿌려준다. 송화 가루가 물통의 벽에 닿지 않아야 하고, 물통에 원형으로 퍼지도록 해야 한다.
5) 0.01~0.02 g 정도의 스테아르산을 헥산 100 mL에 녹인 용액을 피펫에 넣어서 한 방울을 송화 가루가 퍼져있는 한 가운데에 떨어뜨린다. 스테아르산이 퍼지면서 생기는 원형 기름막의 경계면을 쉽게 구별할 수 있을 것이다.
6) 원형으로 퍼진 단분자층의 직경을 측정한다. 원형이 아닌 경우에는 대각선 방향의 길이를 여러 번 측정해서 평균값을 얻는다.

4. 주의 및 참고 사항

1) 헥산은 인화성 물질이기 때문에 조심하여 취급한다.
2) 헥산은 휘발성이 크기 때문에 스테아르산 용액을 담은 용기는 마개를 막아두어야 한다. 그리고 스테아르산 용액을 넣은 피펫을 공기 중에 오래 놓아두면 헥산이 증발해서 스테아르산 용액이 진하게 된다. 따라서 피펫을 사용하기 전에 스테아르산 용액으로 여러 차례 헹구어 사용하는 것이 좋다.
3) 스테아르산과 헥산 용액은 학생들이 직접 제조할 수 있지만, 실험 시간이 충분하지 않으면 조교가 미리 만들어둔 용액을 사용해도 된다. 이 경우에는 농도를 확실하게 표시해 두어야 한다.

5. 실험 결과 처리

1) 사용한 피펫에서 떨어지는 헥산 용액 한 방울의 부피를 계산한다.
2) 퍼진 단분자층의 직경으로부터 단분자층의 면적을 알아낸다 ($A = \pi R^2$).
3) 물 위에 떨어뜨린 스테아르산 용액의 방울 수로부터 한 방울의 부피를 계산하고, 스테아르산의 농도를 이용해서 단분자층에 포함된 스테아르산의 질량을 계산한다. 스테아르산의 밀도(0.941 g/cm^3)를 사용하여 스테아르산의 부피를 계산한다.
4) 단분자층이 18개의 탄소 원자가 연결된 막대기 모양의 스테아르산이 빽빽하게 모여서 만들어진 것으로 여겨서 그 높이를 계산하고, 탄소 원자 하나의 지름 r을 알아낸다.

5) 다이아몬드의 밀도를 이용해서 탄소 1몰이 차지하는 부피(V_m)를 계산한다.
6) 탄소 원자를 정육면체 모양에서 그 부피 V_1이 r^3이라고 생각하고 식 (4-1)을 이용해서 아보가드로 수를 계산하여 실제값과 비교한다.
7) 스테아르산 1개의 분자 단면적을 구한다.

6. 생각해볼 사항

1) 이 실험에서 사용한 스테아르산보다 탄화수소 사슬의 길이가 짧은 분자를 이용하면 실험 결과에 어떤 영향을 미치겠는가?
2) 스테아르산 대신 올레산과 같이 이중결합을 가진 분자를 사용하면 어떻게 되겠는가?
3) 스테아르산 단분자층의 높이로부터 스테아르산 알킬 사슬의 탄소-탄소 원자 사이의 평균 거리를 구한다. C-C-C 결합 각도를 109.5도라고 할 때 탄소와 탄소 사이의 결합길이를 계산하여라.

7. 실험 결과

1. 피펫의 보정

1.00 mL에 해당하는 헥산의 방울 수	______________	
헥산 한 방울의 부피	______________	mL/방울

2. 스테아르산 용액 한 방울이 덮은 표면적

단층막의 직경	______________	cm
단층막의 넓이	______________	cm^2

3. 스테아르산 단층막의 두께

스테아르산 한 방울의 질량	______________	g/방울
스테아르산 한 방울의 부피	______________	mL
단층막의 넓이(물 표면적과 같음)	______________	cm^2
단층막의 두께	______________	cm

4. 탄소 원자의 크기와 부피

단층막의 두께로부터 계산한 탄소의 크기(스테아르산은 탄소 원자 18개가 연결된 것으로 생각한다. ____________________ cm

탄소 원자가 정육면체라고 가정했을 때의 부피 ____________________ mL

5. 탄소 원자 1몰의 부피

다이아몬드의 밀도(3.51 g/cm^3)로부터 계산한 탄소의 몰 부피

____________________ mL/mol

6. 아보가드로 수 계산

탄소의 몰 부피와 실험에서 얻은 탄소 원자의 부피로부터 계산한 아보가드로 수

____________________ /mol

* 실제 아보가드로 수와 비교해본다.

읽을거리

아보가드로 수를 결정하는 다른 방법들

Rayleigh

Millikan

1몰의 물질 속에 들어있는 분자의 수를 나타내는 아보가드로수는 여러 가지 다른 방법으로 결정할 수 있다. 물에 떠있는 꽃가루와 같은 미립자들이 무질서하게 움직이는 브라운 운동이나 콜로이드의 침강평형을 이용할 수도 있다. 콜로이드를 이용한 방법은 1908년 프랑스의 콜로이드학자 패랭이 고안한 것으로 달톤의 원자설을 직접 증명한 실험이기도 하다. 1899년 영국의 물리학자 레일리 경(J. W. S. Rayleigh)은 물 위에 떠있는 기름 층의 두께로부터 원자의 크기를 짐작하였고, 미국의 물리학자 밀리칸(R. A. Millikan)은 그의 유명한 기름방울 실험으로 전자 한 개의 전하량을 정확히 측정하여 아보가드로의 수를 결정하였다. 그러나 아보가드로수를 가장 정확하게 알아내는 방법은 다이아몬드에 X선을 쪼여서 생기는 회절 무늬를 분석하여 탄소 원자 사이의 거리를 직접 알아내는 방법이다.

읽을거리

스테아르산과 올레산

카복실산의 일종인 스테아르산(stearic acid, $CH_3(CH_2)16COOH$)과 올레산(oleic acid, $CH_3(CH_2)7CH{=}CH(CH_2)7COOH$)은 모두 18개의 탄소를 가지고 있는 지방산이다. 그러나 모든 탄소가 단일결합으로 연결된 막대 모양인 스테아르산은 동물성 지방에 많으며 상온에서 고체이지만, 하나의 이중결합을 가진 올레산은 식물성 기름에 많고 상온에서 액체인 불포화 지방산이다.

지방산은 인체의 에너지원이기도 하고, 인체의 세포막을 구성하는 중요한 성분이며, 호르몬과 신경전달물질의 기능을 조절하는 프로스타그란딘(prosta- glandin)의 선구물질이기도 하다. 소화 과정에서 음식물로 섭취한 지방은 지방산과 글리세롤로 분해되고, 인체에서 사용하고 남은 지방산과 글리세롤은 간에서 다시 지방으로 변환되어서 체내에 축적된다. 지방은 인체를 충격으로부터 보호해주고, 체온을 유지시켜주며, 체내의 장기를 보호해주는 역할도 한다.

자연에 존재하는 불포화 지방산은 모두 굽은 모양의 시스형이고, 체내에서 콜레스테롤의 대사에 관여해서 혈액에서의 콜레스테롤 농도를 낮추어주는 역할을 한다. 그러나 단일결합만으로 된 포화 지방산이나 직선형의 트랜스형 불포화 지방산은 콜레스테롤과 함께 혈관 내부에 달라붙어 동맥 경화 등의 질병을 일으키는 것으로 알려져 있다.

동물성 지방에 포함된 스테아르산을 수산화나트륨과 반응시키면 스테아르산 나트륨이라는 비누의 주성분이 만들어진다. 동물성 지방을 재를 태운 물(잿물)과 함께 끓인 후에 소금을 넣어서 비누를 만드는 방법은 기원전 2500년경부터 사용되어 왔다. 기름처럼 물에 녹지 않는 얼룩 물질을 비누 성분의 탄화수소 사슬이 둘러싸게 되면 극성을 가진 카복실기가 바깥쪽으로 노출되어 물에 잘 녹게 된다.

이처럼 한 분자에 극성과 비극성 부분을 함께 가지고 있어서 물에 잘 녹지 않는 화합물을 둘러싸서 물에 잘 녹도록 만들어주는 특성을 가진 화합물을 "계면활성제" 라고 부르며, 물의 표면 장력을 줄이는 역할을 한다. 그리고 비누, 샴푸, 합성 세제 등이 모두 그런 예이다. 계면활성제의 용도는 매우 다양하다. 염료가 섬유에 잘 스며들도록 만들거나, 물에 잘 녹지 않는 염료나 향료를 녹이는 데에도 사용하고, 거품을 만들거나 제거하기 위한 목적으로도 사용되며, 부식 방지, 제련, 석유 채취 등에도 활용된다.

실험 5 몰질량 측정
Molar Mass Determination

■ 목표 : 이상기체 상태 방정식을 이용해서 쉽게 증발하는 기체의 몰질량을 결정한다.

■ 핵심 개념 : 몰질량(molar mass), 이상 기체(ideal gas), 상태 방정식(equation of state), 압력(pressure), 온도(temperature), 부피(volume), 몰(mole)

■ 관련 개념 : 기화(vaporization)

1. 서론

원자나 분자는 매우 작은 입자이기 때문에 질량을 직접 측정하는 것은 매우 어렵다. 그래서 원자나 분자의 질량을 나타내기 위해서 상대적인 방법을 사용한다. 즉, 질량수 12인 탄소의 원자 몰질량을 12라고 정의하고, 이 동위원소 12 g에 들어있는 탄소 원자의 수를 아보가드로 수(6.022×10^{23})라고 하며, 아보가드로 수만큼의 원자 또는 분자를 1몰이라고 정의한다. 따라서 분자의 몰질량도 1몰에 해당하는 분자의 질량을 탄소 원자 1몰의 질량과 비교하여 결정한다.

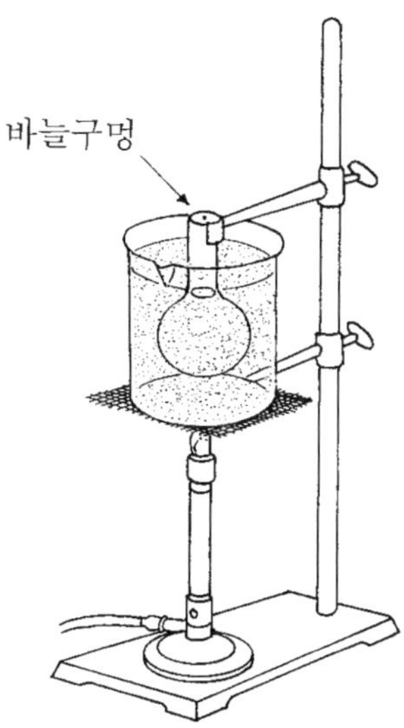

그림 5-1 분자량 측정 장치

분자의 몰질량을 측정하는 방법은 여러 가지가 있다. 그 중에서도 가장 간단하게 몰질량을 측정하는 방법은 기체의 상태 방정식을 이용하는 것이다. 대부분의 기체는 상온, 상압에서 이상기체 상태 방정식을 어느 정도 만족하기 때문에 기체의 부피, 온도, 압력과 함께 용기를 가득 채우는 데에 필요한 물질의 질량 W를 측정하면 이상기체 상태 방정식으로부터 몰질량 M을 계산할 수 있다.

$$M = \frac{WRT}{pV} \qquad (5\text{-}1)$$

이 실험에서는 액체를 가열해서 일정한 부피를 가진 플라스크의 내부를 기체로 채운 다음에 플라스크를 다시 냉각시켜 액체로 만든 다음에 질량을 측정하는 방법을 사용한다. 정밀한 측정을 위해서는 피크노미터(pycnometer)라고 하는 특별하게 만든 작은 플라스크를 사용하지만 이 실험에서는 100 mL 둥근 플라스크 또는 삼각 플라스크를 사용한다.

2. 실험 기구 및 시약

A. 실험 기구

100 mL 둥근 바닥 플라스크(round-bottom flask) 또는 삼각 플라스크(Erlenmeyer flask)
500 mL 비커(beaker)
10 mL 눈금 피펫(measuring pipet)
바늘(needle)
온도계(thermometer)
가열기(gas burner or hot plate)
스탠드, 클램프, 링 또는 삼각대 (stand with base, burette clamp, ring with clamp or single ring tripod) (링 대신에 삼각대를 사용하면 더 안전하며, hot plate를 사용하면 링이나 삼각대를 사용하지 않아도 된다.)
쇠그물망(wire heating pad)
화학 저울(chemical balance)
알루미늄박(aluminum foil)
종이수건
50 mL 눈금 실린더(graduated cylinder)
면장갑(cotten gloves)

B. 시약

$CH_3COOCH(CH_3)_2$ (isopropyl acetate)
$(CH_3)_2CHOH$ (2-propanol, isopropyl alcohol)
$CH_3COOC_2H_5$ (ethyl acetate)
위 3개의 시료 중 하나 또는 둘을 골라서 사용한다.

3. 실험 방법

1) 깨끗하게 씻어서 말린 100 mL 둥근 바닥 플라스크에 알루미늄박으로 뚜껑을 만들어 씌우고, 바늘로 작은 구멍을 뚫는다. 구멍의 크기는 작을수록 좋다.
2) 뚜껑을 덮은 플라스크의 무게를 화학 저울을 사용해서 정확하게 측정한다.
3) 플라스크에 약 3 mL의 액체 시료를 넣고 뚜껑을 다시 막고 스탠드에 고정시킨다.
4) 500 mL 비커에 물을 절반 정도 채우고 끓을 때까지 가열한다.
5) 플라스크를 비커의 바닥에 닿지 않을 정도로 물 속에 깊이 넣는다.
6) 끓는 물의 온도와 대기압을 측정하고, 플라스크 속의 액체가 모두 기화할 때까지 기다린다. 플라스크를 비커에서 꺼내면 안 된다. 뚜껑에 뚫린 구멍을 옆에서 자세히 관찰하면 빛의 산란 때문에 기체가 새어 나오는 것을 관찰 할 수 있다. (휴대용 전지를 사용하면 좋다.)
7) 플라스크의 액체가 모두 기화하면 잠시 기다린 후에 플라스크를 끓는 물에서 꺼내 식힌다. 플라스크는 매우 뜨거우므로 손으로 만지지 말고 면장갑을 끼고 꺼낸다.
8) 플라스크 바깥에 묻어 있는 물기를 종이수건을 사용해서 완전히 닦아낸다.
9) 바깥을 완전히 말린 플라스크와 뚜껑의 무게를 다시 측정한다.
10) 플라스크를 깨끗하게 씻은 후에 증류수를 가득 채우고, 눈금 실린더를 사용해서 증류수의 부피를 측정하고 이 값을 이용해서 플라스크의 부피를 계산한다.
11) 시간이 허용되면 위의 실험을 한 번 더 반복한다.

4. 주의 및 참고 사항

1) 증발한 기체를 직접 흡입하지 않도록 조심하고, 실험실의 환기가 잘 되도록 유의한다.
2) 가열된 플라스크 등에 화상을 입지 않도록 주의한다.

5. 실험 결과 처리

측정한 값을 식 (5-1)을 이용하여 몰질량을 계산한다.

6. 생각해볼 사항

1) 이 실험에 사용하는 액체 시료는 어떠한 성질을 가지고 있어야 실험 목적에 가장 적합하겠는지 생각해보자.
2) 액체 시료의 양이 충분하지 않아서 기화한 시료가 플라스크를 완전히 채우지 못했다면 어떤 결과가 얻어지겠는가? 분자량이 100이라면 최소한 몇 g의 시료가 필요한가?
3) 액체 시료에 기화하지 않는 불순물이 녹아있다면 실험 결과가 어떻게 되겠는가?
4) 이 실험에서 플라스크를 물 속 깊이 잠기도록 해야 하는 이유를 설명하여라.

7. 실험 결과

1. 플라스크와 알루미늄 뚜껑의 처음 무게	________ g	________ g
2. 식힌 플라스크와 뚜껑의 무게	________ g	________ g
3. 응축된 시료의 무게 (위 1에서 위 2를 뺀값)	________ g	________ g
4. 끓는 물의 온도	________ ℃	________ ℃
5. 대기압	________ atm	________ atm
6. 플라스크의 부피	________ mL	________ mL
7. 액체 시료의 몰질량	______ g/mol	______ g/mol

읽을거리

몰(mole)

수소 원자 하나의 질량은 1.66 × 10^{-24} g이고, 크기는 10^{-8} cm에 불과하기 때문에 실험실에서 볼 수 있는 저울로는 절대 측정할 수 없을 정도로 작다. 그렇기 때문에 원자나 원자들이 결합하여 만들어진 분자의 질량을 이야기할 때 원자나 분자 하나의 질량을 대상으로 하는 것은 매우 불편하다.

화학에서는 이런 불편을 해결하기 위해서 "몰" (mole)이라는 단위를 사용한다. 1몰은 질량수가 12인 탄소의 동위원소 12 g에 들어있는 탄소 원자의 수를 뜻하며, 6.022 × 10^{23}이라는 엄청나게 큰 값을 갖는다. 개수를 셀 수 있는 것이라면 무엇이나 "몰" 의 단위로 표현할 수 있다. 지구상에 살고 있는 사람의 수는 현재 60억명 정도로 1 × 10^{-14}몰에 불과하며, 우리 나라 정부의 1년 예산도 몰 단위로 표시하면 10^{-9}몰에 지나지 않는다. 모래알 1몰을 모으면 서울과 같은 정도의 도시를 수백미터의 두께로 덮을 수 있을 정도로 엄청난 양이 된다. 화학에서는 이렇게 엄청난 숫자의 분자들을 잘 조절해서 원하는 화학반응이 일어나도록 함으로써 현대 생활에 필요한 수없이 다양한 화합물을 만들어내고 있다. 그러니까 우리가 흔히 엄청나게 큰 숫자를 "천문학적" 이라고 하지만 사실은 "화학적" 이라고 하는 것이 더 적절하다.

읽을거리

아마데오 아보가드로 (1776~1856)

"같은 부피를 차지하는 기체 분자의 수는 기체의 종류에 상관없이 언제나 같다" 는 1811년 이탈리아의 과학자 아마데오 아보가드로의 주장을 기초로 현대적 의미의 원자량과 몰질량이 정의될 수 있게 되었다.

이탈리아의 법률가 집안에서 태어난 아보가드로는 법학을 공부하다가 24살이 되어서야 과학을 공부하기 시작하였다. 대학에서 물리와 수학을 가르쳤던 아보가드로는 학술회의에 전혀 참석하지 않았으며 다른 과학자들과의 교류도 철저하게 외면하였고, 논문도 많이 발표하지 않았다.

아보가드로의 이러한 개인적인 성향 때문에 그가 죽은 후에 이탈리아의 또 다른 화학자 카니짜로(S. Cannizzarro)에 의해서 그의 업적이 세상에 알려지게 되었다. 아보가드로의 주장은 처음에는 "아보가드로의 가설" 로 취급되었지만 지금은 화학에서 가장 중요한 법칙 중의 하나로 정립되었다.

실험 6

기체 상수 결정

Determination of the Gas Constant

■ 목표 : 일정한 양의 산소나 이산화탄소 기체를 발생시켜 기체상수 값을 결정한다.

■ 핵심 개념 : 기체 상수(gas constant), 상태 방정식(equation of state), 이상 기체(ideal gas), 몰(mole), 부분압(partial pressure), 증기압(vapor pressure), 온도(temperature), 압력(pressure), 부피(volume)

■ 관련 개념 : 기체 발생(gas evolution)

1. 서론

기체의 양과 온도, 부피, 압력 사이의 관계는 기체 상태 방정식으로 주어진다. 대부분의 기체는 온도가 충분히 높고, 압력이 충분히 낮은 상태에서 이상 기체 상태 방정식($pV = nRT$)을 잘 만족한다. 이상 기체 상태 방정식에서 R은 "기체 상수"라고 하는 기본 상수이다. 이 실험에서는 산소 또는 이산화탄소 기체의 압력(p), 부피(V), 몰수(n)와 온도(T)를 측정하여 기체 상수를 결정한다.

$KClO_3$를 가열하면 산소 기체가 발생하고 KCl 고체가 남게 된다. MnO_2는 $KClO_3$의 분해 반응에 촉매로 작용하여 산소 발생 속도를 증가시키는 역할을 한다. 이 반응에서

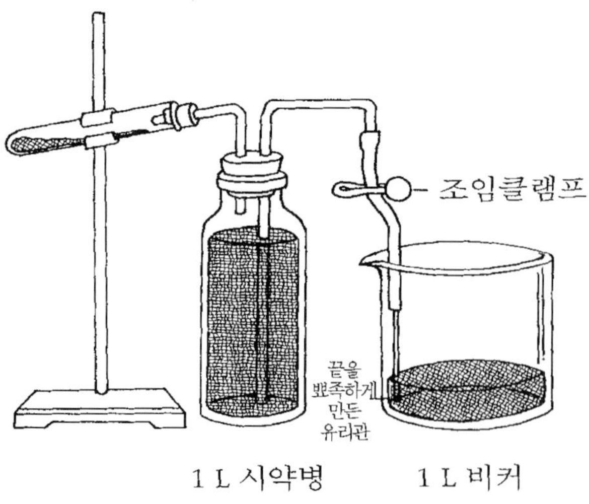

그림 6-1
기체 발생 장치

발생한 산소 기체의 부피는 그림 6-1과 같은 기체 발생 장치에서 밀려나간 물의 부피로부터 계산할 수 있다. 그러나 시약병의 위쪽에는 산소 기체와 함께 수증기도 포함되어 있으므로 산소 기체의 압력을 정확하게 알아내기 위해서는 부록의 표를 이용해서 수증기의 부분 압력을 보정해주어야 한다.

$$2KClO_3(s) \xrightarrow[\Delta]{MnO_2} 2KCl(s) + 3O_2(g)$$

한편 $NaHCO_3$를 가열하면 이산화탄소가 발생하고 NaOH 고체가 남는다. 이 경우에도 그림 6-1과 같은 장치를 이용해서 발생한 이산화탄소의 부피를 알아낼 수 있다. 가열하기 전과 후의 고체시료의 무게가 얼마나 감소했는가를 측정해서 발생한 기체의 양을 알아낼 수도 있다.

$$NaHCO_3(s) \xrightarrow{\Delta} NaOH(s) + CO_2(g)$$

2. 실험 기구 및 시약

A. 실험 기구

스탠드(stand)
시험관(test tube) 2개
유리관(glass tube)
고무 튜브(rubber tube)
조임 클램프(pinchcock clamp)
알코올 램프(alcohol lamp)
화학 저울(chemical balance)
시약병(reagent bottle) 1 L
고무 마개(rubber stopper)
면장갑(cotten gloves)
비커(beaker) 1 L

B. 시약

$KClO_3$ (potassium chlorate)
MnO_2 (manganese(IV) oxide)
$NaHCO_3$ (sodium bicarbonate)

3. 실험 방법

실험 A. 산소 기체

1) 그림 6-1과 같은 기체 발생 장치를 만든다. 마개와 유리관의 연결 부분으로 기체가 새어나가지 않도록 조심한다. 비커에 연결된 유리관은 시약병의 바닥에 닿을 정도로 충분히 길어야 한다.
2) 시약병에 물을 가득 채우고 시험관으로 연결된 유리관에서 입김을 불어넣어 비커 쪽으로 연결된 유리관에 물이 채워지게 만든 다음에 조임 클램프로 고무관을 막아두고, 다시 시약병에 물을 가득 채운다.
3) 비커의 물을 버린 다음에 제 위치에 다시 놓고 클램프를 열어둔다.
4) 약 2 g의 $KClO_3$와 0.2 g의 MnO_2를 시험관에 넣고 무게를 측정한다.
5) 그림 6-1과 같이 시험관을 거의 수평이 되도록 고정시킨다. 시료가 시험관의 벽을 따라 넓게 퍼지도록 해야 하지만 시료가 고무 마개에 닿아서는 안 된다.
6) 알코홀 램프를 사용해서 시험관 전체를 서서히 가열한다. 산소가 발생하면서 시약병의 물이 비커로 밀려나오게 된다. 산소 기체가 너무 급격하게 발생하지 않도록 시험관을 서서히 가열해야 한다.
7) 비커로 밀려나온 물의 양이 500~600 mL가 되면 가열하는 것을 멈추고 시험관이 식을 때까지 기다린다.
8) 비커의 높이를 조절해서 비커와 시약병에 담긴 물의 수면 높이를 같도록 하고 고무관을 조임 클램프로 막는다.
9) 눈금 실린더를 사용해서 비커 속의 물의 양을 측정하고, 시험관의 무게를 측정한다.
10) 대기압을 기록하고, 시약병에 담긴 물의 온도를 측정한다.

실험 B. 이산화탄소 기체

1) 실험 A와 같은 장치의 시험관에 1.2 g 정도의 $NaHCO_3$를 넣고 서서히 가열하면서 같은 방법으로 실험을 반복한다. 다만, 시험관을 식힐 때에는 생성된 NaOH에 의한 물의 흡수를 방지하기 위하여 시약병과 연결된 마개(유리관이 끼어 있는)를 시험관에서 빼고 다른 고무 마개로 시험관의 입구를 다시 막은 다음 식히도록 한다. 뜨거울 수 있으므로 면장갑을 끼고 한다.

4. 실험 결과 처리

실험에서 측정한 기체의 양(몰수), 부피, 압력, 온도를 다음 식에 넣어서 기체 상수를 계산한다.

$$R = \frac{pV}{nT} \tag{6-1}$$

여기서 압력 p는 유리병 속에 담긴 산소 또는 이산화탄소의 부분압으로 대기압에서 수증기의 부분압을 빼서 보정한 값이다.

5. 생각해볼 사항

1) 이 실험에서 사용하는 기체에 따라서 시약병에 넣는 액체를 적절하게 선택해야 한다. 기체와 액체의 어떤 성질을 고려하여 액체를 선택해야 하겠는가?
2) $KClO_3$와 $NaHCO_3$를 사용한 실험에서 얻은 기체 상수 값이 다른 이유는 무엇이겠는가?
3) 이 실험에서 시약병 속에 산소 기체나 이산화탄소 기체의 부분 압력은 대기압과 수증기의 증기압의 차이로 계산하였다. 이런 계산이 가능한 것은 어떤 이유 때문이며, 어떤 경우에 그런 계산이 가능하겠는가?
4) 시험관이 실온으로 식기 전에 부피를 측정하면 실험 결과에 어떤 영향이 있겠는가?

6. 실험 결과

	$KClO_3$	$NaHCO_3$
1. 가열하기 전 시료를 넣은 시험관의 무게	________ g	________ g
2. 가열한 후 시료를 넣은 시험관의 무게	________ g	________ g

	산소	이산화탄소
3. 발생한 기체의 무게	________ g	________ g

4. 발생한 기체의 몰수 ________ 몰 ________ 몰

5. 발생한 기체의 부피 ________ mL ________ mL

6. 대기압 ________ 기압 ________ 기압

7. 물의 온도 ________ ℃ ________ ℃

8. 물의 증기압 ________ 기압 ________ 기압

	산소	이산화탄소
9. 기체의 부분 압력	________ 기압	________ 기압

10. 기체상수 ____________ ____________

읽을거리

개의 동굴

이탈리아어로 "그롯타 델 카네"(Grotta del cane)라고 하는 "개의 동굴"은 나폴리시 근교의 아냐노 호수가에 있다. 이 호수는 둘레가 약 3킬로미터나 되는 사화산의 화구에 물이 괴어서 생긴 것이고, 호숫가에 있는 동굴의 특이한 성질 때문에 관광 명소로 알려지게 되었다.

이 동굴의 바닥에는 독기가 차있어서 키가 작거나 바닥에 눕혀진 사람이나 동물이 죽게 된다는 사실이 알려진 것은 18세기부터였고, 사형수를 처형하는 장소로 사용되기도 하였다.

독기의 정체가 알려지게 된 것은 과학의 발전 덕분이었다. 지구 내부의 화학 반응에 의해서 만들어진 다량의 이산화탄소 기체가 동굴 바닥 암반의 틈새를 통해 동굴 속으로 유입되고, 밀도가 공기보다 1.5배 정도 큰 이산화탄소가 동굴의 바닥에 가라앉아 있기 때문에 키가 작거나 바닥에 눕혀진 사람이나 동물은 산소가 부족하여 질식하게 된다는 사실이 확인되었다. 이 동굴의 바닥에 있는 공기의 조성은 70%가 이산화탄소이고, 6~7%가 산소, 그리고 나머지가 질소로 되어 있다. 일반적으로 이산화탄소가 25% 이상이 되면 산소 부족으로 인한 질식사의 가능성이 매우 높아지게 된다.

읽을거리

온실 기체

지구의 대기는 80% 정도가 질소이고 20% 정도는 산소이며, 수백 ppm (백만분의 일) 정도의 이산화탄소가 포함되어 있다. 이와는 달리 금성의 대기는 이산화탄소가 주성분인 것으로 알려져 있다.

탄소 원자의 양쪽에 2개의 산소 원자가 이중 결합을 해서 직선형의 모양을 가진 이산화탄소는 적외선을 효율적으로 흡수하는 특성을 가지고 있어서, 태양광선이 지구 표면으로 흡수되었다가 방출되는 적외선을 흡수하여 대기의 온도를 높이는 역할을 한다. 그러므로 대기 중에 이산화탄소가 너무 많으면 마치 담요와 같이 지구를 덮어서 지구 표면에서의 복사열이 지구 바깥으로 방출되지 못하고 대기의 온도가 높아지게 된다. 이러한 현상을 "온실 효과" (green house effect)라고 하며, 온실 효과에 기여하는 분자를 온실 기체(green house gas)라고 한다. 이산화탄소 이외에도 메탄과 같은 탄화수소도 온실 기체에 속한다. 온실 기체가 너무 많으면 대기의 온도가 올라가기 때문에 생물이 살아갈 수 없는 환경이 된다. 금성의 대기 온도가 매우 높은 이유도 바로 대기 중에 많이 포함된 이산화탄소 때문이다.

다행히도 지구의 대기에는 이산화탄소의 농도가 매우 낮아서 대기의 온도가 생물이 살아갈 수 있을 정도로 유지될 뿐만 아니라, 대기 중의 이산화탄소는 녹색 식물의 광합성 작용의 원료가 되어서 오히려 지구상에 생물이 번성할 수 있는 기회를 제공하고 있기도 하다. 이산화탄소는 물에 매우 잘 녹기 때문에 바닷물에 엄청난 양이 녹아있고, 석회석($CaCO_3$)의 형태로 고정되어 있기도 하다.

최근에는 화석 연료의 사용량이 늘어나면서 대기 중에 배출되는 이산화탄소의 양도 함께 증가해서 온실 효과에 의한 공해가 문제로 대두되고 있다.

실험 7

카페인의 추출과 분리

Extraction and Separation of Caffeine

■ 목표 : 화합물의 분리와 정제에 사용되는 추출법을 이용하여 홍차 잎에서 카페인을 추출한다.

■ 핵심 개념 : 혼합물(mixture), 용해도(solubility), 추출(extraction), 분리(separation), 분배 계수(distribution coefficient)

■ 관련 개념 : 염석 효과(salting-out effect), 에멀전(emulsion)

1. 서론

자연에 존재하는 화합물이나 실험실에서 합성하는 화합물은 대부분의 경우에 다른 화합물들과 함께 섞여 있게 된다. 화학 실험에서는 이렇게 혼합되어 있는 상태의 화합물을 순수한 형태로 분리하여 정제하는 과정이 매우 중요하다.

화합물을 분리하는 과정은 혼합되어 있는 화합물의 특성에 따라서 매우 다양하다. 예를 들어서 고체가 액체와 함께 혼합되어 있을 경우에는 거름 종이와 깔때기를 이용해서 간단하게 분리할 수 있고, 휘발성이 큰 용매와 함께 혼합된 경우에는 용매를 증발시켜서 순수한 화합물을 얻을 수 있다. 어떤 용매에 녹는 특성이나, 종이나 충전층(充塡層)을 지나가는 속도가 다른 특성을 이용한 크로마토그래피 방법을 사용하기로 한다.

추출(extraction)은 용매에 따라서 화합물이 녹는 특성이 큰 차이를 보이는 경우에 사용되는 분리 방법이다. 음식물이나 한약을 물에 넣고 끓이는 것도 식품이나 한약재에서 뜨거운 물에 잘 녹는 성분이 녹아 나오는 추출 현상을 이용하는 예이다. 화학 실험실에서는 이처럼 고체에 포함되어 있는 화합물을 녹여내는 경우는 물론이고, 수용액과 유기 용매에 녹는 특성이 다른 점을 이용한 추출 방법도 널리 사용한다.

물에 잘 녹지 않는 유기 용질은 유기 용질을 잘 녹이면서도 물과 섞이지 않는 유기 용매를 사용하여 유기 용매 층으로 추출할 수 있다. 벤젠(benzene)이나 헥산 (hexane) 처럼 물보다 밀도가 작은 유기 용매는 물보다 위에 층을 이루게 되고, 메틸렌 클로라이드(methylene chloride) ("디클로로메탄(dichloromethane)"이라고 부르기도 함)나 클로로폼 (chloroform)과 같이 밀도가 큰 유기 용매는 물보다 아래에 층을 이루게 된다. 물과 유기 용매가 담긴 분별 깔때기를 잘 흔들어주면 용질이 두 용매 층 사이에서 평형을 이루게 되고, 이 때 두 층에서의 용질의 농도비를 분배 계수 K (distribution coeffeicient)라고 부른다(식 7-1).

$$K = \frac{\text{용매 A에서의 용해도}}{\text{용매 B에서의 용해도}} \tag{7-1}$$

분배 계수가 1보다 큰 경우에는 같은 부피의 용매 A와 B를 사용할 때는 처음에 B에 녹아있던 용질의 절반 이상이 용매 A로 옮겨가게 되고, 용매 A를 분리해서 적당한 방법으로 용매를 제거하면 순수한 용질을 얻을 수 있게 된다. 이런 추출 방법을 여러 차례 반복해서 적용하면 용질을 상당히 순수한 형태로 얻을 수 있으며, 광물이나 석유 정제 또는 식품 가공 등에 널리 활용되고 있다.

이 실험에서는 홍차 잎에 포함되어 있는 카페인(caffeine)을 뜨거운 물로 추출해낸 다음에 물과 섞이지 않는 메틸렌 클로라이드 용매를 사용해서 물에 녹아있는 카페인을 순수한 상태로 분리한다.

카페인이 수용액에서 유기 용매층으로 쉽게 빠져나가도록 하기 위해서 분별 깔때기에 두 용액을 함께 넣고 흔들어 주어야 한다. 그러나 분별 깔때기를 너무 세게 흔들면 섞이지 않는 용매의 작은 방울로 된 에멀젼(emulsion)이 만들어져서 분리 효과가 떨어질 수 있다.

수용액 층에 NaCl과 같은 염을 넣어주면 수용액에 녹아있는 유기물이 유기 용매층으로 더 많이 옮겨가는 경우가 있으며 이런 현상을 염석 효과(salting-out effect)라고 한다.

2. 실험 기구 및 시약

A. 실험 기구

100 mL 비커(beaker) 2개
눈금 실린더(graduated cylinder)
가열판(hot plate)
뷰흐너 깔때기(Büchner funnel)
분별 깔때기(separatory funnel)
감압 플라스크(suction flask)
아스피레이터(aspirator)
회전 농축기(rotary evaporator)
시약주걱(spatular)

거름종이(filter paper)

B. 시약

$CaCO_3$(calcium carbonate) 0.4 g
포화 NaCl(saturated sodium chloride) 수용액
Na_2SO_4(sodium sulfate)
홍차

3. 실험 방법

1) 100 mL 비커 두 개에 각각 60 mL와 30 mL의 물을 넣고 50~60℃로 가열한다.
2) 60 mL의 물이 담긴 비커에 홍차(티백포장 6개)와 $CaCO_3$ 0.4 g을 넣은 후 20~30 분간 가열한다.
3) 뜨거운 물을 조금 식힌 다음에 홍차 봉지를 꺼내서 손으로 눌러 짜고, 30 mL의 물이 담긴 비커에 넣어 다시 한 번 가열하고 봉지를 눌러 짠다.
4) 뷰흐너 깔때기에 거름종이를 올려놓고, 3)에서 준비한 용액을 감압기를 사용해서 거른다. 분별 깔때기의 용량이 크지 않으므로 작은 양의 물을 사용해서 비커에 남아있는 홍차 용액을 씻어서 뷰흐너 깔때기에 함께 넣는다.
5) 거른 용액을 2)에서 얻은 용액과 함께 분별 깔때기에 넣는다.
6) 메틸렌 클로라이드 6 mL와 포화 NaCl 용액 3 mL를 함께 넣고 분별 깔때기의 마개를 막은 후 10 분 이상 가볍게 흔들어준다. 깔때기를 너무 세게 흔들면 에멀젼이 만들어지기 때문에 조심해야 한다. 에멀젼이 생기면 분별 깔때기를 돌려 가면서 가볍게 흔들어 주고, 그래도 없어지지 않으면 약숟가락을 사용해서 에멀젼 근처를 조심해서 저어준다.
7) 분별 깔때기를 스탠드에 세워두고 잠시 기다린 후에 아래쪽의 메틸렌 클로라이드 용액을 비커에 받아낸다.
8) 위쪽에 남은 수용액 층에 다시 메틸렌 클로라이드 6 mL와 포화 NaCl 용액 3 mL를 넣고 추출하는 과정을 3번 정도 더 반복하고, 메틸렌 클로라이드 용액을 함께 모은다.
9) 메틸렌 클로라이드 용액에 건조제인 Na_2SO_4를 2~3 숟가락 넣고 잘 흔들어 준다.
10) 뷰흐너 깔때기에 거름종이를 깔고 감압 플라스크를 사용해서 건조제를 걸러낸다.
11) 회전 농축기를 이용하여 메틸렌 클로라이드를 증발시킨다. 이때 40 ℃ 정도의 뜨거운 물을 준비해서 중탕을 시켜주면 증발 속도를 빠르게 할 수 있다.

4. 주의 및 참고 사항

1) 메틸렌 클로라이드는 독성이 강한 용매이기 때문에 손에 묻지 않도록 조심해야 하고, 사용하고 남은 용매는 반드시 회수통에 모아서 적절하게 처리해야 한다.
2) 사용한 뷰흐너 깔때기와 감압 플라스크는 깨끗이 닦아서 아세톤으로 헹군 후에 잘 말려서 사용해야 한다.
3) 에멀젼이 너무 많이 생겨서 제거하기 어려울 경우에는 에탄올 0.5 mL를 넣어주고 가볍게 흔들어 준다. 에멀젼이 생기면 제거하기 어렵기 때문에 처음에 분별 깔때기를 너무 심하게 흔들지 않도록 하는 것이 바람직하다.
4) 감압기로 메틸렌 클로라이드를 증발시키는 것이 쉽지 않으므로, 메틸렌 클로라이드의 사용량을 줄이도록 노력해야 한다.
5) 분별 깔때기를 흔들 때에는 용액이 새어나오지 않도록 마개를 손가락으로 잘 눌러 주어야 하고, 가끔씩 마개를 열어서 내부의 압력을 제거해야 한다. 마개를 열 때에는 깔때기의 입구가 옆 사람을 향하지 않도록 조심한다.

5. 실험 결과 처리

1) 홍차 봉지에 들어있는 홍차의 질량을 미리 측정해둔다.
2) 분리한 카페인을 잘 말린 후에 질량을 측정해서 홍차 한 봉지에 포함된 카페인의 양을 계산한다.

6. 생각해볼 사항

1) $CaCO_3$를 사용하는 이유는 무엇이겠는가?

7. 실험 결과

1. 추출한 카페인의 색깔 ____________________

2. 홍차 한 봉지에 포함된 카페인의 양

   홍차 한 봉지에 들어있는 홍차 잎의 질량 ____________________ g

   사용한 홍차 봉지의 수 ____________________ 개

   홍차 잎의 총 질량 ____________________ g

   추출한 카페인의 질량 ____________________ g

   홍차 한 봉지에 포함 된 카페인의 질량 ____________________ g

   홍차에 포함된 카페인의 % ____________________ %

3. 추출한 카페인에 불순물이 들어있다면 실험 결과에 어떤 영향이 있겠는가? 또한 추출한 카페인의 순도를 알아내려면 어떻게 해야 하겠는가?

읽을거리

카페인(Caffeine)

홍차, 커피, 카카오 등에서 발견되는 천연 물질로 흰색의 바늘 모양의 가루 형태이며 238 ℃에서 녹는다. 뜨거운 물에는 잘 녹지만, 차가운 물이나 유기 용매에는 잘 녹지 않으며, 쓴맛을 가지고 있다. 커피에는 0.75~1.5%의 카페인이 포함되어 있어서 커피 한 잔에는 약 100 mg의 카페인이 들어있다. 홍차는 종류에 따라 함량이 다르지만 한 잔에 약 40 mg의 카페인이 들어있다. 콜라 한 잔에도 약 40 mg의 카페인이 들어있다.

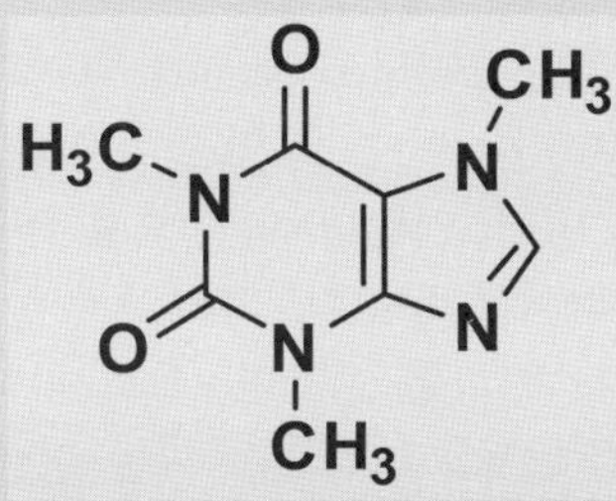

Caffeine (1,3,7-trimethyl-1*H*-purine-2,6(3*H*,7*H*)-dione)

카페인은 중추신경, 심장, 혈관과 신장에 항진효과를 일으키기 때문에 몰핀(morphine)과 같은 마약 과용으로 나타나는 호흡 장애를 치료하는 데 효과가 있고, 약간의 이뇨작용도 나타낸다. 적당한 양의 카페인은 피로를 풀어주고, 감각 기능을 높여주고, 졸음을 막아주는 효과도 있지만 신경과민이나 수족의 떨림, 두통, 불면증을 일으키기도 한다.

카페인은 몰핀이나 니코틴 (nicotine)과 함께 "알칼로이드" (alkaloid)라고 하는 천연 물질 중의 하나다. 약한 염기성을 나타내는 질소 화합물인 알칼로이드는 주로 식물에서 발견되며, 식물체에서의 기능은 확실하게 밝혀지지 않고 있지만 씨앗의 형성이나 곤충의 공격을 방어하는 역할을 하는 것으로 추측되고 있다. 대부분의 알칼로이드는 인체에 다양한 생리적인 효과를 나타낸다. 몰핀은 매우 우수한 진통제이지만 습관성이 심해서 문제가 되고, 에페드린 (ephedrine)은 감기와 기관지 천식 등에 좋은 효과를 나타낸다. 수술에서 근육이완제로도 사용되는 큐라레 (curare)는 남미에서 사냥용 화살에 바르는 독으로 사용되기도 한다. 상업용으로 유용한 알칼로이드는 식물의 섬유질에서 수용액으로 추출한 다음에 유기 용매로 추출하거나 크로마토그래피로 분리하여 사용한다.

읽을거리

무(無)카페인 커피

카페인의 부작용이 없으면서 커피의 맛을 즐길 수 없을까? 건강에 대한 관심이 높아지면서 카페인을 제거한 커피에 대한 수요도 증가하고 있다. 한편 커피 공장에서는 커피에서 추출한 카페인을 콜라의 원료로 사용할 수 있기 때문에 커피 열매에서 카페인을 제거하는 기술은 일석이조의 좋은 기술로 관심을 모으고 있다.

물에 불린 커피 열매를 메틸렌 클로라이드 용매에 넣어두었다가 용매를 증발시키면 용매와 함께 카페인이 제거된다. 이 방법을 사용하는 경우에는 메틸렌 클로라이드 용매가 커피 열매에 남아있을 가능성이 있고, 생산 과정에서 용매의 증발로 대기 오염의 원인이 될 수 있으며, 커피의 맛이 떨어지는 단점이 있다.

오렌지와 같은 과일의 껍질에 들어있는 화합물인 에틸아세테이트 ($CH_3COOC_2H_5$)을 이용해서 카페인을 제거할 수도 있다. 에틸아세테이트를 과일에서 추출할 경우에는 값이 비싸기 때문에 인공적으로 합성해서 사용한다. 그러나 에틸아세테이트가 천연에서 얻어지는 물질이기 때문에 이렇게 얻어진 커피를 "천연적으로 카페인을 제거한 커피" 라는 광고와 함께 판매되기도 하지만, 커피의 맛이 많이 떨어지는 단점이 있다. 에틸아세테이트의 값이 메틸렌 클로라이드보다 비싸기 때문에 법적으로 메틸렌 클로라이드의 사용이 금지된 지역에서 많이 사용된다.

커피 열매를 불린 물을 탄소 필터에 통과시키면 카페인은 제거되고 커피 향은 그대로 남은 물을 얻을 수 있다. 이 물을 사용해서 다른 커피 열매에 불리면 이제는 커피 향은 그대로 남고 카페인만 추출된 커피 열매를 얻을 수 있다. 이런 과정을 반복해서 카페인을 제거한 커피 열매를 생산하는 공정을 "스위스 수처리 공정" 이라고 부른다. 물 이외의 화합물을 사용하지 않기 때문에 독성 물질에 오염되거나 환경을 파괴할 가능성이 없기는 하지만 생산 원가가 4배 이상 높은 단점이 있다.

가장 최근에 개발된 방법은 높은 압력에서 만들어지는 "초임계 상태" (supercritical state)의 이산화탄소를 사용하는 것이다. 초임계 상태의 이산화탄소는 그 밀도가 액체와 기체의 중간 정도의 해당하는 특별한 상태로 커피의 성분 중에서 비극성의 카페인을 잘 녹이지만, 커피의 향기를 주는 탄수화물이나 단백질과 같은 극성 물질은 잘 녹이지 못한다. 물에 불린 커피 열매를 초임계 상태의 이산화탄소에 넣으면 카페인을 제거할 수 있고, 커피 열매에 묻어 있는 이산화탄소는 용기의 압력을 낮추어주면 기화하기 때문에 쉽게 제거할 수 있다. 이런 방법으로 커피의 향을 그대로 유지한 커피를 얻을 수 있다.

실험 8 크로마토그래피 Chromatography

■ 목표 : 정상과 역상 크로마토그래피법으로 색소를 분리함으로써 크로마토그래피의 원리와 극성의 개념을 배운다.

■ 핵심 개념 : 분리(separation), 분배(distribution), 크로마토그래피(chromatography), 얇은층 크로마토그래피(thin-layer chromatography), 정상 액체 크로마토그래피(normal phase liquid chromatography), 역상 액체 크로마토그래피(reversed-phase liquid chromatography),

■ 관련 개념 : 극성(polarity), 전기음성도(electronegativity)

1. 서론

혼합물을 구성하는 화합물의 종류와 농도는 산-염기나 EDTA 적정 또는 여러 가지 분광법 등을 이용한 직접 분석 방법으로 알아낼 수 있는 경우도 있다. 그러나 대부분의 경우에는 혼합물을 각각의 성분으로 분리하는 것이 분석의 필수적인 중간 과정이 된다. 뿐만 아니라 화합물의 분리는 원하는 물질을 순수한 상태로 얻기 위한 수단으로도 중요하다. 화학에서 사용되는 분리 방법에는 침전, 여과, 확산, 원심분리, 증류, 용매 추출, 전기영동 등 여러 가지가 있지만 크로마토그래피는 요즈음 가장 많이 사용되는 중요한 분리 방법의 하나이다.

크로마토그래피에는 화합물이 고체 표면에 흡착되는 정도의 차이를 이용한 "흡착 크로마토그래피"(adsorption chromatography), 작은 분자가 교대로 결합된 겔의 틈새를 잘 침투하는 효과를 이용하는 "겔 투과 크로마토그래피"(gel permeation chromatography), 주어진 pH에서 화합물이 해리해서 생긴 이온의 전하 차이를 이용하는 "이온교환 크로마토그래피"(ion exchange chromatography)와 용매에 녹는 정도가 다른 점을 이용한 "분배 크로마토그래피"(partition chromatography)등의 여러 가지 방법이 있다. 이 실험에서는 가장 흔하게 사용되는 분배 크로마토그래피를 다루기로 한다.

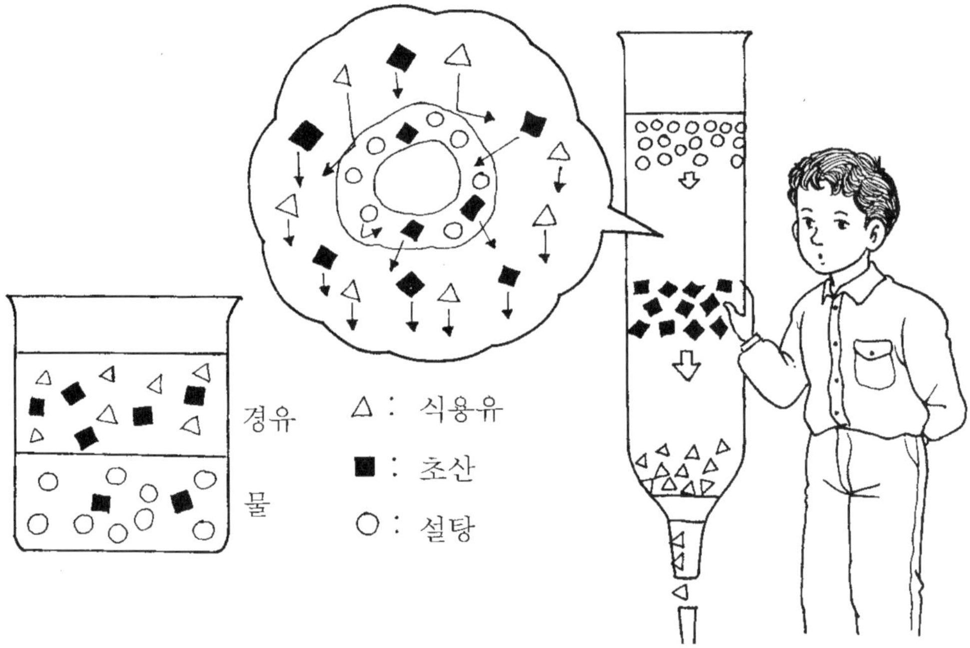

그림 8-1 분배에 의한 물질의 분리

그림 8-1과 같이 석유 에터(petroleum ether)와 물을 혼합한 용액에 분자의 극성(polarity)이 다른 설탕, 아세트산(acetic acid), 식용유를 넣고 흔들어준 후 두 층으로 갈라지게 하면 극성이 큰 설탕은 대부분이 극성이 큰 물 속에 녹아있고, 극성이 작은 식용유는 극성이 작은 석유 에터에 녹아있게 된다. 물보다 극성이 작은 아세트산은 물과 석유에터층에 비슷하게 분배된다. 이와 같이 물질마다 두 가지 용매에 대한 분배계수가 다른 점을 이용하는 크로마토그래피를 "분배 크로마토그래피"라고 한다. 그림 8-1에서와 같이 고체 표면에 얇은 액체의 막을 입힌 정지상(stationary phase) 사이로 극성이 다른 용액(이동상, mobile phase)을 흘려주면서 두 액체 사이에 물질의 분배가 일어나도록 하는 경우를 액체-액체 분배 크로마토그래피(liquid-liquid partition chromatography)라고 하고, 기체를 이동상으로 이용하는 경우를 기체-액체 분배 크로마토그래피(gas-liquid partition chromatography)라고 한다.

처음에는 실리카젤이나 알루미나 같이 극성이 큰 고체 표면에 물 같이 극성이 큰 액체 막을 입힌 정지상과 극성이 작은 용액을 이동상으로 사용하는 정상 액체 크로마토그래피(normal phase liquid chromatography) 방법이 개발되었다. 실험 A에서는 실리카젤의 얇은 막을 알루미늄이나 플라스틱 판에 입힌 정지상을 사용하는 얇은 층 크로마토그래피(thin layer chromatography, TLC)를 이용해서 색소를 분리한다. TLC에서의 이동상은 보통 전개제라고 부르며, 뷰탄올, 아세트산, 암모니아처럼 물보다 극성이 작은 화합물의 혼합 용액이 많이 사용된다. 모세관 현상으로 전개제가 TLC판 위쪽으로 전개될 때 시료 분자들도 함께 퍼지게 되는데, 시료 분자들이 정지상에서 노출된 실리카젤의 실란올기와 이동상 사이에 분배되는 계수가 다르기 때문에 전개제가 위쪽으로 올라가면서 시료 분자들이 분리된다. 각 시료가 움직인 거리와 용매가 움직인 위치(용매선)까지의 거리의 비를 "R_f 값"(식 8-1)이라 하며, 이 값은 화합물과 사용하는 전개제의 종류에 따라 독특한 값을 나타내기 때문에 물질의 확인에 매우 유용하다.

$$R_f = \frac{\text{시료가 이동한 거리}}{\text{용매가 이동한 거리}} \tag{8-1}$$

이와는 달리 역상 액체 크로마토그래피(reversed-phase liquid chromatography)에서는 옥타데실기($-C_{18}H_{37}$, 흔히 "C-18기"라고 함)처럼 긴 탄화수소 사슬이 공유결합으로 결합된 막을 입힌 작은 입자를 정지상으로 사용한다. 탄소와 수소는 전기음성도의 차이가 작기 때문에 C-H 결합은 무극성이고, 37개의 C-H 결합을 가진 C-18기가 결합된 막을 가진 정지상은 극성이 대단히 낮은 분자 단위의 액체막이라고 생각할 수 있다. 역상 액체 크로마토그래피에서는 물과 유기용매를 섞어서 극성을 조절한 혼합용액을 이동상으로 사용한다. 역상 크로마토그래피의 원리는 그림 8-2로 나타낼 수 있다. 극성이 다른 색소의 혼합물을 C-18 카트리지에 통과시키면 극성이 작은 색소는 C-18기와 친화적 상호작용을 하기 때문에 정지상에 오래 머물게 되고, 물과 상호작용을 더 잘하는 극성이 큰 화합물은 물을 따라 먼저 흘러나오게 된다.

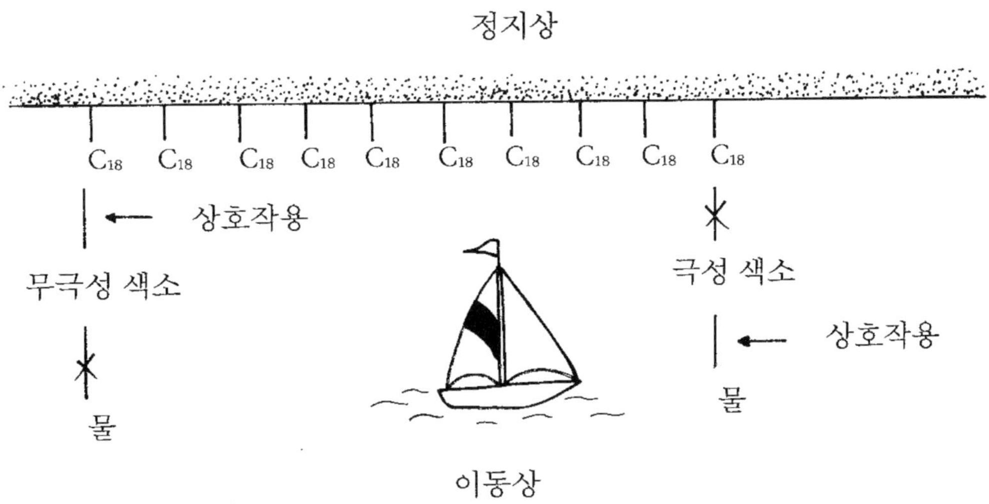

그림 8-2 역상 크로마토그래피

2. 실험 기구 및 시약

실험 A. 얇은층 크로마토그래피에 의한 색소의 분리

A. 실험 기구

500 mL 비커(beaker)
시계 접시(watch glass)
모세관(capillary tube)
TLC 판(thin-layer chromatography plate), 폭 8 cm, 높이 6 cm 정도

B. 시약

적색 40호, 황색 5호, 청색 1호 식용 색소
전개제(developing solution), 1-부탄올:아세트산:물의 비가 60:15:25인 혼합 용액

실험 B. C-18 카트리지를 이용한 색소의 분리

A. 실험 기구

C-18 카트리지 (Maxi-Clean C-18 Cartridge, Alltech Associates, 메탄올로 씻어서 다시 사용할 수 있고, 2~3개 조가 함께 관찰해도 됨.)

B. 시약

적색 40호, 황색 5 또는 6호
청색 1호의 묽은 혼합 용액
청색 1호의 아주 묽은 용액

실험 C. 칼럼 크로마토그래피를 이용한 색소의 분리

A. 실험 기구

10 mL 주사기(syringe)
거름 종이(filter paper) (칼럼 크로마토그래피용)
가는 유리봉(long glass rod)
솜(cotton boll or glass wool)

B. 시약

알루미나 (산화 알루미늄, alumina): 50~200 micron

전개제(developing solution, 1-부탄올(1-butanol)과 암모니아수(ammonia water, 2 M)를 6:2로 혼합한 용액)

3. 실험 방법

실험 A. 얇은층 크로마토그래피에 의한 색소의 분리 (정상 크로마토그래피)

1) 적색 40호, 황색 5호, 청색 1호의 묽은 혼합 용액 각각과 4가지의 미지 시료를 모세관에 묻혀서 TLC판의 바닥으로부터 1 cm 높이의 위치에 1 cm 간격으로 일렬로 찍어서 반점을 만들고 말린다.
2) TLC판을 1-부탄올(1-butanol):아세트산:물을 60:15:25의 비로 혼합한의 전개제가 담긴 비커에 넣어서 전개를 시작한다. 그림 8-3과 같이 시료의 반점이 전개제에 잠기지 않도록 TLC판을 수직으로 세우고, 시계 접시를 덮어서 전개제가 증발하지 않도록 한다.

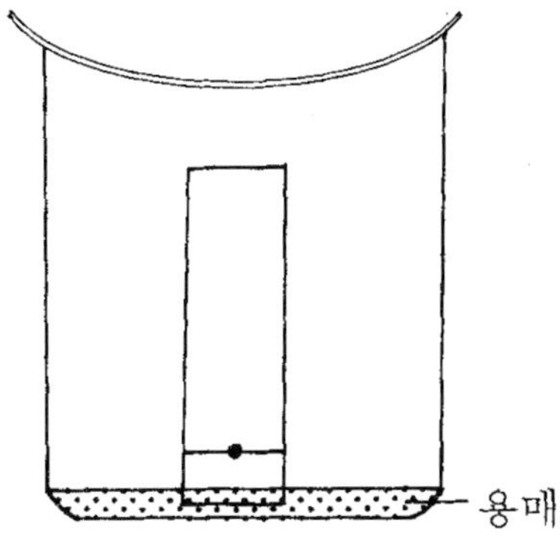

그림 8-3 TLC

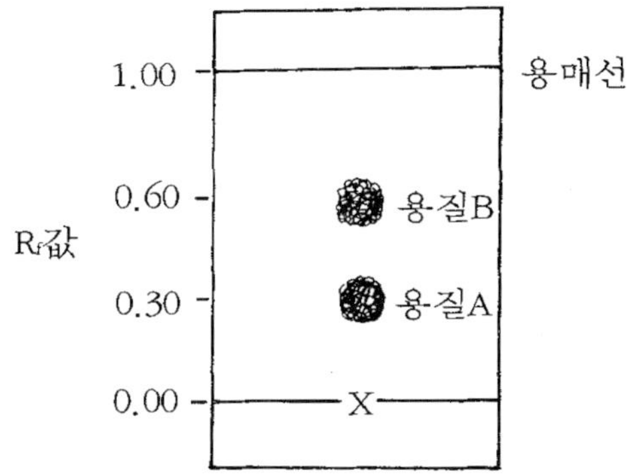

그림 8-4 R_f 값 측정

3) 전개제가 TLC판의 위쪽 끝에서 1 cm 정도 떨어진 곳까지 도달하면 TLC판을 꺼내서 말린 다음에 그림 8-4와 같이 R_f값을 측정한다. 순수한 색소의 R_f값과 미지 시료의 경우에 생긴 반점들의 R_f값을 비교해서 미지 시료에 들어있는 색소의 종류를 알아낸다.

실험 B. C-18 카트리지를 이용한 색소의 분리 (역상 크로마토그래피)

1) C-18 카트리지를 주사기에 끼우고 노랑, 빨강, 파랑 색소의 혼합 용액 한 방울을 카트리지 위쪽에 넣은 후 약 3 mL의 물을 주사기에 채우고 서서히 약한 압력을 가한다. 세 가지 색소가 분리되는 것을 관찰하고 이들 색소를 극성이 큰 것부터 작은 것 순서로 나열한다.
2) 주사기 위쪽에 남아있는 물을 버리고, 30% 메탄올 3 mL 정도를 채운 후에 압력을 가하여 흘려주면서 카트리지에 남아있는 색소가 어떻게 움직이는가를 관찰한다. 카트리지를 사용한 후에는 100% 메탄올 3 mL로 카트리지를 씻어내고, 3 mL의 물로 다시 씻어낸 후에 다시 사용한다.
3) 파랑 색소의 묽은 용액 5 mL 정도를 세척한 카트리지에 통과시키면서 색소가 어떻게 되는지, 그리고 나오는 용액의 색깔은 어떻게 바뀌는지 관찰한다.

실험 C. 칼럼 크로마토그래피를 이용한 색소의 분리 (정상 크로마토그래피)

1) 그림 8-5와 같이 10 mL 주사기를 수직으로 세우고, 긴 유리봉을 이용하여 유리솜으로 아래를 막아 충진제가 빠지지 않도록 한다.
2) 1-부탄올($CH_3CH_2CH_2CH_2OH$)과 암모니아수(2 M)를 6:2으로 잘 섞어서 분액 깔때기에 넣고 5분간 잘 흔들어 섞은 후 두 층으로 갈라지게 두었다가 위층의 용액을 용리액으로 사용한다.
3) 용리액을 주사기에 약 3/4 정도 채우고 여기에 알루미나(산화 알루미늄)를 채운다. 이때 알루미나가 골고루 채워지도록 하기 위해 연필로 주사기를 가볍게 톡톡 치면서 전체 부피의 약 3/4 정도 되도록 채운다.
4) 거름 종이를 주사기 안쪽 지름에 맞도록 원형으로 잘라 맨 위에 깐다(이때, 항상 고체의 윗 부분까지 용리액이 채워져 있어야 한다).
5) 색소 혼합 용액 두세 방울을 조심스럽게 거름종이 위에 가한다.
6) 용리액을 서서히 흘려주면서 색소가 분리되는 것을 관찰한다.

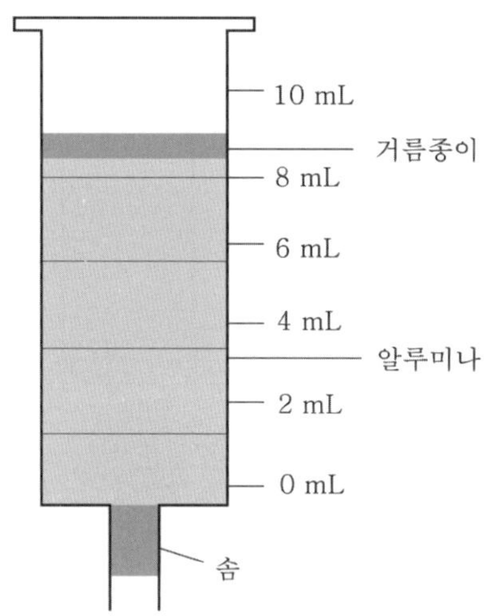

그림 8-5 칼럼의 충진

4. 주의 및 참고 사항

칼럼을 충전할 때 기포가 없이 골고루 충전하는 것이 중요하다. 연필과 같은 것으로 주사기 몸통을 톡톡 치면서 충전제를 천천히 넣으면 골고루 충전할 수 있다.

5. 실험 결과

실험 A. 얇은층 크로마토피그래피(TLC)에 의한 색소의 분리

1. 관찰된 R_f 값을 적어라.

	적색 40호	황색 5호	청색 1호	미지 시료 A	미지 시료 B	미지 시료 C	미지 시료 D
R_f							

2. 전개제의 증발을 막아야 하는 이유를 설명하여라.

3. 혼합물 중에서 한 가지 성분이 값비싼 의약품이고 나머지는 부작용을 일으키는 불순물일 경우에 TLC를 사용해서 원하는 성분만을 순수한 고체 상태로 얻으려면 어떻게 하면 될까?

4. 이 실험에서는 TLC를 이용해서 혼합물을 구성하는 화합물의 종류를 확인하였다. 만약 혼합물에 섞여있는 화합물의 농도도 함께 알고 싶을 경우에는 어떤 방법이 가능하겠는가?

실험 B. C-18 카트리지를 이용한 색소의 분리

1. 나오는 순서 : ; ;
   극성의 크기 : 〉 〉
2. 카트리지에 결합된 색소를 흘러나오게 하려면 이동상의 극성을 (크게, 작게) 해주어야 한다. 물 분자의 수소 하나가 메틸기로 치환된 메탄올은 물보다 극성이 (크다, 작다).

3. 실험 과정 2에서 30% 메탄올을 사용했을 때의 관찰 결과를 설명하여라.

4. 위의 실험 과정 3의 관찰 결과를 설명하여라.

5. 전체적으로는 극성의 차이가 거의 없지만 극성이 작은 부위에 약간의 차이가 있는 경우에는 정상 크로마토그래피와 역상 크로마토그래피 중에서 어느 쪽이 분리에 유리할까? 그 이유를 설명하여라.

6. 지금까지 알려진 화합물의 종류는 2천만 가지에 이르고, 그 중 70% 이상은 유기화합물이다. 대부분의 유기화합물의 분리에는 정상 크로마토그래피와 역상 크로마토그래피 중에서 어느 쪽이 더 유용할까? 그 이유를 설명하여라.

7. 사용하는 이동상의 경제성, 환경 친화도 등을 고려하면 정상 크로마토그래피와 역상 크로마토그래피 중에서 어느 쪽이 더 유리할까? 그 이유를 설명하여라.

8. 우리에게 환경 문제의 심각성을 깨우쳐준 저서 "조용한 봄"(silent spring)에서 카슨(R. Carson)은 유기 농약과 같은 환경오염 물질이 지방질의 세포 조직에 농축되는 문제를 언급하고 있다. 실험 과정 3의 관찰 결과로부터 식품을 통해 섭취하는 소량의 유기 농약이 장기적으로는 문제가 될 수 있는 이유를 설명하고, "묽히는 것이 오염 문제의 해결책"(dilution is the solution to pollution)이라는 생각이 이 환경 오염 문제에 대한 해결책이 되는 경우와 아닌 경우의 예를 들어 보아라.

실험 C. 칼럼 크로마토그래피를 이용한 색소의 분리

1. 나오는 순서 : ; ;
   극성의 크기 : 〉 〉
2. 실험 C의 과정 6)에서 관찰한 것을 실험 B의 결과와 비교해 설명하여라.
3. 칼럼 크로마토그래피는 혼합물로부터 순수한 물질을 분리하는 데 자주 사용하는 방법이다. 칼럼 크로마토그래피를 이용하여 혼합 용액의 색소들 중 순수한 파란색 색소를 분리하여 얻고자 한다면, 실험 C에 어떤 과정이 추가되어야 하는지에 대해 설명하여라.

읽을거리

크로마토그래피의 역사

크로마토그래피는 1906년에 러시아의 통치하에 있던 폴란드의 바르샤바에서 일하던 러시아의 식물학자 츠웨트(Tswett)에 의하여 시작되었다. 그는 탄산칼슘으로 채운 칼럼을 사용해서 식물에서 추출한 화합물들이 흡착 정도의 차이 때문에 색깔이 다른 띠로 분리되는 것을 관찰하고 "색" 과 "쓴다" 라는 말로부터 "크로마토그래피" (chromatography)라는 말을 만들어냈다. 그 후 오랫동안 잊혀졌던 크로마토그래피는 1930년에 독일의 생화학자 쿤(R. Kuhn; 1938년 노벨 화학상 수상자)이 달걀의 노른자에서 카로테노이드를 분리하는데 사용하면서 다시 관심을 모으게 되었다. 그 후 1941년 영국의 마틴(Martin)과 신지(Synge)가 분배 크로마토그래피를 개발하면서 본격적으로 발전하였고 이론적 배경도 마련되었으며, 1944년에는 종이 크로마토그래피로 발전되었다. 1950년 초에는 기체 크로마토그래피가 개발되어 끓는점이 낮은 화합물들의 분석에 크게 기여하였다. 이러한 공로로 마틴과 신지는 1952년 노벨 화학상을 수상했고 미량분석을 가능하게 한 크로마토그래피는 단백질, 핵산, 지방산 등의 연구에 필수적인 도구로 생화학과 분자생물학의 발전에 크게 기여했다.

R. Kahn
1938년 노벨화학상

A.J.P.Martin
1952년 노벨화학상

R.L.M.Synge
1952년 노벨화학상

분자의 극성

전자에 의해 화학 결합이 이루어진다는 것이 화학의 대명제라면, 결합을 이루고 있는 두 원자 사이의 전기음성도 차이가 결합의 극성을 결정하고, 분자에서 원자의 배열이 분자의 극성을 결정한다는 것 또한 중요한 화학의 원리이다. 마치 어떤 선수들을 어떻게 배치하는가가 월드컵 축구팀의 전력을 결정하는 것과 비슷한 이치이다. 분자의 극성은 끓는점, 용매로서의 성질, 표면장력 등의 물리적 성질에 큰 영향을 미친다. 수소, 메탄, 암모니아, 물의 성질을 비교해보면 극성의 중요성을 쉽게 깨달을 수 있다.

우주의 원소 분포는 수소, 헬륨, 산소, 탄소, 질소 순서인데 가장 많은 (질량 비율로 3/4) 수소 원자가 화학 결합을 통해 만드는 분자가 바로 수소, 물, 메탄, 암모니아이고, 밀러가 태초의 지구 대기 조건하에서 방전에 의하여 같은 재료로부터 아미노산이 생기는 것을 증명하였다.

분자의 극성을 나타내는 쌍극자 모멘트의 크기는 분자의 3차원적 구조와 원소의 전기음성도 (H = 2.2, C = 2.6, N = 3.0, O = 3.4)로 설명할 수 있고, 간혹 예외도 있다. 또한 분자 사이의 상호작용의 크기도 분자의 극성에 따라 결정되기 때문에 끓는점의 차이도 분자의 극성 정도로 설명할 수 있다. 태양계가 처음 형성될 당시에는 지구나 목성도 모두 같은 원료로부터 시작되었고, 끓는점이 낮은 수소, 헬륨, 메탄, 암모니아 등은 대기 중에 기체 상태로 존재하였다. 그러나 수성, 금성, 지구, 화성과 같이 크기가 작은 지구형 행성의 경우에는 중력의 크기가 작기 때문에 이런 기체들의 대부분이 우주로 빠져나갔지만, 중력이 큰 목성형 행성의 경우에는 수소와 헬륨이 대기의 주성분이고, 메탄과 암모니아도 상당히 많이 존재한다.

표 8-1 분자의 극성과 끓는점

	쌍극자 모멘트(Debye)	끓는점(℃)
수소(H_2)	0	−253
메탄(CH_4)	0	−161
암모니아(NH_3)	1.47	−33
물(H_2O)	1.85	100

실험 9 알코올 증류

Distillation of Ethyl Alcohol

■ 목표 : 불순물을 포함한 알코올을 증류하여 순수하게 분리한다.

■ 핵심 개념 : 증류(distillation), 정제(purification), 끓는점(boiling point), 증기압(vapor pressure), 분별 증류(fractional distillation), 진공 증류(vacuum distillation), 불변끓음 혼합물(azeotrope), 혼합물(mixture)

■ 관련 개념 : 액화(liquefaction or condensation), 기화(vaporization), 상변화(phase transition)

1. 서론

순수한 액체를 충분한 열로 가열하면 액체의 온도와 함께 증기압도 증가한다. 증기압이 대기압과 같아지면 액체의 내부에서 기포가 발생하면서 끓는 현상이 나타나고, 액체가 모두 기화할 때까지 액체의 온도는 일정하게 유지된다. 액체의 끓는점은 압력에 따라 달라지며, 대기압이 1기압일 때의 끓는점을 정상 끓는점이라고 한다.

그러나 끓는점이 서로 다른 두 가지 액체를 혼합한 용액을 가열하면 대부분의 경우 끓는 현상이 나타나더라도 용액의 온도는 계속 증가한다. 따라서 가열하면서 액체의 온도 변화를 관찰하면 혼합물과 순물질을 쉽게 구별할 수 있다.

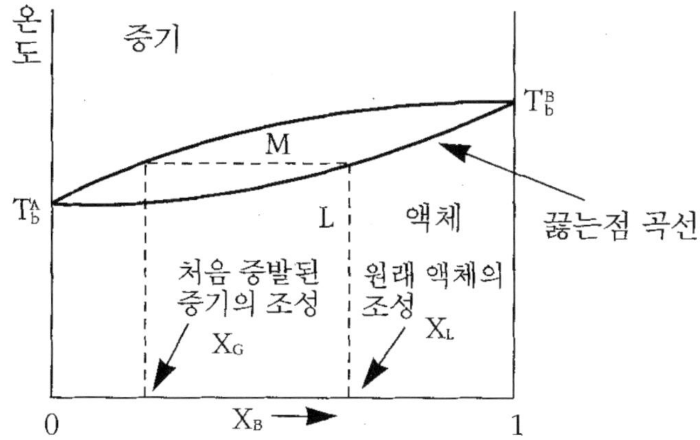

그림 9-1
기체와 액체 혼합물이 끓는점과 조성의 관계

한편 혼합물을 가열할 때는 끓는점이 낮은 성분이 더 쉽게 기화하기 때문에 용액과 평형을 이루고 있는 기체에는 휘발성이 큰 성분이 액체에서보다 더 많이 들어있게 된다. 그림 9-1은 끓는점이 T_b^A와 T_b^B (〉 T_b^A)인 두 액체를 혼합하였을 때 이상적인 혼합물의 조성과 끓는점 사이의 관계를 나타낸 것이다. 위쪽의 곡선은 기체 혼합물의 몰분율과 끓는점 사이의 관계를 나타내고, 아래쪽의 곡선은 액체 혼합물의 몰분율과 끓는점 사이의 관계를 나타낸다. 끓는점이 높은 B 성분을 더 많이 포함하고 있는 용액을 끓여서 기화시키면 끓는점에서 기체의 조성은 수평선 M이 위쪽 곡선과 만나는 점에 해당하는 X_G가 되어 끓는점이 낮은 A 성분이 액체에서보다 더 많아지게 된다. 그래서 용액으로부터 기화한 기체를 모아서 다시 액화시키면 처음의 액체보다 휘발성이 큰 성분이 더 많이 들어있는 혼합물이 얻어진다. 이러한 과정을 반복하면 휘발성이 큰 화합물을 순수하게 분리할 수 있다. 이러한 분리 방법을 증류(distillation)라고 하며, 액체 혼합물을 정제하는 중요한 실험 방법이다.

그러나 어떤 혼합물은 마치 순수한 물질처럼 일정한 온도에서 끓는 현상을 나타내기도 한다.

이러한 혼합물을 "불변끓음혼합물"(azeotrope)이라고 한다. 불변 끓음 혼합물은 압력을 바꾸면 조성이 바뀌기 때문에 순물질과는 구별이 된다. 물과 에탄올 혼합물이 대표적인 불변 끓음 혼합물로 질량비로 4%의 물과 96%의 에탄올이 혼합된 용액은 1기압에서는 78.17 ℃에서 끓는 현상을 보인다. 그러므로 물이 4% 이상 혼합된 알코올은 1기압에서의 증류 방법으로는 96% 이상으로 정제할 수 없다.

증류에는 1) 단순 증류(simple distillation), 2) 분별 증류(fractional distillation), 3) 진공 증류(vacuum distillation), 그리고 4) 증기 증류(steam distillation)의 네 방법이 있다.

단순 증류는 끓는점의 차이가 큰 액체 혼합물을 분리하는 가장 간단한 증류 방법으로 플라스크에서 기화된 기체를 냉각기에서 액화시켜 분리하는 방법이다. 분리 효율은 그렇게 좋지 않지만 간단한 증류 방법으로 널리 사용된다. 분별 증류는 작은 유리알을 채운 플라스크 위에 장치한 분별 증류관의 높이에 따른 온도 변화를 이용해서 혼합물의 기화와 액화가 반복되도록 하여 분리 효율을 높인 증류 방법으로 정유 공장 등에서 많이 사용한다. 감압 증류는 끓는점이 비교적 높은 액체 혼합물을 분리하기 위하여 액체에 작용하는 압력을 감소시켜 증류 속도를 빠르게 하는 방법이다. 증기 증류는 뜨거운 수증기를 플라스크에 불어 넣어서 수증기와 함께 기화된 액체 성분을 분리하는 증류 방법이다.

이 실험에서는 단순 증류의 원리를 이해하기 위해서 비휘발성 불순물이 포함된 에탄올 용액을 증류 방법으로 정제한다.

2. 실험 기구 및 시약

A. 실험 기구

가지 달린 둥근바닥 플라스크(side-arm flask) 250 mL
피펫(pipet)
시험관(test tube)
가열판(hot plate)
물중탕기(water bath)
클램프(clamp)

B. 시약

짙은색 불순물 포함한 에탄올(ethanol contaminated with dark-colored impurity)
(시판용 알코올 함유 술을 사용하여도 된다.)
얼음(ice)

3. 실험 방법

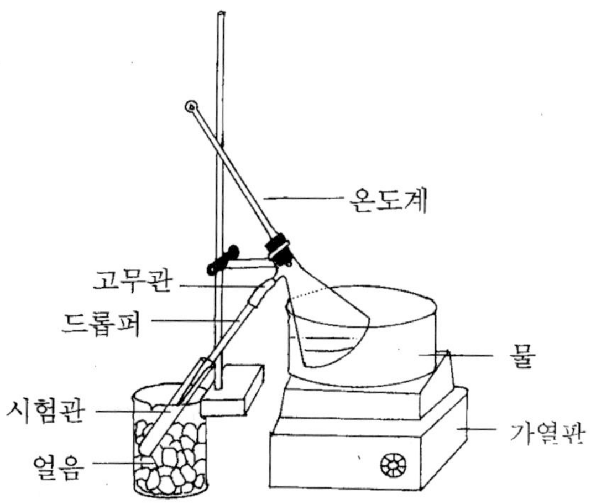

그림 9-2 단순 증류 장치

1) 250 mL 가지 달린 둥근바닥 플라스크에 고체를 포함한 불순한 에탄올 10 mL 또는 20 mL를 넣는다.
2) 온도계와 피펫을 이용한 공기 냉각기를 그림과 같이 장치한다. 액화가 효과적으로 일어나도록 에탄올을 수집하는 시험관을 얼음 통에 넣는 것이 필수적이다.
3) 물중탕의 온도를 서서히 높이면서 40~50분간 증류되는 알코올을 시험관에서 수집한다.

4. 주의 및 참고 사항

1) 발효 등에 의해 만들어진 식용 에탄올보다 석유 화학 공정으로 생산된 공업용 에탄올은 원가가 매우 저렴하기 때문에 인체에 유독한 메탄올과 아이소프로판올 등을 혼합한 변성 에탄올(denatured ethanol) 형태로 판매된다. 실험실에서 사용하는 에탄올도 변성 에탄올이기 때문에 절대 마시면 안 된다.
2) 플라스크의 안쪽 벽에 액화된 에탄올이 밖으로 흘러나올 수 있도록 증류 장치를 비스듬히 기울이는 것이 좋다.
3) 온도계는 플라스크의 가지가 달린 부분에 가까이 위치하도록 한다.
4) 에탄올은 인화성이 있으므로 불꽃으로 직접 가열하지 말아야 한다.

5. 실험 결과 처리

1) 증류하여 얻은 알코올의 색깔을 순수한 알코올과 비교한다.
2) 얻은 양을 측정한다.

6. 생각해볼 사항

1) 이 실험에서 사용한 증류 장치는 초기에 사용되던 증류 장치인 레토르트(retort)와 비슷한 매우 간단한 것이다. 증류의 효율을 향상시키기 위해서는 어떤 점을 개선해야 하겠는가?
2) 불변끓음혼합물의 또 다른 예를 찾아보아라.

7. 실험 결과

1) 증류 과정에서 관찰한 사항을 기록한다.

2) 증류에서 얻은 액체의 양을 기록하고, 액체의 색깔을 순수한 알코올과 비교한다.

3) 시료 중 알코올의 부피 함량을 계산해 본다.

읽을거리

레토르트

길고 구부러진 관이 달려 있는 유리, 금속, 진흙 또는 철로 된 단순 증류 장치로 중세 연금술사들로부터 유래되었다. 작은 레토르트는 실험실에서도 사용되고, 아말감에서 금과 수은을 분리하거나, 제련 공정에서 아연과 금속 증기를 분리하는 데에도 사용되며, 석탄에서 코크스를 얻을 때에도 사용된다.

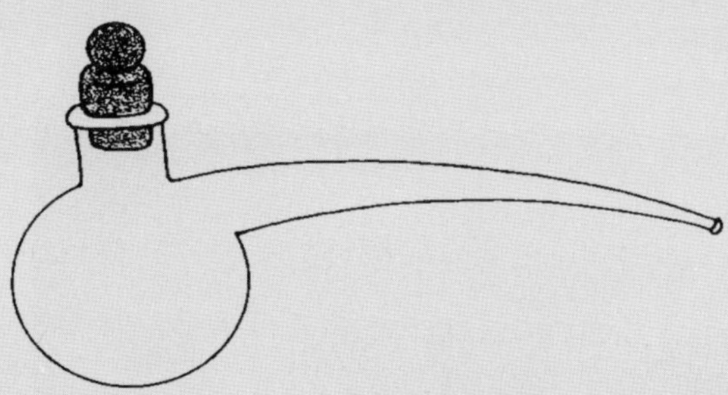

그림 9-3 간단한 레토르트

읽을거리

정유 공정

화석 연료인 원유를 정제해서 현대 생활에 필요한 액화석유가스(LPG), 휘발유, 등유 등을 분리하는 정유 공정은 석유화학 산업의 핵심 공정이다. 원유는 탄소의 수가 1개에서 40개 이상인 탄화수소의 혼합물로, 원유의 각 성분의 끓는점은 0 ℃에서 350 ℃ 이상까지 매우 다양하며, 긴 사슬 모양의 탄화수소와 복잡한 고리 모양의 탄화수소까지 수천 가지의 화합물이 혼합되어 있다.

정유 공정은 크게 촉매를 사용해서 가지가 많은 탄소 수가 많은 성분을 작은 조각으로 잘라내는 "크래킹" (cracking)과 원유의 각 성분을 분별 증류의 방법으로 분리하는 "증류" (distillation) 공정으로 나누어진다. 정유 공장에서의 분별 증류는 원유를 400 ℃ 이상의 고온으로 가열해서 기화시킨 기체를 수십 미터의 분별 증류탑을 통과시키면서 이루어진다. 끓는점이 낮은 휘발성 성분은 증류탑의 위로 나오고, 휘발성이 낮은 등유나 윤활유 등은 증류탑의 아래쪽에서 나오게 된다. 원유를 증류하고 남은 점성이 큰 찌꺼기는 도로 포장에 사용되는 아스팔트 등으로 활용된다.

휘발유는 원유에서 탄소의 수가 6~10개 정도인 성분을 분리한 것으로 원래는 무색 투명한 액체이지만 용도를 밝히기 위해서 흔히 붉은색의 착색제를 넣어서 사용한다. 정유 공장에서는 부가가치가 크고 공해가 적은 휘발유 성분을 더 많이 생산하기 위해서 제올라이트나 백금과 같은 촉매를 사용하는 크래킹과 개질 공정을 이용하고 있다. 1920년대에는 원유 중에서 26% 정도를 휘발유로 분리할 수 있었지만 지금은 원유의 절반 이상을 휘발유로 생산하고 있다.

실험 10

화학발광의 이해

Understanding Chemiluminescence

■ 목표 : 화학 반응으로 발광시켜 화학발광을 이해한다.

■ 핵심 개념 : 화학발광(chemiluminescence), 전자 들뜬 상태(electronic excited state), 바닥 상태(ground state), 전자 전이(electronic transition)

■ 관련 개념 : 형광(fluorescence), 인광(phosphorescence), 색(color), 단일항(singlet), 삼중항(triplet)

1. 서론

일반적으로 온도가 높은 물체는 각 파장의 세기는 다르지만 모든 파장의 빛을 방출한다. 예로 백열전구와 촛불의 예를 보면 알 수 있다. 백열전구 텅스텐 필라멘트의 온도는 약 2,000 ℃까지 올라가기 때문에 가시광선뿐만 아니라 자외선 적외선을 같이 방출한다. 그러나 촛불은 백열전구 만큼 온도가 높지 않아서 백색광을 내지 못하고 노랑 붉은 색이다. 또한 우리 몸같은 온도가 낮은 물체는 가시광선이나 자외선을 거의 방출하지 못하고 적외선만 방출하게 된다. (다른 교재에 있는 흑체 복사 도표를 참조하면 도움이 된다.) 마찬가지로 화학 반응으로 에너지를 방출하는 경우에도 열에너지와 같이 빛을 방출할 수 있다. 장작이나 다른 연료를 태우는 연소 반응을 보면 알 수 있다. 그러나 어떤 화학 반응은 열에너지는 거의 방출하지 않으면서 가시광선을 방출하는 데 이를 화학발광(chemiluminescence)이라 한다. 열을 방출하지 않기 때문에 '차가운 빛(cold light)'이라 표현하기도 한다. 반디와 같은 여러 종류의 유기체들은 생체 내에서 화학 반응을 통하여 생체발광을 만들어 내기도 한다. 또한 사탕 같은 어떤 결정 물질들은 망치로 부수거나 이로 깨무는 물리적 압박을 가하면 발광하기도 한다.

화학발광은 화학 반응으로 발생한 에너지로 발광 물질을 에너지가 높은 전자 들뜬 상태(electronic excited state)를 만들고 이들이 바닥 상태(ground state)로 전이하는 과정에서 빛을 방출하게 된다. 이는 광물리나 광화학에서 나오는 형광(fluorescence)이나 인광(phosphorescence)과는 전자 들뜬 상태를 만드는 과정이 다르다. 광물리나 광화학에서 형광이나 인광은 어떤 물질에 빛을 쪼여주어서(irradiation) 빛에너지가 발광 물질을 높은 에너지 상태의 전자 들뜬 상태로 만들고 마찬가지로 바닥 상태로 전이하면서 형광이나 인광의 형태로 빛을 방출한다. 따라서 높은 에너지 상태의 전자 들뜬 상태에서 에너지가 낮은 바닥 상태로 전이하면서 빛을 방출한다는 면에서는 서로 같다. 여기서 빛에너지와 파장의 관계를 알아보자.

$E = N_A \cdot h \cdot c/\lambda$ (N_A : 아보가드로 수, h: 플랑크 상수, c: 광속, λ: 파장)

광자 1몰당 에너지를 보여주는 위 관계식을 이용하여 아래 표를 만들 수 있다.

파장 (nm)	빛의 색	빛의 에너지
400 nm	보라(violet)	~ 300 kJ/mol
480 nm	파랑(blue)	~ 250 kJ/mol
530 nm	푸른(green)	~ 226 kJ/mol
580 nm	노랑(yellow)	~ 206 kJ/mol
600 nm	오렌지(orange)	~ 200 kJ/mol
650 nm	빨강(red)	~ 184 kJ/mol

즉, 화학발광으로 파랑색을 방출하기 위하여는 화학 반응으로 최소한 250 kJ/mol의 에너지를 만들어 내야 한다. 실제는 얼마 만큼의 활성화 에너지가 필요하기 때문에 화학 반응으로 더 많은 에너지를 만들어 내야 한다. 화학발광을 일으키는 메커니즘을 간단히 정리하면 다음과 같이 표현할 수 있다.

$$A + B \rightarrow [AB^*] \rightarrow C^* + D \rightarrow C + D + h\upsilon$$

A와 B가 만나서 화학 반응으로 충분한 에너지를 발생시켜 전이 상태(transition state)인 [AB*]를 통하여 빛을 방출할 수 있는 전자 들뜬 상태 C* 물질을 만들 수 있어야 한다. 생성된 전자 들뜬 상태 C* 물질은 바닥상태로 전이하면서 빛을 방출하게 된다. 대표적으로 루미놀(luminol)을 이용하는 화학발광이 이 경우에 해당된다.

또는 C*가 다른 물질 S에 에너지를 주어 들뜬 S*를 만든 후, 바닥 상태 S로 전이하면서 빛을 방출할 수 도 있다. 이런 경우에 S를 감광제(sensitizer)라 한다. 대표적으로 혼합 용액에서 peroxyoxalate 계열의 화합물과 각각 다른 색을 내는 여러 종류의 발광 염료를 감광제로 이용하는 화학발광이 이 경우에 해당된다.

$$C^* + S \rightarrow C + S^* \rightarrow C + S + h\upsilon$$

일반적으로 전자 들뜬 상태는 물리적으로 전자가 바닥 상태와는 다르게 에너지가 높은 오비탈(LUMO)에 위치하기 때문에 에너지가 높고 수명이 짧다. 전자 들뜬 상태는 두 부류가 있을 수 있는데 단일항(singlet, 전자스핀 ↑와 ↓, 수명은 통상 10^{-9} ~ 10^{-6} 초)와 삼중항(triplet, 전자스핀↑와 ↑, 수명은 통상 10^{-3} ~ 10 초)으로 삼중항 상태가 수명이 더 길고 에너지가 더 낮아 방출되는 빛이 형광에 비하여 파장이 길다. 단일항 상태의 전자 들뜬 상태가 바닥 상태로 전이하면 형광이라하고, 삼중항 상태의 전자 들뜬 상태가 바닥 상태로 전이하면 인광이라 한다. 어떤 분자들은 들뜬 단일항 상태에서 들뜬 삼중항 상태로 옮겨 가는 경우가 있을 수 있는 데 이를 계간 교차(intersystem crossing)라 한다. 바닥 상태는 대부분의 경우에 전자가 각 오비탈에 ↑↓와 같이 채워져 있어 단일항 상태이며, 들뜬 삼중항 상태에서 바닥 단일항 상태로의 전이는 계간 교차이며 금지되어 있지만(parity forbidden) 진동 등 다른 운동과 연동되어 약하게 전이하기 때문에 수명이 형광보다는 길다. 들뜬 단일항 상태에서 바닥 단일항 상태로의 형광 전이는 허용되기 때문에(parity allowed) 수명이 상대적으로 짧다. 형광이나 인광은 발광 물질마다 그리고 발광 물질 주위의 화학적 환경에 따라 매우 다른 모습을 보일 수 있다.

높은 에너지 상태에서 낮은 에너지 상태로 내려오는 것을 일반적으로 완화(relaxation) 또는 감쇠(decay)라 하는데, 생성된 모든 전자 들뜬 상태가 빛을 방출하면서 바닥 상태로 내려오는 것은 아니다. 주위에 열을 방출하면서 바닥 상태로 전이할 수도 있는 데 이를 열변환이라 한다.

$$C^* \rightarrow C + \text{열}$$

이외에도 빛을 방출하지 않으면서 바닥 상태로 떨어지는 여러 과정이 있을 수 있는데 모두를 통칭하여 비복사 감쇠(nonradiative decay)라 한다. 전자 들뜬 상태도 어느 정도 분자구조의 조정과정을 거치면서 조금은 낮은 에너지를 갖는 전자 들뜬 상태가 되는 경우가 있는 데 이 과정을 내부 전환(internal conversion) 이라하며 이로 인해 짧지만 어느 정도의 수명을 더 갖게 된다.

따라서 비복사 전환을 잘 일으키지 않으면서 빛을 방출하는 화학 반응이 화학발광을 만들어 낼 수 있으며, 기본적으로 화학발광은 화학 반응이기 때문에 반응 속도가 온도나 용액의 조성과 화학종의 종류 등에 민감하다.

염기성 탄산염 수용액에서 Cu^{2+} 같은 촉매가 있을 때 루미놀은 과산화수소수로 쉽사리 산화되어 삼중항 상태의 중간체 3-aminophthalate* (전자 들뜬 상태)를 만든다. 이 중간체가 단일항 상태의 바닥 상태로 떨어지면서 빛을 방출하게 된다. 물론 Co^{2+} 같은 다른 촉매나, 수산화 나트륨같은 다른 염기성 물질이나 가정용 세척제(household bleach)같은 다른 산화제를 사용할 수도 있다.

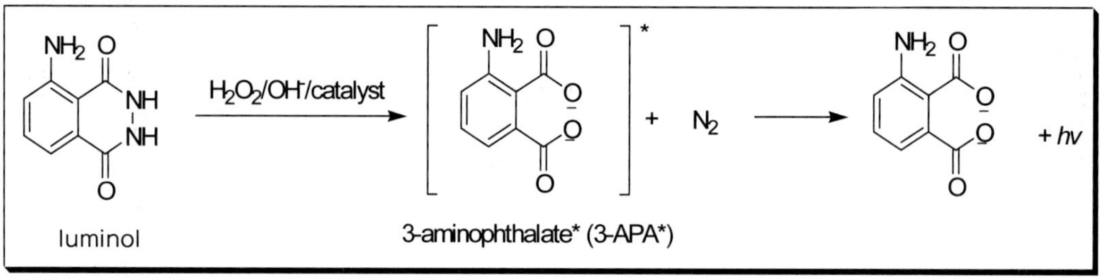

2. 실험 기구 및 시약

A. 실험 기구

50 mL 삼각 플라스크(Erlenmeyer flask) 8개
50 mL 눈금 플라스크(graduated flask) 1개
1 mL 홀피펫(transfer pipet)
2 mL 홀피펫(transfer pipet)
온도계(thermometer), 흰색 A4 복사지 용지 2장

B. 시약

루미놀(luminol: 3-aminophthalhydrazide)
탄산 나트륨(sodium carbonate)
중탄 산나트륨(sodium bicarbonate)
탄산암모늄(ammonium carbonate)
황산구리(copper(II) sulfate)
과산화수소수 (hydrogen peroxide solution)
증류수(distilled water)

혼합 수용액 1 (미리 만들어 놓는 혼합 수용액은 루미놀 1 mM, 탄산 나트륨 0.05 M, 중탄산 나트륨 0.3 M, 탄산암모늄 5 mM, 황산구리 1.0 mM 이 되게 한다.)
혼합 수용액 2 (미리 만들어 놓는 혼합 수용액은 루미놀 1 mM, 탄산 나트륨 0.05 M, 중탄산 나트륨 0.3 M, 탄산암모늄 5 mM, 황산구리 2.0 mM 이 되게 한다.)
과산화수소수 1 (0.15%)
과산화수소수 2 (0.30%)

3. 실험 방법

A. 실험

1) 실험대에 흰색 복사지 용지(A4 크기) 2장을 깔고 50 mL 삼각 플라스크를 4개씩 놓는다.
   혼합 수용액 1을 2개의 삼각 플라스크에 눈금 실린더를 이용해 20 mL씩 넣는다. 각각 온도를 측정한다.
2) 첫 번째 삼각 플라스크에 홀피펫으로 과산화수소수 1을 1 mL을 넣어 섞어주면서 발광을 관찰하고, 다른 삼각 플라스크에 홀피펫으로 과산화수소수 2을 1 mL을 넣어 섞어주면서 발광을 관찰한다. 각각 과산화수소수가 다 들어간 직후부터 발광이 소멸될 때 까지의 시간을 시계로 측정한다. 그리고 각각 온도를 측정한다.
3) 혼합 수용액 2을 다른 2개의 삼각 플라스크에 20 mL씩 넣는다.
4) 첫 번째 삼각 플라스크에 홀피펫으로 과산화수소수 1을 1 mL을 넣어 섞어주면서 발광을 관찰하고, 다른 삼각 플라스크에 홀피펫으로 과산화수소수 2을 1 mL을 넣어 섞어주면서 발광을 관찰한다. 각각 과산화수소수가 다 들어간 직후부터 발광이 소멸될 때 까지의 시간을 시계로 측정한다. 그리고 각각 온도를 측정한다.
5) 새로운 4개의 삼각 플라스크에 혼합 수용액 1과 2를 사용하여 위의 실험을 홀피펫으로 과산화수소수1과 2를 2 mL 씩 넣어 주면서 똑같이 반복한다.

4. 주의 및 참고 사항

1) 보안경을 꼭 쓴다.
2) 시약이 튀거나 손에 묻지 않도록 주의한다.
3) 실내의 조명을 어둡게 하여 실험을 한다.
4) 혼합 수용액을 만들 때 루미놀을 다른 시약보다 나중에 넣어 녹인다.

5. 생각해 볼 사항

1. 루미놀 발광색은 무슨 색이라 할 수 있는가?

2. 루미놀은 파장이 약 450 nm에서 최대치를 보이는 발광을 한다. 이 빛의 광자 1몰당 에너지는 얼마인가?

3. 이 실험을 다음과 같이 두 단계로 단순히 생각하였을 때 반응축(x)과 에너지축(y)의 에너지 변화 그림을 그려보고 위의 450 nm 파장에 해당하는 에너지를 표시하여 보시오. 여기서 중간체는 삼중항(triplet) 상태, 반응물과 생성물은 단일항(singlet) 상태로 간주한다.

반응물(루미놀) → 중간체(3-aminophthalte*) + N_2 → 생성물(3-aminophthalte) + N_2

4. 루미놀 발광 스펙트럼은 400 nm에서 600 nm 까지 커다란 산봉우리를 이루는 모양을 보이고 약 450 nm에서 최대치를 갖는다. 이처럼 넓은 파장 영역에서 빛을 발광하는 이유는 무엇일까?

5. 400 nm에서 600 nm 범위에서 산봉우리 모양의 발광 스펙트럼을 위 에너지 변화 그림에 표시한다면 어떻게 표시하는게 좋을까?

6. 반응전의 온도와 반응후의 온도는 어떤 변화가 있었나? 큰 변화가 없었다면 이는 무엇을 의미하는가?

7. 촉매인 Cu^{2+} 이온의 농도 영향과 산화제 과산화수소수의 농도 영향은 어떻게 관찰되었는가?

8. 루미놀은 혈흔 검사나 과산화수소(H_2O_2) 검출 등 많은 화합물의 검출에 이용되는데 방출하는 빛의 양을 측정함으로써 가능하다. 방출 스펙트럼이 흡수 스펙트럼을 이용하는 것보다 검출에 더 예민한 이유는 무엇일까?

9. peroxyoxalate 계열의 화합물과 감광제 염료를 사용하면 파장 범위가 비교적 작은 빛을 방출한다. 즉, 각각 다른 염료를 이용하면 빨강색(로다민 B), 노랑색(루브렌), 파랑색(9,10-diplenylanthracene), 연두색(fluorescein) 등을 만들 수 있

다. 각각 다른 색을 내는 야광막대가 어떻게 만들어지를 생각하여 보아라.

6. 실험 결과

혼합수용액	과산화수소수	측정시간/초	온도(전)	온도(후)
혼합 수용액 1 20 mL	과산화수소수 1 1 mL	______	______	______
혼합 수용액 1 20 mL	과산화수소수 2 1 mL	______	______	______
혼합 수용액 2 20 mL	과산화수소수 1 1 mL	______	______	______
혼합 수용액 2 20 mL	과산화수소수 2 1 mL	______	______	______
혼합 수용액 1 20 mL	과산화수소수 1 2 mL	______	______	______
혼합 수용액 1 20 mL	과산화수소수 2 2 mL	______	______	______
혼합 수용액 2 20 mL	과산화수소수 1 2 mL	______	______	______
혼합 수용액 2 20 mL	과산화수소수 2 2 mL	______	______	______

실험 11

비타민 C 분석

Analysis of Vitamin C

■ 목표 : 산화-환원 반응을 기초로 하는 직접 요오드 적정(iodimetric titration)을 이용하여 비타민 C를 분석한다.

■ 핵심 개념 : 산화-환원 반응(redox reaction), 비타민 C (Vitamin C), 직접 요오드 적정(iodimetric titration)

■ 관련 개념 : 녹말 지시약(starch indicator), 표준화(standardization)

1. 서론

비타민 C (일명 아스코브산(ascorbic acid))는 공기 중에서 천천히 산화된다. 그래서 의약품과 과일 및 채소 등의 음식물에 들어있는 비타민 C는 실제로는 표시된 양보다 적을 수 있다. 실제 들어 있는 비타민 C를 분석해 보는 것은 중요하고 흥미 있는 일이다.

비타민 C를 분석하는 데에는 산화-환원 반응을 기초로 한 직접 요오드 적정(iodimetric titration)을 활용한다. 비타민 C와 같이 요오드(I_2)보다 표준 환원 전위(standard reduction potential)가 낮은 물질은 환원제로 작용하므로 요오드 표준 용액으로 직접 적정할 수 있다. 이와 반대로 요오드보다 높은 표준 환원 전위를 갖는 물질은 산화제로 작용하므로 산화된 요오드를 티오황산 나트륨($Na_2S_2O_3$) 표준 용액으로 적정하게 되는 간접 요오드 적정(iodometric titration)으로 그 물질의 양을 구할 수 있다.

산화-환원 반응(redox titration): 이 실험에서는 비타민 C를 표준 요오드 용액과의 산화-환원 반응을 이용하여 적정한다. 요오드 용액은 약간 과량의 요오드화 칼륨(KI) 용액에 요오드산 칼륨(KIO_3)을 첨가한 다음, 과량의 강산을 첨가하여 만든다. 그 용액에는 아래 반응 (11-1)에 따라 하여 삼요오드화 이온 (I_3^-)이 만들어진다. 그 요오드 용액의 농도는 비타민 C 용액으로 표준화하여 표준 요오드 용액으로 사용한다.

$$IO_3^- + 8I^- + H^+ \rightarrow 3I_3^- + 3H_2O \qquad (11-1)$$

비타민 C는 삼요오드화 이온과 빠르게 반응하는 약한 환원제로써 반응 (11-2)에서 보인 것처럼 1:1로 반응한다. 산화제로 작용하는 삼요오드화 이온은 반응하여 요오드화 이온 (I^-)으로 환원된다.

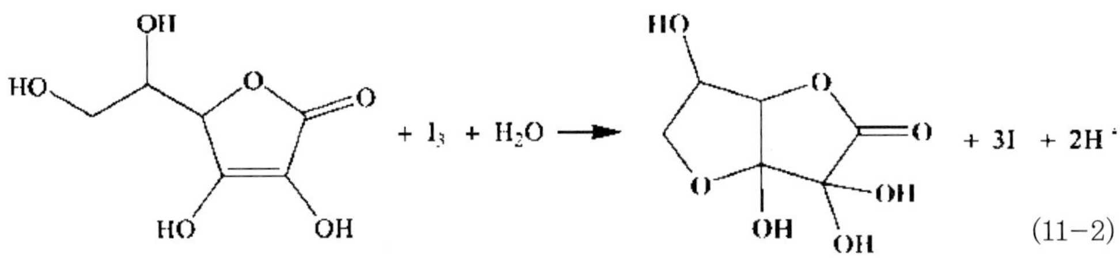

(11-2)

아스코브산
(비타민 C)

데하이드로아스코브산

지시약(indicator) : 요오드 적정법의 종말점 확인에는 요오드 자체의 황색을 이용할 수 있지만, 요오드-녹말 반응으로 나타나는 짙은 청색이 훨씬 예민하여 검출 한계를 크게 낮출 수 있으므로 녹말 용액을 지시약으로 사용한다. 직접 요오드 적정법에서 적정을 시작하기 전에 녹말을 적정 용액에 가한다. 당량점 이후 첫 번째 과량의 I_3^- 한 방울이 요오드-녹말 착물 (그림 11-1)을 생성하게 함으로써 용액을 짙은 청색으로 변하게 한다. 요오드-녹말 착물은 온도에 따라 변화한다. 온도가 높이지면 색깔의 세기가 감소한다. 최대 감도가 요구되는 경우에는 얼음물에서 실험하는 것이 더 낫다.

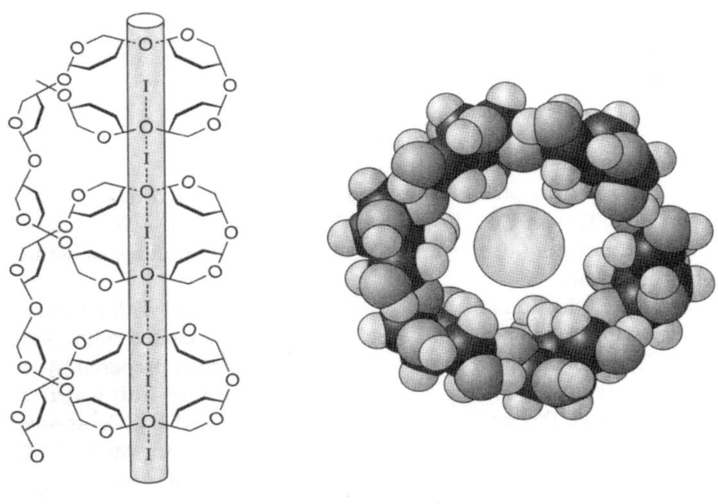

그림 11-1
(a) 요오드-녹말 착물의 개략도. 녹말 분자 사슬이 I_6 로 이루어진 막대 주위로 나선형을 이룬다.
(b) 녹말 나선 구조를 위에서 본 모습. 나선 구조 안의 요오드를 보여 준다.

2. 실험 기구 및 시약

A. 실험 기구

적정 장치 (그림 11-2)
뷰렛(buret) 50 mL
삼각 플라스크(Erlenmeyer flask) 125 mL
부피 플라스크(volumetric flask) 250 mL
부피 피펫(volumetric pipet) 25 mL
눈금 피펫(graduated pipet) 10 mL
비커(beaker) 250 mL
깔때기(funnel)
유리 막대(glass rod)
약수저(spetula)
가열판(hot plate)
자석 젓게(magnetic stirring bar)

B. 시약

비타민 C 정제(tablet)
HgI_2 (mercuric iodide)
가용성 녹말(starch)
2.5 mM 비타민 C 용액
녹말 지시약: (조교 준비)

적당한 양의 물을 끓인 후, HgI_2 5 mg과 가용성 녹말(starch) 5 g을 끓인 물 50 mL에 넣어 유리 막대로 저어준다. 그 후 놓아두면 두개의 층이 지는데, 위의 맑은 층을 떠서 지시약으로 사용한다. (먼저 녹인 뒤 용액을 끓이면 나중에 층이 지 지 않아서 쓸 수 없다.) 미생물 생성을 막기 위해서 녹말 용액에 소량의 HgI_2를 넣는다.

요오드 용액 (~2.7 mM) :각 조별로 준비

약 0.05 g KIO_3, 1 g KI, 5 mL 0.5 M H_2SO_4를 250 mL 부피 플라스크에서 눈금에 맞춰 증류수에 녹인다. KIO_3의 분자량이 214.00 g/mol인 것을 이용해서 요오드의 농도를 계산한다.

3. 실험 방법

실험 A. 표준 비타민 C로써 요오드 표준화

1) 50 mL 뷰렛을 증류수로 깨끗이 씻은 후, 소량의 요오드 용액으로 헹군다. 이 때 소량의 용액을 뷰렛 끝으로 흘려보낸다. 요오드 용액 약 25 mL를 뷰렛에 먼저 채운다. 그 다음 눈금 0 점 위치보다 약간 위까지 용액을 채운 다음 눈금 0 아래로 용액을 내린다.
2) 부피 피펫으로 표준 비타민 C 용액 25 mL를 125 mL 삼각 플라스크에 옮긴다.
3) 녹말 지시약 약 1 mL를 삼각 플라스크에 가한다.
4) 삼각 플라스크에 자석 젓게를 넣고 그림 11-2와 같이 뷰렛을 장치한다.
5) 시범 적정 : 종말점을 대략 알기 위해 짙은 청색이 나타날 때까지 빠른 속도로 적정을 해 본다.
6) 본 적정 : 예상되는 종말점 전 1 mL까지는 한 번에 1 mL씩 요오드 용액을 계속 가한다. 그런 다음 요오드 용액을 조심스럽게 방울방울 떨어뜨린다. 반응이 완결되면 요오드 용액의 농도를 계산한다.
7) 본 적정을 두 번 더 반복한다. 평균값을 구한다.

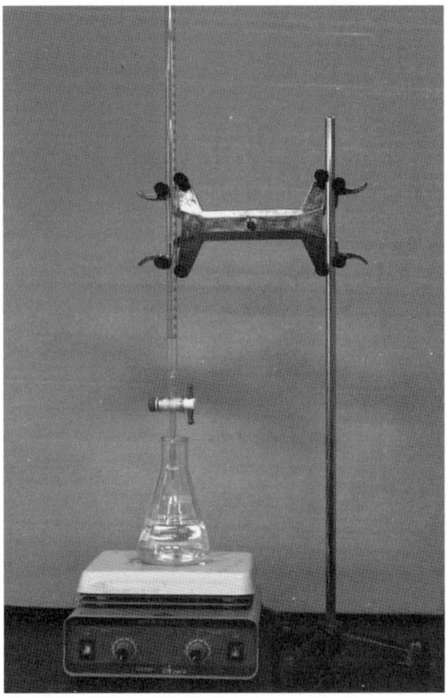

그림 11-2 적정 장치

실험 B. 표준 요오드로써 비타민 C 정량

1) 시판용 비타민 C 정제(tablet)를 시료로 사용한다. 제품의 라벨을 참조하여 비타민 C의 무게를 기록한다. 비커를 사용하여 비타민 C를 물 100 mL에 녹여서 그 농도가 물 100 mL 중 비타민 C가 대략 0.1 g이 녹아 있는 용액이 되도록 만든다(잘 녹지 않는 것이 있을 수 있다). 깔때기를 사용하여 용액 (약 100 mL)을 조심스럽게 250 mL 부피 플라스크로 옮긴다. 증류수로 부피 플라스크의 눈금까지 채운다.
2) 부피 피펫으로 비타민 C 시료 용액 25 mL를 125 mL 삼각 플라스크에 담는다.
3) 위 실험 A의 3에서 7까지 행한다. 비타민 C 용액의 농도를 구한다.
4) tablet 시료 중의 비타민 C 함량을 계산한다. 제품의 라벨에 적힌 함량과 비교한다.

4. 주의 및 참고 사항

(1) 요오드 용액은 공기 중에서 산화할 수 있으므로 당일 만들어 사용하는 것이 좋다.
(2) I^- 이온이 들어있는 시약은 전부 할로젠 폐수통에 따로 버린다.
(3) I_2 및 I_3^- 용액은 유독하므로 용액을 다룰 때에는 후드 안에서 하도록 한다.
(4) 비타민 C는 물 속에 녹아 있는 산소에 의해서도 산화되므로 용액은 실험하기 한 두 시간 전에 준비하는 것이 좋다.

5. 생각해볼 사항

1) 표준 용액을 만들 때 비타민 C의 양을 적어도 0.1 g을 사용하는 것이 왜 중요한가?
2) 과일 쥬스에 들어 있는 비타민 C를 정량할 때 산-염기 적정을 이용하는 대신 왜 산화-환원 적정을 이용하는가?
3) 냉동 레몬에이드 제품에는 비타민 C의 하루 권장량 (RDA, recommended daily allowance) 의 15%가 들어 있다고 한다. 비타민 C의 RDA = 60 mg. 요오드 표준 용액으로 적정할 때 적어도 10 mL가 필요하려면 얼마나 많은 레몬에이드 시료를 사용해야 하는가?

6. 실험 결과

실험 A. 표준 비타민 C로써 요오드 표준화

표준 비타민 C 용액의 농도 ________________ M

적정 적정 부피 (mL)

시범 적정 ________________

본 적정 #1 ________________

본 적정 #2 ________________

본 적정 #3 ________________

평균 ________________

요오드 용액의 농도 ________________ M

실험 B. 표준 요오드로써 비타민 C 정량

요오드 용액의 농도: ________________ M

비타민 C 시료의 제품 데이터: ________________

적정 적정 부피 (mL)

시범 적정 ________________

본 적정 #1 ________________

본 적정 #2 ________________

본 적정 #3 ________________

평균 ________________

비타민 C의 농도 ________________ M

읽을거리

비타민 C - 아스코브산

Walter N.Haworth

아스코브산(ascorbic acid) 이름의 유래는 " ...가 없다 "는 "a " 와 '괴혈병' 을 뜻하는 " scorbutus(scurvy)"가 합쳐서 만들어진 단어이다. 괴혈병은 신선한 식물성 음식이 부족할 때 생기는 병으로 옛날부터 알려져 왔다. 비타민 C가 부족하면 합성된 콜라젠(collagen)이 제 기능을 발휘하지 못하고 잇몸이 물러지고, 점막에서 출혈이 나타나고, 다리에 점이 나타나고, 이가 빠지고 결국 죽게 된다. 영국 해군 의사였던 J. Lind가 1753년 신선한 과일을 섭취하면 괴혈병에 걸리지 않는다고 처음으로 과학적 연구를 발표하였다. 영국 해군은 1795년부터 레몬이나 lime(일종의 레몬) 쥬스를 선원들에게 주기 시작했다.

아스코브산이 1932년 분리되었고 이 공로로 항가리 학자 Szent-Gy□rgyi 는 1937년 노벨의학상을 받았다. 1934년 영국 화학자 Walter N. Haworth 경과 폴란드 화학자 Tadeus Reichstein이 각각 독립적으로 아스코브산을 합성하였다. Haworth 경은 이 공로로 1937년 노벨화학상을 받았다. 비타민 C는 아스코브산의 L-거울이성질체이고 D- 이성질체는 생리적인 효과가 없다.

비타민 C는 항산화제(antioxidant)이고 강한 환원제(reducing agent)이다. 비타민 C를 과량 섭취하는 것이 건강에 좋은지 어쩐지는 의견이 엇갈리고 있다. 미국에서 성인은 하루에 60-95 mg 정도 섭취할 것을 권장하고 최대 허용치는 2 g 이다.

비타민 C 가 들어있는 식물 100 g 당 들어있는 mg 수는 다음과 같다.

식물	mg/100 g	식물	mg/100 g
장미 열매	2000	딸기	60
고추	190	오렌지	50
파슬리	130	레몬	40
브로콜리	90	시금치	30
감	60	마늘	31
토마토	10	포도	30
수박	10	감자	20

실험 12

엔탈피 측정

Measurement of Enthalpy

■ 목표 : 산과 염기의 중화 반응을 이용해 엔탈피가 상태함수임을 확인한다.

■ 핵심 개념 : 엔탈피(enthalpy), 상태 함수(state function), 헤스의 법칙(Hess' law), 반응열(enthalpy of reaction), 생성열(enthalpy of formation), 비열용량(specific heat capacity)

■ 관련 개념 : 비열(specific heat), 열용량(heat capacity)

1. 서론

일반적으로 화학 반응이 진행되면 주위에서 열을 흡수하거나 주위로 열을 방출하게 된다. 화학 반응에서 출입하는 열의 양은 "열량계"라는 장치를 사용해서 측정할 수 있다. 정밀한 측정을 위한 열량계(calorimeter)는 그 구조가 상당히 복잡하지만, 단열이 잘 되는 보온병이나 스티로폼으로 만든 컵이나 단열된 플라스크 등을 간단한 열량계로 사용할 수도 있다.

열량계를 이용하기 위해서는 열량계의 비열용량 C와 열량계의 질량을 먼저 알아야 한다. 비열용량은 1 g 물질의 온도를 1 ℃ 변화시키는데 필요한 열의 양을 나타낸다. 따라서 비열용량이 C (J/°g)인 물질 W g의 온도가 $\triangle T$(°) 만큼 변화했을 때 출입한 열의 양 Q(J)는 다음과 같이 계산할 수 있다.

$$Q = CW\triangle T \tag{12-1}$$

"우주의 에너지는 일정하다"는 열역학 제1법칙은 "에너지" U와 "엔탈피" H라는 열역학적 양을 정의한다. 계가 부피 팽창에 의한 일(pV 일)만을 할 수 있는 경우에 계의 상태 변화에 의하여 출입하는 열의 양은 상태 변화의 조건에 따라 다음과 같다.

$$\triangle U = Q_V \tag{12-2}$$

$$\triangle H = Q_P \tag{12-3}$$

여기서 Q_V와 Q_P는 각각 일정한 부피와 일정한 압력에서의 상태 변화에서 출입하는 열의 양을 나타낸다. 상태 변화에 따라 출입하는 열의 양을 측정해서 알아낸 에너지와 엔탈피 변화는 화학 반응의 평형 조건이나 자발적 변화의 방향을 알아내는 데 중요한 정보를 제공한다.

엔탈피는 상태 함수이므로 상태 변화에 따른 엔탈피 변화량, 즉 반응열은 반응 경로에 상관없이 언제나 일정하다. 따라서 여러 단계를 거쳐서 화학 반응이 일어나는 경우에 각 단계에서의 반응열을 모두 합하면 반응 전체에서 일어나는 반응열과 같게 되며, 이것을 "헤스의 법칙"이라고 부른다.

예를 들어, 탄소를 산소와 함께 태우면 이산화탄소가 만들어지고 상당한 양의 열이 방출된다. 이산화탄소가 만들어질 때의 반응열은 충분한 양의 산소와 함께 연소시키면서 방출되는 열의 양을 측정하면 쉽게 얻을 수 있다.

$$C + O_2 \rightarrow CO_2 \qquad \Delta H = -393.5\,kJ\ mol^{-1}$$

한편 일산화탄소를 산소와 함께 태우면 역시 열이 발생하면서 이산화탄소가 생성된다.

$$CO + \tfrac{1}{2}O_2 \rightarrow CO_2 \qquad \Delta H_2 = -283.0\,kJ\ mol^{-1}$$

그러나 산소의 양이 부족할 때의 불완전 연소에서 만들어지는 일산화탄소 생성 반응의 반응열을 실험으로 직접 측정하기는 매우 어렵다. 이산화탄소가 생성되는 것을 완전하게 막는 것이 쉽지 않기 때문이다. 이런 경우에 헤스의 법칙을 이용하면 일산화탄소의 생성열을 쉽게 알아낼 수 있다.

$$C + \tfrac{1}{2}O_2 \rightarrow CO \qquad \Delta H_1 = \Delta H - \Delta H_2 = -110.5\,kJ\ mol^{-1}$$

이 실험에서는 강염기인 수산화 나트륨과 강산인 염산의 중화 반응을 다음과 같이 두 가지 방법으로 진행시키면서 반응열을 측정하여 헤스의 법칙이 성립하는 것을 확인한다.

고체 수산화 나트륨을 염산에 넣으면 중화 반응이 일어나고, 이때의 반응열을 ΔH_4라고 부르기로 한다.

(반응 1) $NaOH(s) + HCl(aq) \rightarrow NaCl(aq) + H_2O(l) \qquad \Delta H_4$

수산화 나트륨과 염산의 중화 반응은 다음과 같이 두 단계로 일어날 수 있다. 즉, 고체 수산화 나트륨을 먼저 물에 녹여서 NaOH 수용액을 만들고(반응 2), 그 수용액을 염산으로 중화시킨다(반응 3).

(반응 2) $NaOH(s) + H_2O(l) \rightarrow NaOH(aq)$ ΔH_5

(반응 3) $NaOH(aq) + HCl(aq) \rightarrow NaCl(aq) + H_2O(l)$ ΔH_6

(반응 2)와 (반응 3)에서 반응열을 각각 ΔH_5와 ΔH_6로 부르기로 하면, 헤스의 법칙에 따라서

$$\Delta H_4 = \Delta H_5 + \Delta H_6 \quad (12-4)$$

의 관계가 성립된다.

2. 실험 기구 및 시약

A. 실험 기구

삼각 플라스크(Erlenmeyer flask) 250 mL 3개
비커(beaker) 500 mL
눈금 실린더(graduated cylinder) 100 mL
온도계(thermometer) 0~100 ℃
화학 저울(chemical balance)
스티로폼 또는 솜(styrofoam or cotton boll)

B. 시약

0.25 M HCl(hydrochloric acid)
0.5 M HCl(hydrochloric acid)
NaOH 고체(sodium hydroxide)
0.5 M NaOH(sodium hydroxide)

3. 실험 방법

실험 A. ΔH_4의 측정

1) 250 mL 삼각 플라스크를 깨끗이 씻어 말린 후에 무게를 0.1 g까지 측정하고, 스

티로폼으로 잘 싸서 단열이 되도록 한다.

2) 0.25 M 염산 용액 200 mL를 넣고 온도를 0.1 ℃까지 정확하게 측정한다.
3) 약 2 g의 고체 수산화 나트륨을 0.01 g까지 재빨리 측정하여 플라스크에 넣고 흔들어준다.
4) 용액의 온도가 가장 높이 올라갈 때의 온도를 기록하고, 플라스크의 무게를 잰다.

실험 B. ΔH_5의 측정

1) 0.25 M 염산 용액 대신 증류수 200 mL로 실험 A를 반복한다.

실험 C. ΔH_6의 측정

1) 25.0 mL 삼각 플라스크를 깨끗이 씻어 말린 후에 무게를 0.1 g까지 측정하고, 스티로폼으로 잘 싸서 단열이 되도록 한다.
2) 0.5 M 염산 용액 100 mL를 넣고 온도를 0.1 ℃까지 정확하게 측정한다.
3) 눈금 실린더에 0.5 M 수산화 나트륨 용액 100 mL를 취해서 온도를 측정하여 염산 용액과 온도가 같은가를 확인한다.
4) 수산화 나트륨 용액을 염산 용액에 재빨리 넣고, 온도가 가장 높이 올라갔을 때의 온도를 기록한다.

4. 주의 및 참고 사항

1) 고체 수산화 나트륨이 공기 중에 노출되면 공기 중 수분을 흡수하여 녹기 때문에 시간을 지체하지 말아야 한다.
2) 고체 수산화 나트륨을 손으로 만지지 말아야 한다.

5. 실험 결과 처리

1) 반응에서 방출된 열의 양은 열량계에 의해서 흡수된 열의 양을 합한 것과 같다. 이 실험에서 열량계는 삼각 플라스크와 그 속에 담긴 수용액으로 되어 있다. 따라서 삼각 플라스크와 수용액의 질량이 각각 W_1과 W_2이고, 열량계의 온도 변화가 ΔT라면 열량계가 흡수한 열의 양(J)은 다음과 같이 주어진다.

$$Q = (4.18W_1 + 0.85W_2)\Delta T \qquad (12\text{-}5)$$

여기서 물과 삼각 플라스크 유리의 비열용량은 각각 4.18 J/°g과 0.85 J/°g인 것으로 가정하였다.

6. 생각해볼 사항

1) 실험 결과로부터 식 (12-4)가 정말 성립되는가를 확인해본다.
2) 만약 식 (12-4)가 성립되지 않는다면 그 이유는 무엇이겠는가?
3) (반응 3)의 이온 방정식과 알짜 이온 방정식을 써보아라.

7. 실험 결과

실험 A. ΔH_4의 측정

삼각 플라스크의 무게	______ g
고체 NaOH의 무게	______ g
중화된 용액과 플라스크의 무게	______ g
중화된 용액의 무게	______ g
염산 용액의 온도	______ ℃
중화된 용액의 최고 온도	______ ℃
온도 상승값	______ ℃
용액에 의해 흡수된 열량	______ J
플라스크에 의해 흡수된 열량	______ J
반응 1에서 방출된 열량	______ J
NaOH 1몰당 반응열, ΔH_4	______ kJ/mol

실험 B. ΔH_5의 측정

삼각 플라스크의 무게	________ g
고체 NaOH의 무게	________ g
NaOH 용액과 플라스크의 무게	________ g
NaOH 용액의 무게	________ g
물의 온도	________ ℃
NaOH 용액의 최고 온도	________ ℃
온도 상승값	________ ℃
용액에 의해 흡수된 열량	________ J
플라스크에 의해 흡수된 열량	________ J
반응 2에서 방출된 열량	________ J
NaOH 1몰당 용해열, ΔH_5	________ kJ/mol

실험 C. ΔH_6의 측정

삼각 플라스크의 무게	________ g
중화된 용액과 플라스크의 무게	________ g
중화된 용액의 무게	________ g
NaOH 용액과 염산 용액의 평균 온도	________ ℃
중화된 용액의 최고 온도	________ ℃
온도 상승값	________ ℃
용액에 의해 흡수된 열량	________ J
플라스크에 의해 흡수된 열량	________ J
반응 3에서 방출된 열량	________ J
NaOH 1몰당 중화열, ΔH_6	________ kJ/mol

읽을거리

화학 열역학

James P. Joule

높은 곳에 있는 무거운 추가 아래로 떨어지면 "일"을 할 수 있다. 건물의 기초 공사를 할 때 거대한 H빔을 땅 속에 박는 것도 바로 그런 기계적인 일을 이용하는 것이다.

한편 울퉁불퉁한 표면을 마찰시키면 차가운 물체를 뜨겁게 만들어주는 "열"이 발생한다. 19세기 중엽에 화학 열역학이 정립되기 전까지는 열은 플로지스톤(phlogiston)이라는 보이지 않는 물질이나 칼로릭(caloric)이라는 유체 때문에 나타나는 것으로 생각하기도 했지만, 1798년에 영국의 럼포드가 기계적인 일이 열로 변화될 수 있음을 처음으로 밝혔고, 영국의 과학자 제임스 주울(James Joule, 1818~1889)은 추가 떨어질 때 생기는 일에 대응하는 열의 양을 정확하게 측정함으로써 "일"과 "열"은 근본적으로 같은 것으로 서로 변환될 수 있음을 확실하게 밝혔다.

그 후 1850년 루돌프 클라우지우스(Rudolf Clausius, 1822~1888)가 일과 열의 개념을 통합한 "에너지"와 계의 무질서한 정도를 나타내는 "엔트로피"의 개념을 정립함으로써 "에너지 보존의 법칙"으로 알려진 "열역학 제1법칙"과 자발적 변화의 방향을 알려주는 "열역학 제2법칙"을 완성하였다. 엔트로피의 절대값을 결정해주는 "열역학 제3법칙"을 포함하여 논리적인 증명이 불가능한 3개의 경험 법칙을 바탕으로 하는 화학 열역학은 많은 수의 분자로 구성된 물질의 에너지 함량과 그런 물질의 변화 방향을 설명하는 기초가 된다.

읽을거리

반응열

물질들이 서로 반응해서 다른 물질로 변화하는 화학적 과정에서는 언제나 열이 흡수되거나 방출된다. 화학 반응에서 나타나는 반응열은 공업적으로 매우 유용할 뿐만 아니라 우리의 생명을 이어가는 원동력이 되기도 한다.

분자는 원자들의 화학 결합으로 만들어진다. 전자에 의해서 형성되는 화학 결합의 세기는 분자에 따라서 조금씩 다르기 때문에 화학 반응으로 원자들 사이의 화학 결합이 바뀌게 되면 여분의 에너지가 열의 형태로 방출되거나 추가로 필요한 에너지가 열의 형태로 흡수되는 데 이것이 바로 반응열이다. 물론 $10^{-8}cm$ 정도에 불과한 원자들 사이의 결합이 저장할 수 있는 에너지의 양은 매우 작지만, 이런 분자들이 아보가드로 수만큼 모여 있는 경우에는 수 백 또는 수 천 kJ의 엄청난 양이 된다.

열이 방출되는 화학 반응을 "발열 반응"이라고 하고, 흡수되는 반응을 "흡열 반응"이라고 한다. 지구상 녹색 식물이 공기 중 이산화탄소와 땅 속의 물을 이용해서 햇빛 에너지를 저장하는 탄수화물과 단백질 분자를 만들어내는 광합성 반응은 대표적인 흡열 반응이고, 우리 몸에서는 이렇게 만들어진 탄수화물과 단백질을 공기 중의 산소와 함께 산화시키면서 일어나는 발열 반응으로 우리는 필요한 에너지를 공급받는다. 휘발유나 천연가스와 같은 탄화수소를 산소와 함께 태울 때 방출되는 에너지는 자동차 엔진의 원동력이다.

원자의 내부에 있는 원자핵은 그 주위를 둘러싸고 있는 전자보다 백만 배 이상의 에너지를 축적하고 있다. 원자핵 분열이나 융합으로 방출되는 에너지가 바로 원자핵에 저장되어 있는 것이다. 불안정한 방사성 동위원소는 자연 붕괴되면서 엄청난 에너지를 가진 방사선을 방출해서 주변에 있는 분자들을 무차별적으로 파괴할 수 있어서 매우 위험할 수도 있지만, 암 치료 등에 유용하게 이용되기도 한다. 안전하게 관리되는 원자로에서 일어나는 핵반응은 에너지원으로도 이용될 수 있다.

실험 13 생활 속의 산-염기 분석

Acid-Base Analysis in Life

■ 목표 : 산과 염기의 중화 반응을 이용해서 산이나 염기의 농도를 측정한다.

■ 핵심 개념 : 산(acid), 염기(base), 중화(neutralization), pH, 지시약(indicator), 당량점(equivalence point), 종말점(end point), 역적정(reverse titration)

■ 관련 개념 : 브뢴스테드-로우리 산 염기(Brønsted-Lowry acid and base), 적정(titration), 적정 곡선(titration curve), 페놀프탈레인(phenolphthalein)

1. 서론

과일 주스를 적절히 발효시키면 알코올이 만들어지지만 충분히 발효시키면 톡 쏘는 신맛을 내는 식초가 만들어진다. 아세트산(일명 초산, CH_3COOH)이라는 "산"이 만들어지기 때문이다. 이와는 달리 수산화 나트륨(일명 양잿물, NaOH)처럼 미끌거리며 쓴맛 느낌을 주는 "염기"라고 부르는 화합물도 있다. 이러한 산과 염기는 우리 주변에서 매우 다양하게 존재하고 있으면서 일상 생활과 우리 몸속의 화학 변화에 중요한 역할을 하고 있다.

브뢴스테드-로우리의 산-염기 이론에 따르면 수소 이온(H^+ 혹은 H_3O^+)을 내놓을 수 있는 물질을 "산"이라고 하고, 수소 이온을 받아들일 수 있는 물질을 "염기"라고 한다. 아세트산 이외에 일양성자산인 염산(HCl)과 다양성자산인 황산(H_2SO_4), 인산(H_3PO_4) 등이 대표적인 산이고, 수산화 나트륨, 수산화 칼륨(KOH), 수산화 칼슘($Ca(OH)_2$), 암모니아(NH_3) 등이 대표적인 염기이다. 주기율표에서 1족과 2족에 해당하는 알칼리 금속족과 알칼리 토금속족에 속하는 원소의 수산화 화합물들이 주로 염기에 해당하기 때문에 염기를 "알칼리"라고 부르기도 하지만, 암모니아처럼 알칼리족 원소의 화합물이 아니면서도 염기성을 나타내는 화합물도 많기 때문에 "알칼리"보다는 "염기"라고 부르는 것이 더 일반적인 의미를 갖는다.

산과 염기는 서로 대립적인 특성을 가지고 있고, 산과 염기가 함께 혼합되면 물(H_2O)과 염(鹽, salt)이 생성되는 "중화 반응"이 일어난다. 양잿물이라고 부르는 부식성 강한 수산화 나트륨 수용액에 역시 부식성이 강한 염산을 당량비로 넣어주면 놀랍게도 염화 나트륨(NaCl)이 만들어져서 산과 염기의 부식성이 모두 없어져 버린 소금물이 되는 것이 바로 그런 중화 반응의 예이다.

$$HCl + NaOH \rightarrow NaCl + H_2O$$

산과 염기의 중화 반응은 매우 빠르고 화학량론적으로 일어나기 때문에 중화 반응을 이용해서 수용액 속에 녹아있는 산이나 염기의 농도를 정확하게 알아낼 수 있다. 그런 실험을 산-염기 적정(acid-base titration)이라고 부른다. 적정 시에는 뷰렛을 사용하는 그림 13-1과 같은 장치를 이용한다.

염산이 들어있는 수용액에 수산화 나트륨 수용액을 조금씩 넣어주면 용액의 pH값이 그림 13-2와 같이 변화한다. 즉, 수산화 나트륨을 넣기 전에는 용액이 강한 산성을 나타내다가 용액에 들어있는 염산의 양과 정확하게 같은 양의 수산화 나트륨을 넣어주면 pH값이 7이 되고, 수산화 나트륨을 더 넣어주면 용액이 강한 염기성을 나타내게 된다. 용액 속의 염산을 완전히 중화시킬 만큼의 수산화 나트륨을 넣어준 상태를 "당량점" (equivalent point)이라고 하고, 당량점에서는 다음과 같은 관계가 성립된다.

$$N_A \cdot V_A = N_B \cdot V_B \tag{13-1}$$

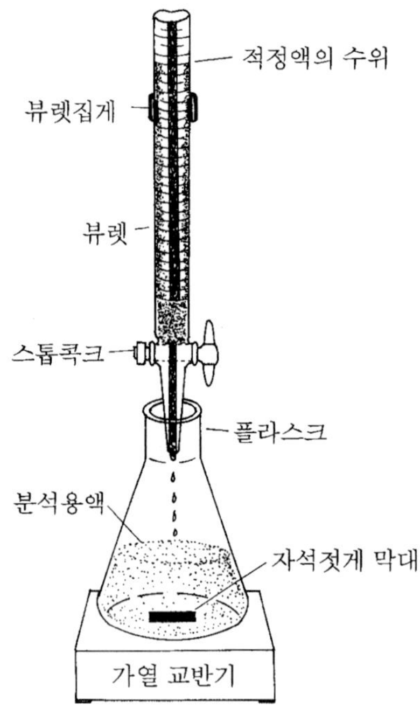

그림 13-1 적정 장치

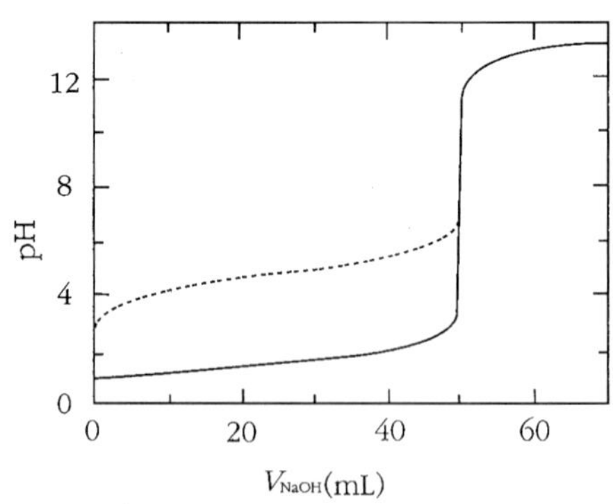

그림 13-2 염산(실선)과 아세트산(점선)을 수산화 나트륨 용액으로 적정할 때 pH의 변화

여기서 N_A와 N_B는 각각 산과 염기의 노르말 농도이고, V_A와 V_B는 산과 염기 용액의 부피이다. 당량점 부근에서는 그림 13-2에서 볼 수 있는 것처럼 용액의 pH값이 급격히 변화하게 되고, 이런 특성을 이용하면 당량점을 실험적으로 쉽게 알아낼 수 있다.

염산과 같은 강산 대신 아세트산과 같은 약산을 수산화 나트륨으로 적정하면 당량점에서의 pH값이 7보다 조금 커지고, 당량점 부근에서 pH의 변화폭도 좁아지기 때문에 당량점을 실험적으로 정확하게 확인하기가 어려워진다.

적정을 이용해서 산이나 염기의 농도를 알아내기 위해서는 농도를 정확하게 알고 있는 염기성 용액이나 산성 용액이 필요하다. 정확한 농도를 미리 알고 있는 용액을 표준 용액(standartd solution) 이라고 한다.

적정 실험에서 중화 반응이 완전히 이루어졌다고 판단되는 상태를 "종말점"(end point)이라고 부른다. 이상적으로는 종말점과 당량점은 같아야 하지만 여러 가지 불확정도 때문에 실제 종말점은 당량점과 정확하게 일치하지 않을 수도 있다.

종말점을 정확하게 알아내기 위해서는 적정을 하는 동안에 용액의 pH를 계속 확인해서 그림13-2와 같은 적정 곡선을 그리는 것이 가장 바람직하다. 용액의 pH는 유리전극을 이용하여 용액 중의 수소 이온의 농도를 직접 알아내는 pH 미터를 사용해서도 측정할 수 있다. 유리 전극은 용액속의 수소 이온을 검출할 수 있도록 특수하게 처리한 얇은 유리막을 이용한다. 유리 전극은 증류수로 깨끗하게 씻은 후 사용해야 하고, 오랫동안 공기 중에 노출시켜두면 유리막의 표면이 말라서 못쓰게 되기 때문에 언제나 증류수 속에 넣어두어야 하며, pH를 측정할 때는 유리 전극이 용액에 충분히 잠기도록 해야 한다. pH 미터는 산화성이나 환원성 물질이 포함된 용액이나 색깔이 짙은 용액 또는 수용액이 아닌 경우에도 사용할 수 있는 장점이 있다.

pH 미터가 없을 경우에는 수용액의 pH에 따라서 색이 변하는 지시약(indicator)을 사용하는 방법도 많이 사용된다. 지시약은 그 자체가 약산이나 약염기 구조를 가진 복잡한 유기 화합물이다. 그러므로 지시약을 너무 많이 사용하면 적정의 불확정도가 커지게 되므로 최소량을 사용해야 한다. 그리고 지시약의 종류에 따라서 색이 바뀌는 pH 범위가 다르기 때문에 적정하는 산과 염기의 종류에 따라서 적당한 지시약을 선택해야 적정의 불확정도를 줄일 수 있다. 예를 들어서 강산인 염산을 강염기인 수산화 나트륨으로 적정할 때는 당량점에서의 pH가 7이고, 당량점 부근에서의 pH의 변화가 대단히 크기 때문에 변색 범위가 6~8에 해당하는 브로모티몰블루, 페놀프탈레인, 리트머스, 페놀레드 등의 다양한 지시약을 사용할 수 있다. 그러나 약산인 아세트산을 수산화 나트륨으로 적정할 경우에는 당량점 부근에서의 pH 변화가 작기 때문에 지시약을 현명하게 선택해야 한다. 이 경우에는 당량점에서의 용액이 약염기성이기 때문에 페놀프탈레인이나 티몰블루 또는 알리자린옐로우 등이 적당하다. 반대로 약한 염기를 강산으로 적정할 경우에는 약산성 용액에서 변색이 되는 지시약을 사용하는 것이 좋다.

표 13-1 지시약의 종류와 색깔

지시약	산성 용액에서의 색깔	변색 범위	pK_{Ind}	염기성 용액에서의 색깔
티몰 블루	빨강	1.2-2.8	1.7	노랑
	노랑	8.0-9.6		파랑
메틸오렌지	빨강	3.2-4.4	3.4	노랑
브로모페놀블루	노랑	3.0-4.6	3.9	파랑
브로모크레졸그린	노랑	3.8-5.4	4.7	파랑
메틸레드	빨강	4.8-6.0	5.0	노랑
브로모티몰블루	노랑	6.0-7.6	7.1	파랑
리트머스	빨강	5.0-8.0	6.5	파랑
페놀레드	노랑	6.6-8.0	7.9	빨강
티몰블루	노랑	8.0-9.6	8.9	파랑
페놀프탈레인	무색	8.2-10.0	9.4	분홍
알리자린옐로우	노랑	10.1-12.0	11.2	빨강
알리자린	빨강	11.0-12.4	11.7	자주

이 실험에서는 산-염기 적정 방법을 이용해서 일상 생활에서 많이 사용되는 제산제, 아스피린, 또는 식초에 들어있는 산과 염기의 농도를 측정한다. 식초 신맛을 내는 성분은 약산인 아세트산이고, 아스피린은 살리실산 아세틸($C_6H_4(OCOCH_3)COOH$)이라는 약한 산성 물질이다. 위에 과다하게 생성된 염산을 중화하기 위해서 먹는 제산제인 식용 소다(탄산수소 나트륨, $NaHCO_3$)또는 수산화 마그네슘($Mg(OH)_2$) 또는 이수산화 알루미늄 탄산 나트륨($NaAl(OH)_2CO_3$) 등의 약염기성 물질이 쓰인다. 이들의 중화 반응은 다음과 같다.

$$CH_3COOH + NaOH \rightarrow CH_3COONa + H_2O$$

$$C_6H_4(OCOCH_3)COOH + NaOH \rightarrow C_6H_4(OCOCH_3)COONa + H_2O$$

$$NaHCO_3 + HCl \rightarrow NaCl + H_2O + CO_2$$

$$Mg(OH)_2 + 2HCl \rightarrow MgCl_2 + 2H_2O$$

$$NaAl(OH)_2CO_3 + 4HCl \rightarrow NaCl + AlCl_3 + 3H_2O + CO_3$$

시판되고 있는 제산제나 아스피린과 같은 약제는 물에 쉽게 녹지도 않고, 중화 반응이 신속하게 진행되지 않는 경우도 있다. 그런 때에는 농도를 알고 있는 강산이나 강염기를 과량으로 넣어준 다음에 남아있는 강산이나 강염기를 적정해서 관심이 있는 산이나 염기의 농도를 알아내는 역적정(back titration) 방법이 유용하다.

2. 실험 기구 및 시약

A. 실험 기구

250 mL 삼각 플라스크(Erlenmeyer flask)
25 mL 뷰렛(buret)
스탠드와 뷰렛 클램프(stand and buret clamp)
화학 저울(chemical balance)
pH 미터(pH meter)
막자사발(mortar and pestle)
가열판과 자석 젓게(hot plate with magnetic stirrer)

B. 시약

식용 식초(vinegar)
아스피린 정제(aspirin tablet)
식용 소다 또는 제산제(baking powder or antacid)
0.5M NaOH 표준 용액(sodium hydroxide standard solution)
0.5 M HCl 표준 용액(hydrochloric acid standard solution)
페놀프탈레인 지시약(phenolphthalein indicator)

3. 실험 방법

실험 A. 식초 분석

1) 시판되고 있는 식초 10.00 mL를 피펫으로 정확하게 취해서 250 mL 삼각 플라스크에 넣고 무게를 잰다.
2) 약 40 mL의 증류수를 넣은 다음에 페놀프탈레인 지시약 2~3 방울을 넣는다.
3) 뷰렛에 0.5 M 수산화 나트륨 표준 용액을 넣고 적정한다. 페놀프탈레인의 분홍색이 나타나기 시작하면 수산화 나트륨 용액을 조금씩 넣어주면서 용액을 잘 저어준다. 분홍색이 30초 이상 지속된 후 없어지면 수산화 나트륨 한 방울을 더 넣어주고 종말점으로 간주한다.

4) 위 실험 과정을 한 번 더 반복한다.
5) 시간이 있으면 같은 실험을 pH 미터를 사용해서 반복한다. 수산화 나트륨 용액을 1 mL 씩 넣으면서 넣어준 수산화 나트륨 용액의 부피와 pH를 기록하고, pH가 급격하게 변하기 시작하면 수산화 나트륨 용액을 소량씩 넣으면서 pH를 측정한다.

실험 B. 아스피린 분석

1) 아스피린 알약 4~5 알을 막자사발에 갈은 다음에 약 2 g을 0.001 g까지 정확하게 달아서 250 mL 삼각 플라스크에 넣는다.
2) 약 50 mL의 증류수를 넣고 아스피린이 완전히 녹도록 흔들어준다.
3) 페놀프탈레인 지시약 2~3 방울을 넣고 0.5 M 수산화 나트륨 표준 용액으로 적정한다.
4) 위 실험을 한 번 더 반복한다.
5) 가능하면 같은 실험을 pH 미터를 사용해서 반복한다.

실험 C. 제산제 분석

1) 시판되는 제산제를 막자사발에 갈은 다음 약 1 g을 0.001 g까지 정확하게 측정해서 250 mL 삼각 플라스크에 넣는다.
2) 0.5 M HCl 표준 용액 40 mL를 피펫으로 정확하게 측정해서 넣고, 가열판을 이용해서 천천히 가열한다. 용액이 끓어서 튀어나가지 않도록 조심해야 한다.
3) 제산제가 완전히 녹은 후에 가열한 용액을 실온으로 식히고 페놀프탈레인 2~3 방울을 넣는다.
4) 0.5 M NaOH 표준 용액으로 적정한다.
5) 실험을 한 번 더 반복한다.
6) 가능하면 같은 실험을 pH 미터를 사용해서 반복한다.

4. 주의 및 참고 사항

1) 이 실험은 실험실 사정에 따라 A, B, C 중 하나만 해도 되고, 지시약을 사용해도 된다.
2) 가열한 삼각 플라스크는 매우 뜨겁기 때문에 손으로 직접 만지지 않도록 해야 하고, 강산 혹은 강염기의 자극성 냄새 때문에 실험실의 환기가 잘 되도록 해야 한다.
3) 피부 보호를 위해 실험 가운을 입고 눈 보호를 위해 보안경을 반드시 착용하여야 한다.

4) 발 보호를 위해 양말과 신발을 착용해야 한다.
5) 무게를 잴 때 강산 혹은 강염기가 저울내에 엎질러지지 않도록 주의한다.
6) 제산제는 성분이 무엇인가를 확실하게 알아야 한다.
7) 적정을 하는 동안에 용액을 잘 저어주어야 하고, NaOH 표준 용액을 너무 빨리 넣지 말아야 한다.
8) 처음 실험에서는 NaOH 용액을 조금씩 넣어주면서 지시약의 색 변화를 관찰하고, 지시약의 분홍색이 지속되는 시간이 점점 길어지면 종말점에 가까이 온 것으로 NaOH 용액을 넣어주는 양을 줄이면서 관찰한다.
9) 실험을 반복할 때는 종말점 부근까지 NaOH 용액을 한두 번에 나누어 넣은 다음에 잘 흔들어주고 그 후에는 한 방울씩 넣어주면 시간을 절약할 수 있다.

5. 실험 결과 처리

1) 식 (13-1)을 이용해서 삼각 플라스크에 넣어준 산의 몰수($N_A \cdot V_A$)를 계산한다.
2) 실험 C의 경우에는 처음에 넣어준 염산의 몰수에서 적정으로 측정한 염산의 몰수를 빼면 제산제를 중화시키는데 사용된 염산의 순수 양을 알 수 있다.
3) 식초, 아스피린, 제산제의 순도를 계산하고 제품에 표시된 값과 비교한다.

6. 생각해볼 사항

1) 적정에서의 가능한 불확정도의 요인을 생각해 보아라.
2) 0.5000 M HCl 25 mL를 0.5000 M NaOH로 적정하는 경우에 용액에 남아있는 수소 이온의 농도를 직접 계산해서 적정 곡선을 그려보아라.
3) 0.5000 M 아세트산 25 mL를 0.5000 M NaOH로 적정하는 경우에 당량점에서 용액의 pH를 계산해 보아라.

7. 실험 결과

실험 A. 식초 분석

	1회	2회	pH 미터
식초의 무게	________ g	________ g	________ g
NaOH 표준 용액의 농도	________ M	________ M	________ M
소비된 NaOH의 부피	________ mL	________ mL	________ mL
소비된 NaOH의 몰수	______ mmol	______ mmol	______ mmol
식초의 몰수	______ mmol	______ mmol	______ mmol
아세트산의 질량	________ g	________ g	________ g
식초의 순도	________ %	________ %	________ %

실험 B. 아스피린 분석

	1회	2회	pH 미터
아스피린의 무게	________ g	________ g	________ g
NaOH 표준 용액의 농도	________ M	________ M	________ M
소비된 NaOH의 부피	________ mL	________ mL	________ mL
소비된 NaOH의 몰수	______ mmol	______ mmol	______ mmol
아스피린의 몰수	______ mmol	______ mmol	______ mmol
아스피린의 질량	________ g	________ g	________ g
아스피린의 순도	________ %	________ %	________ %

실험 C. 제산제 분석

	1회	2회	pH 미터
제산제의 무게	________ g	________ g	________ g
넣어둔 HCl의 농도	________ M	________ M	________ M
넣어둔 HCl의 부피	________ mL	________ mL	________ mL
넣어둔 HCl의 몰수	______ mmol	______ mmol	______ mmol
NaOH 표준 용액의 농도	________ M	________ M	________ M
소비된 NaOH의 부피	________ mL	________ mL	________ mL
소비된 NaOH의 몰수	______ mmol	______ mmol	______ mmol
남은 HCl의 몰수	______ mmol	______ mmol	______ mmol
중화에 사용된 HCl의 몰수	______ mmol	______ mmol	______ mmol
제산제의 질량	________ g	________ g	________ g
제산제의 순도	________ %	________ %	________ %

읽을거리

위 속의 염산

우리의 몸은 정교한 화학 공장으로 매우 복잡한 화학 반응이 수 없이 많은 효소에 의하여 정밀하게 조절되면서 일어나야만 한다. 그런 반응 중에서 하나만이라도 제대로 진행되지 않으면 병이 생기고 생명이 위험하게 되기도 한다. 우리 몸에서 일어나는 대부분의 반응은 수용액 중에서 일어나기 때문에 체액의 온도와 pH는 매우 정확하게 유지되어야만 한다. 우리의 체온이 2~3℃만 올라가거나 내려가도 생명에 위협이 되는 것은 바로 그런 이유 때문이다.

사람의 위벽에서는 언제나 진한 염산이 주성분인 위액이 분비되어서 위액의 pH가 1로 유지된다. 특히 음식물을 섭취하게 되면 위액의 분비가 더욱 많아진다. 진한 염산은 음식물에 묻어 있는 세균을 죽이는 역할뿐만 아니라 소화 효소가 잘 작용할 수 있도록 도와주는 역할을 한다. 위벽은 점액질로 덮여 있어서 진한 염산이 위벽을 녹이지 못하도록 만들어져 있다. 그러나 위액이 너무 과도하게 분비되면 불편하게 느껴지게 된다. 이럴 경우에는 식용 소다를 비롯한 약한 염기로 된 제산제를 복용하면 과잉으로 분비된 위산을 중화시킬 수 있다.

읽을거리

염료와 화학공업

요즘에야 우리 모두 색깔이 현란한 옷을 입고 다니지만 예전에는 특수한 상류계층만이 값비싼 천연염료로 물들인 옷을 입는 혜택을 누릴 수 있었다. 옷감을 물들이는 화학적 기술의 역사는 아마도 인류의 역사만큼이나 길 것이다. 처음에는 풀잎이나 열매에서 옷감을 물들이는 염료를 우연히 발견하게 되었을 것이다. 우리 선조들도 치자나 쪽, 창포로 옷감을 물들였던 기록을 갖고 있다.

역사에 남아 있는 가장 오래된 본격적인 염료는 "인디고"라는 것이다. 4천년전의 이집트 왕실 무덤에서 인디고로 물들인 옷을 입은 미이라가 발굴된 적이 있다. 그러나 이런 천연염료는 매우 귀중했기 때문에 일반인들은 사용할 수 없었다. 고대 로마인들은 지중해 지역 특산의 달팽이가 분비하는 맑은 액체를 효소로 처리해서 "로열 퍼플"이라는 짙은 보라색 염료를 만들었다. 로열 퍼플은 왕립공장에서만 만들 수 있었고 다른 곳에서 이 염료를 만들면 사형에 처해졌다고 한다. 전체를 로열 퍼플로 물들인 옷을 입을 수 있는 사람은 왕이나 감찰관 또는 승전장군뿐이었다. 극소수의 치장을 위해서 얼마나 많은 달팽이가 희생되었는지는 쉽게 짐작할 수 있을 것이다. 무려 1만2천마리의 달팽이를 잡으면 겨우 1.4 g의 염료를 얻을 수 있었다고 한다.

그후 교역이 활발해짐에 따라 따뜻한 지역에서 자라는 인디고페라 속(屬)의 향료 식물에서도 비슷한 염료를 얻게 되어서 더 많은 사람들이 염색된 옷을 입을 수 있게 되었다. 19세기 후반에는 달팽이나 인디고 식물에서 얻어지는 염료의 주성분이 인디고 분자라는 사실이 밝혀졌다. 이후 독일 화학자들이 인디고를 인공적으로 합성하는 방법을 알아냈다. 이를 계기로 급속도로 발전한 염료 화학 덕분에 새은 다양한 인공 염료 합성법이 일반화되어 이제는 누구나 아름다운 색으로 물들여진 옷을 입게 된 것이다.

실험 14 완충 용액 Buffer Solution

■ 목표 : 완충 용액의 원리를 탄산같은 이양성자산의 적정 곡선을 통하여 배운다.
■ 핵심 개념 : 완충 용액(buffer solution), 다양성자산(polyprotic acid), 산-염기(acid-base) 적정, K_a (acid dissociation constant)
■ 관련 개념 : pH, 종말점(end point), 당량점(equivalance point), 르샤틀리에 원리(Le Chatelier's principle)

1. 서론

지구에 있는 바닷물은 대기중의 이산화탄소를 저장하는 가장 중요한 저장 탱크 역할을 한다. 대기중의 이산화탄소가 물에 녹으면 일부는 탄산(carbonic acid, H_2CO_3) 이 된다. 이 탄산은 물 속에서 탄산수소 이온, HCO_3^- 과 탄산 이온, CO_3^{2-}으로 해리한다. 바닷물 표면의 pH는 약 8이다.

$$CO_2(aq) + H_2O \rightleftarrows H_2CO_3$$
$$H_2CO_3 \rightleftarrows H^+ + HCO_3-$$
$$HCO_3- \rightleftarrows H^+ + CO_3^{2-}$$

바닷물에 녹아 있는 HCO_3^-와 CO_3^{2-}는 바닷물에 녹아 있는 칼슘 이온이나 마그네슘 이온과 같은 금속 이온과 반응하여 $CaCO_3$ 침전이나 $MgCO_3$ 침전을 만든다. 또한 반대로 지하동굴같은 데서는 빗물(약한 산성 수용액)이 $CaCO_3$를 녹일 수도 있다. 대기중 이산화탄소의 양이 많아지면 지구 온난화의 문제뿐만 아니라, 바닷물로 녹아 들어가는 양이 많아지므로 바닷물의 pH가 산성으로 조금씩 변할 수 있어 바다의 생태계에도 영향을 미치게 된다. 따라서 세계적인 산업화에 따른 화석 연료의 연소로 대기 중 이산화탄소의 농도 증가를 억제하려는 노력은 세계 여러 나라에서 현재 시급히 해결하여야 문제 중의 하나로 인식되고 있다.

산이나 염기를 넣어주어도 용액의 pH가 거의 변화하지 않는 현상을 완충 작용이라고 하면, 이런 특성을 가진 용액을 완충 용액(buffer solution)이라고 한다. 완충 작용은 인체를 비롯한 생물체에서 흔히 찾을 수 있으며, 생화학과 의학 등의 여러 분야에서 그 중요성이 널리 알려져 있다. 우리 몸 속의 혈액은 대표적인 완충 용액이다. 혈액은 pH 7.4의 완충 용액으로 혈액의 pH가 ±0.2 정도만 변해도 생명에 위협이 될 정도가 된다. 따라서 혈액의 완충 작용이 없다면 우리 몸은 시시각각으로 우리 몸에 유입되는 여러 종류의 산과 염기에 적절하게 대응하지 못하게 될 것이다.

일반적으로 완충 용액은 약산과 그의 염 또는 약염기와 그의 염을 혼합해서 만든다. 완충 용액에는 해리하지 않는 약산(또는 약염기)과 염이 해리해서 생기는 짝염기(또는 짝산)가 혼합되어 있다. 약산과 짝염기로 만들어진 완충 용액에 다른 산이나 염기를 넣어주면, 넣어준 산이 해리해서 생긴 수소 이온은 짝염기와 결합하여 약산이 되고, 넣어준 염기는 해리하지 않은 상태의 약산을 해리시켜서 수소 이온을 보충하기 때문에 용액의 수소 이온의 농도는 변화가 크게 나타나지 않는다.

아세트산과 아세트산 나트륨을 섞어서 만든 HAc-Ac^- 계 완충 용액을 예로 완충 작용에 대해 생각해보자. 물 속에서 아세트산은 아세트산 이온과 다음과 같은 평형을 이루게 된다.

$$\mathrm{HAc}(aq) + \mathrm{H_2O} \rightleftarrows \mathrm{Ac^-}(aq) + \mathrm{H_3O^+}(aq)$$

이 용액에 아세트산 이온을 넣어주면 르샤틀리에의 원리에 의해서 역반응이 진행되어서 아세트산이 만들어지고, 수소 이온의 농도는 감소하게 된다. 마찬가지로 외부에서 넣어준 산에 의해서 용액의 수소 이온 농도가 커지면, 역반응이 진행되어 아세트산이 생기면서 수소 이온 농도의 증가를 줄여준다. 또한 외부에서 염기를 넣어서 용액 속의 수소 이온 농도가 감소하게 되면 정반응이 일어나서 용액 속의 아세트산이 해리됨으로써 수소 이온 농도의 감소를 막아주게 된다. 이처럼 완충 용액에는 외부에서 넣어준 산이나 염기에 의한 수소 이온 농도 변화에 의해 야기되는 충격을 완충시켜 주는 역할을 할 수 있는 아세트산과 아세트산 이온이 충분히 들어있어야 한다.

완충 용액의 pH는 헨더슨-하셀발치(Henderson-Hasselbalch) 식으로 주어진다.

$$\mathrm{pH} = \mathrm{p}K_\mathrm{a} + \log \frac{[\mathrm{Ac^-}]}{[\mathrm{HAc}]}$$

여기서 K_a는 산해리 상수이고, pK_a는 -log K_a를 나타낸다. 즉, 완충 용액의 pH는 아세트산의 산해리 상수 (1.75×10^{-5}) 및 아세트산 이온과 아세트산의 농도비에 의해서 결정된다. 산이나 염기를 넣어주어도 아세트산 이온과 아세트산의 농도비가 많이 바뀌지 않기 때문에 완충 효과가 나타난다. 특히 아세트산과 아세트산 이온의 양이 넣어준 산이나 염기의 양보다 훨씬 많을 경우에는 완충 효과가 더 잘 나타난다. 그리고 아세트산과 아세트산 이온의 농도가 같으면 pH는 pK_a(아세트산의 경우 4.75)가 되고,

완충 효과가 가장 잘 나타난다.

대기 중 이산화탄소(CO_2) 기체는 물에 녹아 들어가 $CO_2(aq)$ 상태가 된다.

$$CO_2(g) \rightleftarrows CO_2(aq)$$

녹아 들어가는 정도는 온도와 이산화탄소의 부분압력, 그리고 수용액의 전해질 농도에 따라 변화한다. 수용액에 녹아들어간 $CO_2(aq)$의 양은 온도가 높아지면 감소하고, 이산화탄소의 부분 압력이 커지면 증가하며, 수용액의 전해질 농도가 커지면(즉, 이온세기가 증가하면) 감소한다. 대기 중 이산화탄소(CO_2) 기체의 부분압이 P_{CO_2} = 3.55 × 10^{-4} atm 이면, 25 ℃ 순수한 물에서 이산화탄소 $CO_2(aq)$의 농도는 1.21 × 10^{-5} mol/L 정도이다. (헨리법칙 $[CO_2(aq)] = K_{CO_2} \cdot P_{CO_2}$을 쓰고 25 ℃ 순수한 물에서 이산화탄소의 헨리 상수 K_{CO_2} = 0.0342 mol/L · atm을 가정하였다.)

이때 물에 녹아 들어간 $CO_2(aq)$의 일부는 물과 매우 느리게 반응하여 탄산(H_2CO_3)이 된다. 그리고 역반응은 정반응에 비하여 훨씬 느리다. 25 ℃ 순수한 물에서는 반응한 양이 매우 작아 대략 0.2% 정도이다. 따라서 대부분은 $CO_2(aq)$의 형태로 물 속에 있게 된다. (그러나 생체 내에서는 carbonic anhydrase라는 효소가 관여하여 정반응 역반응 모두 매우 빠르게 일어난다.)

$$CO_2(aq) + H_2O \rightleftarrows H_2CO_3 \qquad K_e = 1.6 \times 10^{-3}$$

탄산은 이양성자산으로 25 ℃에서 산해리 상수는 다음과 같다. (아래 $H_2CO_3^*$ 는 수용액에 녹아 있는 $CO_2(aq)$와 H_2CO_3의 합이다.)

$$H_2CO_3^* \rightleftarrows H^+ + HCO_3^- \qquad K_{a1} = 4.5 \times 10^{-7}$$
$$HCO_3- \rightleftarrows H^+ + CO_3^{2-} \qquad K_{a2} = 4.7 \times 10^{-11}$$

따라서 이산화탄소가 녹아 들어간 물은 pH가 5에서 6 사이의 값을 갖는 약한 산성을 띄게 되고 세 종류의 화학종($H_2CO_3^*$, HCO_3^-, CO_3^{2-})이 평형을 이루는 완충 용액의 역할을 할 수 있게 된다. 세 화학종의 분포비는 수용액의 pH에 따라 매우 크게 영향을 받는데 pH가 5미만에서는 거의 $H_2CO_3^*$, pH가 8 근처에서는 거의 HCO_3^-, pH가 11 이상에서는 거의 CO_3^{2-} 로 존재한다.

그러나, $CO_2(aq)$는 수용액의 OH^- 이온과는 매우 빠르게 반응하기 때문에, $CO_2(aq)$가 탄산 이온으로 반응하는 정도는 용액의 pH가 증가하면 많아진다.

$$CO_2(aq) + OH^- \rightleftarrows HCO_3^-$$
$$HCO3- + OH^- \rightleftarrows CO_3^{2-} + H_2O$$

탄산 나트륨(Na_2CO_3)은 소다 또는 탄산소다로 불리는 염이며 세탁세제(laundry detergent)에 첨가제로 넣으면 물 속의 Ca^{2+} 이온이나 Mg^{2+} 이온이 detergent의 역할을 방해하는 것을 막는 작용을 하여 세탁을 원활히 한다. 그러나 염기성이 비교적 강하기 때문에 과량 사용시에는 실크나 모직에 손상을 줄 수 있다. 또한 소다 단독으로도 식기세척기의 세제 또는 가정용 오븐의 기름때를 지우는 클리너의 용도로 사용된다. 또한 산업용으로도 아주 광범위하게 사용량이 많은 화합물로 전세계적으로 생산량도 엄청나다.

탄산 나트륨(Na_2CO_3)은 물에 아주 잘 녹아 탄산이온(CO_3^{2-})을 만들어낸다.

$$Na_2CO_3(s) + H_2O(l) \rightarrow 2\ Na^+(aq) + CO_3^{2-}(aq)$$

탄산 이온(CO_3^{2-})은 비교적 강한 염기성으로 다음과 같이 가수분해한다.

$$CO_3^{2-} + H_2O \rightleftarrows HCO_3^- + OH^-$$
$$K_b = K_w/K_{a2} = 1.0 \times 10^{-14}/\ 4.7 \times 10^{-11} = 2.1 \times 10^{-4}$$

이 실험에서는 염산 수용액으로 탄산염(Na_2CO_3) 수용액을 적정하면서 CO_3^{2-}가 모두 소모되는 제1 종말점과 HCO_3^-가 모두 소모되는 제2 종말점을 결정하고, CO_3^{2-}와 HCO_3^-로 구성되는 완충 영역과 HCO_3^-와 H_2CO_3로 구성되는 완충 영역에 대해서 알아 본다.

첫 번째 종말점 $CO_3^{2-} + H^+ \rightarrow HCO_3^-$
두 번째 종말점 $HCO_3^- + H^+ \rightarrow H_2CO_3$

첫 번째 종말점 가기전 중간 지점이 첫 번째 완충 영역에 해당하며 CO_3^{2-}와 HCO_3^-의 농도가 같아지는 지점의 pH는 헨더슨-하셀발치(Henderson-Hasselbalch)식으로부터 pK_{a2}가 된다. 첫 번째 종말점과 두 번째 종말점의 중간 구역이 두 번째 완충 영역이 되며, HCO_3^-와 H_2CO_3의 농도가 같아지는 지점의 pH는 pK_{a1}이 된다.

2. 실험 기구 및 시약

A. 실험 기구

100 mL 부피 플라스크(volumetric flask)

100 mL 비커(beaker)
50 mL 뷰렛(buret)
20 mL 홀 피펫(volumetric pipet)
pH 미터(pH meter)
자석 젓게(magnetic stirrer)

B. 시약

0.10 M 탄산 나트륨(sodium carbonate)
0.10 M 염산(hydrochloric acid)
증류수(distilled water)

* pH 미터가 없는 경우: 다음 세 종류의 지시약을 이용한다.
phenolphthalein indicator
bromocresol green indicator (또는 methyl red indicator)
universal pH indicator paper

3. 실험 방법

1) 0.10 M HCl 용액으로 50 mL 용량의 뷰렛을 눈금까지 채운다.
2) 100 mL 비커에 피펫으로 0.10 M Na_2CO_3 20.0 mL를 넣고 자석 젓게로 천천히 저어주면서 pH 미터로 pH를 측정한다.
3) "실험 결과" 표에 지시된 만큼씩의 뷰렛의 HCl 수용액을 비커에 넣어 주면서, pH 미터의 눈금이 안정될 때까지 기다려서 pH를 측정한다. ("주의 및 참고 사항"을 참고한다.) 이때 초기 탄산염 수용액의 pH는 상당한 염기성이므로 대기 중 CO_2가 용액으로 들어가는 속도가 꽤 빠르므로 자석 젓게의 회전 속도를 매우 천천히 하면서 실험을 가능한 빨리한다. 또한 pH가 일정한 값으로 고정되지 않고 조금씩 바뀔 수 있으므로 HCl 수용액을 넣은 후 몇 초 후의 값을 기록한다. 첫 번째 종말점이 지나면 대기 중 CO_2가 용액으로 들어가는 양이 거의 없으므로 지나치게 빨리할 필요는 없다.

* 만일 pH 미터가 없다면 지시약으로 적정할 수 있다. 처음에는 페놀프탈레인 지시약을 한방울 넣고 첫 번째 종말점을 찾을 수 있으며, 첫 번째 종말점이 지나면 브롬크레졸 그린(또는 메틸레드) 지시약 한 방울 넣고 두 번째 종말점을 찾을 수 있다. 그러나 적정하면서 pH를 모르므로 완충 영역에서 pH 변화를 자세히 볼 수는

없지만 두 중간 지점 완충 영역에서 유니버살 지시약 종이를 이용하여 pH를 추정할 수는 있다.

4. 주의 및 참고 사항

1) pH 유리 전극은 매우 정교한 기기이므로 조심스럽게 다루어야 한다. 특히 전극의 끝 부분에 있는 유리막은 손상되기 쉬우므로 용액을 젓는데 사용하거나 흔들지 말아야 하고, 항상 깨끗하게 보관해야 한다.
2) pH 미터를 사용할 때 주의 사항은 아래와 같다.
   (1) 유리 전극 표면을 세척 용액이나 세제 등으로 씻어서는 안 된다. 또 전극을 유기 용매 속에 오랫동안 담가두지 말아야 하며, 전극을 뒤집어서 유리 전극 안의 용액이 밖으로 흘러나오지 않도록 주의한다.
   (2) 유리 전극은 전극 표면이 항상 젖어 있어야 하기 때문에 사용 후에는 증류수로 여러 번 씻은 다음 pH 7의 완충 용액이나 증류수에 담가 놓는다. 이 때 유리전극을 휴지로 닦아서는 안 된다.
   (3) 측정에 앞서 표준 완충 용액으로 pH 미터를 보정해야 한다. 또 pH는 온도의 영향을 받기 때문에 용액의 온도를 고려해 주어야 한다.
   (4) 종말점 근처에서는 HCl 수용액을 한 방울만 넣어도 pH가 급격히 변한다. pH의 변화에 따른 지시약의 색변화를 보아서 종말점에 가까워졌다고 생각되면 용액을 한 방울씩 가하면서 pH를 측정한다. “실험 결과”의 표는 제1 당량점이 정확하게 20 mL일 경우를 기준으로 작성한 것이다. 탄산염이나 HCl 수용액의 농도가 정확하지 않을 경우에는 종말점이 달라질 수 있으므로 상황에 따라 넣는 양을 적절히 조절한다.

5. 생각해 볼 사항

1. 적정 곡선을 그리고, 종말점과 완충 영역을 표시하여 보아라.

2. 첫 번째 완충 영역과 두 번째 완충 영역에서 완충 작용이 최대인 pH를 탄산의 pK_{a2}와 pK_{a1}의 값과 비교해 보아라.

3. 첫 번째 종말점까지 적정하면서 대기 중 이산화탄소가 용액으로 녹아들어가는 효과는 어떤 영향을 주었는지에 대하여 생각해보아라.

4. 두 번째 종말점까지 들어간 염산 수용액의 부피가 첫 번째 종말점까지 들어간 부피의 두 배가 되는가? 아니면 그 원인은 어디서 기인한 것일까?

5. 첫 번째 종말점이 지난 이후에는 대기 중 이산화탄소가 영향을 미치지 않는 이유는 무엇일까?

6. 완충 작용이 HX와 X^-의 농도가 같을 때 가장 크게 나타나는 이유를 설명하여라.

7. 강산이나 강염기로는 완충 용액을 만들 수 없는 이유를 설명하여라.

8. 일반적인 약산 HX에 대하여 Henderson-Hasselbalch 식을 유도하여라.

9. 25 ℃에서 대기 중에 노출된 물에 녹아 있는 이산화탄소 $CO_2(aq)$의 농도는 1.2×10^{-5} mol/L 정도이다. 이 때 이 물의 pH는 얼마정도인가?

6. 실험 결과

넣어준 HCl 수용액의 부피와 측정한 pH를 그래프로 그려서 적정 곡선을 만든다.

더해준 HCl (mL)	HCl 총량 (mL)	pH	더해준 HCl (mL)	HCl 총량 (mL)	pH	더해준 HCl (mL)	HCl 총량 (mL)	pH
0	0		·			0.5	38.5	
5	5		·			0.5	39	
5	10		·			·		
3	13		·	21		·		
2	15		0.5	21.5		·		
2	17		0.5	22		·	40	
1	18		1	23		·		
0.5	18.5		2	25		·		
0.5	19		2	27				
·			3	30			41	
·			3	33		0.5	41.5	
·			2	35		0.5	42	
·			2	37		1	43	
·			1	38		2	46	

읽을거리

혈액의 완충 작용

완충 용액의 가장 좋은 예는 인간의 혈액이다. 인간의 혈액은 pH 7.39 ~ 7.45의 약염기성이다. 건강한 사람의 혈액은 pH 평균값으로부터 ±0.2 이상 벗어나지 않도록 조절되며, pH가 6.8이하로 떨어지거나 7.8 이상으로 증가하게 되면 사람은 죽음에 이르게 된다. pH가 대략 7.4이하로 떨어지면 산혈증(acidosis)이라고 하고, 7.4이상으로 증가하면 알칼리혈증(alkalosis)이라 부른다. 일반적으로 산혈증의 경향이 많은데, 이는 우리 몸의 신진대사에서 약간의 산이 만들어지기 때문이다.

혈액의 pH를 일정한 값으로 유지시키는 데에는 세 가지 기본적인 방법이 이용되고 있다. (1) H_2CO_3-HCO_3^-와 $H_2PO_4^-$-HPO_4^{2-} 와 같은 약산과 그 염 그리고 헤모글로빈에 포함되어 있는 짝산과 짝염기 등과 같은 혈액 속에 포함되어 있는 여러 가지 완충 성분을 이용한다. (2) 콩팥(신장)에서 $H^+(aq)$를 붙잡거나 내놓는 물질을 분비한다. 예를 들어 pH 5.0 ~ 7.0인 소변은 신장에서 분비되는 H^+를 제거하는 물질 중의 하나다. (3) 폐에서 CO_2가 제거되는 속도에 따라 $H^+(aq)$의 농도가 조절된다. 다음과 같은 평형에서 CO_2가 제거되면 평형이 오른쪽으로 옮겨져서 $H^+(aq)$가 감소하게 된다.

$$H^+(aq) + HCO_3^-(aq) \rightleftarrows H_2CO_3(aq) \rightleftarrows H_2O(l) + CO_2(g)$$

혈액 속의 헤모글로빈(Hb)은 대략 다음과 같은 평형을 이루고 있어서 산혈증이나 알칼리혈증이 심하게 되면 헤모글로빈이 산소를 운반하는 능력에도 영향을 주게 된다.

$$HbH^+(aq) + O_2(aq) \rightleftarrows HbO_2(aq) + H^+(aq)$$

산혈증이 발생하면 이 평형은 왼쪽으로 이동하며 옥시헤모글로빈(HbO_2)을 형성하는 헤모글로빈의 능력이 감소되어서 세포에 도달하는 산소의 양이 줄어들기 때문에 두통과 피로감을 느끼게 된다.

격렬한 운동을 한 후에는 글루코스가 CO_2로 완전히 산화되지 못하고 산성 대사물인 젖산($CH_3CHOHCOOH$)으로 전환되기 때문에 격렬한 운동을 한 후에 일시적으로 산혈증이 발생하기도 한다. 오랫동안 음식물을 먹지 못하거나 당뇨병에 의해 글루코스가 에너지원으로 이용되지 못할 때에도 산혈증이 생길 수 있다. 당뇨병의 경우에는 여러 원인이 있지만 그 중 하나는 혈액에 녹아 있는 글루코스가 세포 내부로 이동하는데 필요한 인슐린(insulin)의 부족으로 글루코스가 세포에 전달되지 못하는 경우이다. 이런 경우에 인체는 산성 대사물을 만들어내는 지방을 이용해서 에너지를 공급받게 되어서 산혈증이 나타나게 된다.

읽을거리

생명체는 왜 인산을 사용하나?

천여년 전에 만들어진 봉덕사의 에밀레종을 만든 사람은 자기 아들을 희생양으로 끓는 쇳물에 넣은 후에야 종을 만들 수 있었다는 전설이 있다. 최근에 과학자들이 이런 전설이 과연 사실이었을까를 알아보기 위해서 에밀레종에 인(P) 성분이 있는가를 조사하였다. 왜 하필이면 인의 존재 여부가 전설을 확인하는 단서가 되었을까? 인간뿐만 아니라 박테리아와 같은 하등 생물을 포함한 모든 생명체는 인산을 사용해서 유전 정보를 담고 있는 DNA와 에너지원인 ATP 등 생명 현상에 핵심적인 역할을 하는 화합물을 만든다.

ATP의 구조를 보면 인산의 중요성을 곧 이해할 수 있다. ATP는 세 개의 인산이 물이 제거되면서 옆에 있는 데옥시라이보스(deoxyribose), 그리고 다른 인산과 축합되어 만들어진 분자이다. 인산은 세 개의 -OH를 가지고 있어서 양팔을 벌리듯이 두 개의 -OH를 사용해서 양쪽으로 결합을 이루어도 하나의 -OH가 남는다. 이 -OH가 산 해리하는 반응이 인산의 1차 해리에 해당한다. 따라서 pH 7 정도에서는 ATP의 세 개의 인산은 모두 해리해서 전체적으로 3 또는 4가의 음전하를 가지게 된다. 이와 같이 서로 반발하는 음전하를 한 분자 안에 몰아넣기 위해서는 에너지를 공급해 주어야 한다. 다시 말해서 ATP는 에너지가 축적되어 있는 고에너지 화합물이다. 이런 ATP에서 하나의 인산이 떨어져 나가면 ADT로 바뀌면서 에너지가 방출되고, 생체는 이 에너지를 이용해서 여러 가지 생화학적 반응을 일으킨다. 탄산같이 -OH가 두 개뿐인 경우에는 양쪽으로 결합을 이룬 후에 해리해서 음전하를 만들 수 있는 -OH가 남지 않는다. 황산 같이 강한 산은 처음부터 완전히 해리되어 있기 때문에 물이 빠지면서 결합을 이룰 -OH가 없다. 그리고 보면 세 개의 -OH를 가진 약산은 인산뿐이다. 그래서 태초의 생명으로부터 모든 생명은 인을 절대적으로 필요로 했던 것이다. 인과 같은 족의 질소는 왜 삼양성자산을 만들지 못할까?

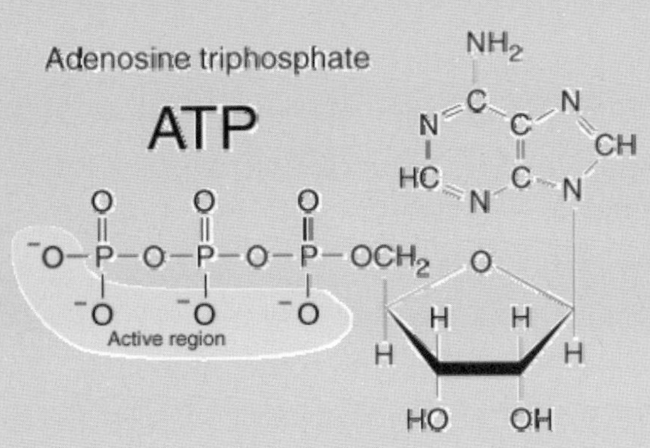

실험 15 산화-환원 적정 : 과망간산법

Redox Titration: Permanganate Titration

■ 목표 : 과망간산 칼륨과 과산화수소의 산화-환원 반응을 이용해서 과산화수소 수용액의 순도를 결정한다.

■ 핵심 개념 : 산화-환원 반응(redox reaction), 산화제(oxidizing reagent), 환원제(reducing reagent), 적정(titration), 종말점(end point)

■ 관련 개념 : 표준 물질(standard solution), 표준화(standardization), 지시약(indicator)

1. 서론

산화-환원 반응은 산-염기의 중화 반응과 마찬가지로 우리 주변에서 많이 일어나고 있는 매우 중요한 반응이다. 화합물은 양전하를 가진 원자핵들 주위에 음전하를 가진 전자가 구름처럼 분포하고 있는 구조로 되어 있다. 화합물을 둘러싸고 있는 전자는 화합물의 종류에 따라서 쉽게 떨어져 나갈 수 있는 경우도 있고, 그렇지 않은 경우도 있다. 그러므로 서로 다른 종류의 화합물들이 서로 가까이 다가오게 되면 한 화합물로부터 다른 화합물로 전자가 옮겨가는 화학 반응이 일어날 수 있다. 이처럼 화합물 사이에 전자가 옮겨가는 반응을 산화-환원 반응이라고 한다. 산화-환원 반응에서 전자를 잃어버리는 화합물은 "산화"되었다고 하고, 그 전자를 받아들이는 화합물은 "환원"되었다고 한다. 전자를 내어주어서 다른 화합물을 환원시키는 화합물을 환원제(또는 전자주개)라고 하고, 전자를 받음으로써 다른 화합물을 산화시키는 화합물을 산화제(또는 전자받개)라고 한다.

철(Fe)이 공기 중에 산소와 반응해서 산화철(Fe_2O_3)이 되는 경우에 철은 전자를 내어줌으로써 산소를 환원시키고 자신은 산화된다. 석탄의 탄소나 휘발유의 탄화수소가 공기 중의 산소와 결합하여 이산화탄소와 물이 만들어지는 반응이나, 녹색 식물의 잎에서 탄수화물과 함께 산소가 만들어지는 반응도 모두 산화-환원 반응이다. 이밖에도 시계나 계산기에 사용되는 전지도 산화-환원 반응을 이용하고 있다.

산화-환원 반응은 산-염기 반응과 마찬가지로 정량적으로 일어나기 때문에 시료의 농도를 알아내는 부피 분석법으로 활용될 수 있다. 농도를 정확하게 알고 있는 산화제 또는 환원제의 표준 용액으로 시료를 완전히 산화 또는 환원시키는 데 필요한 양을 측정하면 시료에 들어있는 물질의 농도를 알아낼 수 있다.

산화-환원 적정의 종말점은 여러 가지 방법으로 알아낼 수 있다. 일반적으로 화합물이 산화되거나 환원될 경우에는 색깔이 변화하는 경우가 많기 때문에 사용한 산화제나 환원제의 색깔 변화로부터 종말점을 직접 알아낼 수 있는 경우도 있고, 산-염기 적정에서처럼 지시약을 사용하기도 하며, 전기적인 방법을 사용하기도 한다.

적정에 많이 사용되는 산화제로는 다이크롬산 칼륨($K_2Cr_2O_7$), 황산수소 세륨($Ce(HSO_4)_4$) 및 하이포아염소산 나트륨(NaOCl) 등이 있지만, 가장 흔히 사용되는 것은 과망간산 칼륨($KMnO_4$)과 요오드(I_2)이다. 다이크롬산 칼륨의 경우에는 고체의 무게를 정확하게 재어서 표준 용액을 쉽게 만들 수 있지만, 대부분의 경우에는 환원제를 일차 표준 물질로 사용해서 표준화를 한 후에 적정에 사용하게 된다. 과망간산 칼륨은 순수한 상태로 얻기가 어렵고 대부분의 경우에 소량의 이산화망간이 들어있어서 옥살산 나트륨, 옥살산, 산화 비소(III), 순수한 철, 모어염과 같은 일차 표준 물질로 표준화해야만 한다. 옥살산 나트륨은 과망간산 칼륨과 다음과 같이 반응한다.

$$2MnO_4^- + 5C_2O_4^{2-} + 16H^+ \rightarrow 2Mn^{2+} + 10CO_2 + 8H_2O \qquad (15\text{-}1)$$

다이크롬산 칼륨과 과망간산 칼륨은 수질 오염의 척도인 화학적 산소요구량(COD)을 측정하는 산화제로 사용된다. 화학적 산소요구량은 오염된 물 속에 들어있는 산화될 수 있는 오염 물질의 총량을 나타낸다. 수질 오염을 확인하는 데에는 다이크롬산 칼륨의 크롬 6가 이온 자체가 수질 오염의 원인이 되기 때문에 산화력은 약간 떨어지지만 오염 문제가 적은 과망간산 칼륨이 더 많이 사용된다. 세륨(IV) 이온도 산화력은 강하지만 값이 비싸서 일반적으로 사용하기는 어렵다. 하이포아염소산 나트륨은 가정용 세탁시 표백제로 사용되고 있으며, 여기서 발생되는 염소 기체는 음용수의 소독용으로도 사용된다.

과망간산 칼륨은 산성과 염기성 용액에서 모두 사용할 수 있지만, 산성 용액에서 사용하는 경우가 더 많다. 산성 용액에서 MnO_4^- 이온은 Mn^{2+}이온으로 환원되면서 시료를 산화시킨다.

$$MnO_4^-(aq) + 8H^+(aq) + 5e^- \rightarrow Mn^{2+}(aq) + 4H_2O(l) \quad E^0 = 1.51\,V \qquad (15\text{-}2)$$

산성 용액에서 과산화수소와 과망간산 칼륨을 반응시키면 다음과 같은 산화-환원 반응이 일어나면서 MnO_4^-의 짙은 자주색이 사라진다.

$$2MnO_4^- + 5H_2O_2 + 6H^+ \rightarrow 2Mn^{2+} + 5O_2 + 8H_2O \qquad (15\text{-}3)$$

즉, 과망간산 이온과 과산화수소는 2:5의 비로 반응하며, 용액 속의 과산화수소가 모두 산화되어 Mn^{2+} 이온이 된 후에는 용액 속에 과망간산 이온의 엷은 자주색이 나타나게 되어서 종말점 결정에 이용할 수 있다.

2. 실험 기구 및 시약

A. 실험 기구

100 mL 부피 플라스크(volumetric flask)
250 mL 삼각 플라스크(Erlenmeyer flask)
10 mL 피펫(pipet)
갈색 시약병(brown reagent bottle)
온도계(lab thermometer)
50 mL 뷰렛(buret)
물중탕(water bath) 용기(500 mL)와 가열판(hot plate)
화학 저울(chemical balance)
눈금 실린더(100 mL, graduated cylinder)

B. 시약

0.02 M $KMnO_4$ 표준 용액(potassium permanganate standard solution)
옥살산 나트륨($Na_2C_2O_4$)(sodium oxalate)
H_2SO_4 (1:1)(sulfuric acid)
3% H_2O_2(hydrogen peroxide)

3. 실험 방법

실험 A. 과망간산 칼륨 용액의 표준화

1) 순수한 옥살산 나트륨 약 0.7 g의 무게를 화학 저울로 정확하게 측정해서 100 mL 부피 플라스크에 넣고, 소량의 증류수로 완전히 녹인 후에 눈금까지 증류수를 채우고 잘 섞어서 표준 용액을 만든다.
2) 피펫으로 표준 용액 10 mL를 정확하게 취해서 250 mL 삼각 플라스크에 넣고, 60 mL의 증류수와 1:1 황산 5 mL를 넣어준다.
3) 삼각 플라스크를 온도가 70~80 ℃ 정도인 물중탕에 넣어서 잘 흔들어주면서 과망간산 칼륨 표준 용액이 담긴 뷰렛을 이용해서 적정한다. 과망간산 칼륨을 너무

빨리 넣지 않도록 한다. 삼각 플라스크를 흔들어주면 과망간산 칼륨의 엷은 자주색이 없어진다. 그러나 종말점이 가까워지면 색깔이 없어지는 시간이 점점 길어질 것이다. 과망간산 칼륨 용액 한방울을 넣어서 엷은 자주색이 30초 이상 남아 있으면 종말점으로 한다.

4) 적정 실험을 두 번 더 반복해서 과망간산 칼륨 용액의 정확한 농도를 결정한다.

실험 B. 과산화수소 용액의 정량

1) 3% 과산화수소 수용액 5 mL를 정확하게 측정해서 100 mL 부피 플라스크에 넣고 증류수를 눈금까지 채운다.
2) 이 용액 10 mL를 정확하게 취해서 250 mL 삼각 플라스크에 넣고 용액의 부피가 약 100 mL가 되도록 증류수로 묽힌 다음 1:1 황산 10 mL를 넣는다.
3) 뷰렛에 0.02 M $KMnO_4$ 표준 용액을 넣고, 상온에서 삼각 플라스크를 잘 흔들어주면서 적정한다. 실험 A와 같은 방법으로 종말점을 결정한다.
4) 적정을 두 번 더 반복해서 과산화수소 용액의 농도를 결정한다.

4. 주의 및 참고 사항

1) $KMnO_4$ 용액은 햇빛을 받으면 분해되기 때문에 갈색 시약병에 보관하는 것이 좋다.
2) 종말점에서의 색깔을 정확하게 알아내기 위해서 250 mL 삼각 플라스크에 같은 부피의 증류수를 담고 과망간산 칼륨 용액 한 방울을 넣은 용액을 준비해 두면 좋다.

5. 실험 결과 처리

실험 A. 과망간산 칼륨 용액의 표준화

1) 100 mL 부피 플라스크에 넣어준 옥살산 나트륨($Na_2C_2O_4$, 몰질량 134.0)의 무게를 W g이라고 하면, 옥살산 나트륨 표준 용액의 몰농도 M_{OX}는 다음과 같이 주어진다.

$$M_{OX} = \frac{W}{134.0 \times 0.1000}$$

2) 10.00 mL 옥살산 나트륨 표준 용액을 적정하는데 V_1 mL의 과망간산 칼륨 용액이 소모되었다면 과망간산 칼륨 용액의 몰농도 M_1은 다음과 같이 주어진다.

$$M_1 = \frac{2}{5}\frac{10.00\,M_{OX}}{V_1}$$

실험 B. 과산화수소 용액의 정량

1) 묽힌 과산화수소 용액 5.00 mL를 적정하는 데 과망간산 칼륨 V_2 mL가 소모되었다면 과산화수소의 몰농도 M_2는 다음과 같이 주어진다.

$$M_2 = \frac{5}{2}\frac{5.00\,M_1}{V_2}$$

2) 10배로 희석하지 않은 과산화수소 용액의 %농도 X는 다음 식으로 얻을 수 있다.

$$X = \frac{34.14\,M_2}{d} \times 100$$

여기서 d는 과산화수소 수용액의 밀도 (1.01 g/cm^3)이다.

6. 생각해볼 사항

1) Fe^{2+}와 Fe^{3+} 이온의 혼합물인 철의 산화물을 포함한 철광석을 산성 용액에 녹여 있는 철을 Fe^{2+} 이온으로 환원시킨 후에 과망간산 칼륨 표준 용액으로 적정을 하면 광석에 들어있는 철의 양을 알아 낼 수 있다. 철광석 시료 0.350 g을 산성 용액에 녹이면 모든 철은 Fe^{2+}로 환원된다. 그런 후에 1.621×10^{-2} M의 $KMnO_4$ 용액으로 적정을 하였더니 엷은 자주색의 종말점까지 과망간산 용액 41.56 mL가 소비되었다. 철광석에 들어있는 철의 무게 퍼센트를 계산하여라.

2) 옥살산 나트륨으로 과망간산 칼륨 용액의 농도를 결정할 때 처음에는 탈색되는데 시간이 걸리지만 일단 반응이 시작되면 원활하게 탈색이 진행되는 이유는 무엇인가?

3) 옥살산 나트륨을 적정할 때 온도를 60℃ 정도로 유지하는 이유는 무엇인가?

4) 과망간산 칼륨 적정에서 염산이나 질산을 사용하지 않고 황산 용액을 사용하는 이유는 무엇인가?

5) 적정하기 전에 시료 용액을 70 mL로 묽혀서 적정하는 이유를 생각해 보아라.

7. 실험 결과

실험 A. 과망간산 칼륨 용액의 표준화

무게다는 병의 무게	______________	g
무게다는 병과 옥살산 나트륨의 무게	______________	g
옥살산 나트륨의 무게	______________	g
소비된 과망간산 칼륨 용액의 부피	1회 ________	mL
	2회 ________	mL
	3회 ________	mL
	평균 ________	mL
과망간산 칼륨 용액의 몰농도	______________	M

실험 B. 과산화수소 용액의 정량

3% 과산화수소의 비중	______________	g/mL
과산화수소 용액의 부피	______________	mL
과산화수소 용액의 무게	______________	g
소비된 과망간산 칼륨 표준 용액의 부피	1회 ________	mL
	2회 ________	mL
	3회 ________	mL
	평균 ________	mL
과산화수소의 농도(%)	______________	%

읽을거리

수질 오염 측정 – COD와 BOD

지구상에 살고 있는 모든 생물은 물에 의존해서 살아간다. 사람은 매일 2리터 정도의 깨끗한 물을 마셔야 하고, 일상 생활에서도 많은 양의 물을 소비한다.

일반적으로 땅 속으로 스며들면서 토양에 의한 여과 작용으로 깨끗하게 된 지하수는 땅 속에서 오랜 시간 머무르기 때문에 강이나 호수의 물과 같은 지표수보다 유기물이나 세균을 덜 포함하고 있어서 마시는 물로 적당하다. 그러나 산업의 발전과 급격한 도시화 때문에 최근에는 지하수도 심각하게 오염되고 있는 실정이다.

수질 오염을 일으키는 물질은 매우 다양하다. 강물을 흐리게 만드는 부유물은 여과 장치를 사용하면 비교적 쉽게 제거할 수 있다. 그러나 물을 썩게 만드는 유기물이나, 부영양화 현상을 일으키는 질소 화합물과 인 화합물, 그리고 인체에 치명적인 독성을 나타내는 중금속 이온과 같은 오염 물질은 제거하기도 어렵다. 부영양화가 일어난 강이나 호수에서 독성 물질을 배출하는 녹조나 바다를 오염시키는 적조와 같은 이끼류 식물도 수질 오염을 더욱 심각하게 만들고 있다.

상온 물에는 8.7 ppm(mg/L) 정도의 산소가 녹아있다. 대부분의 물고기들은 5 ppm 정도의 용해된 산소가 필요하다. 생활 하수와 산업 또는 축산 폐수 등에 포함되어 있는 유기물이 물에 섞이게 되면 냄새가 날 뿐만 아니라 물 속에 녹아있는 산소에 의해 산화되면서 물 속의 산소를 소모하기 때문에 물고기와 수중 식물의 서식이 불가능하게 되기도 한다.

수질 오염에 대한 대표적인 지표로 사용되는 생물학적 산소요구량(BOD, biological oxygen demand)은 물 속에 녹아있는 유기 물질의 오염 정도를 나타낸다. BOD는 물에 녹아있는 산소의 양을 측정한 후에, 밀폐된 그릇에 5일 동안 넣어둔 물에 녹아있는 산소의 양을 측정해서 결정한다. 유기 물질의 산화에 촉매 역할을 하는 호기성 미생물을 넣어서 BOD 측정에 걸리는 시간을 단축하기도 한다. BOD는 물 속에 녹아있는 유기물이 미생물에 의해 산화 분해되는 데 필요한 산소의 양을 나타내기 때문에 BOD가 클수록 유기 오염 물질이 많다는 뜻이 된다. 음용수로 적합한 물의 BOD는 1 ppm 이하이다.

한편 화학적 산소요구량(COD, chemical oxygen demand)은 산성 용액에서 다이크롬산 이온($Cr_2O_7^{2-}$)과 같은 강력한 산화제를 이용해서 물 속에 녹아있는 유기물을 포함한 산화될 수 있는 모든 오염 물질의 양을 산화에 필요한 산소의 양으로 환산하여 나타낸 것이다. 이렇게 측정한 COD에는 미생물에 의해서 쉽게 산화되지 않는 유기물이나 염소 이온과 같은 물질의 양도 함께 포함되어 나타나기 때문에 BOD보다 그 값이 더 큰 것이 일반적이다. COD를 측정할 때는 사용하는 산화제에 따라서 그 값이 상당히 다를 수 있기 때문에 측정 방법을 함께 표시해야만 한다.

실험 16

이온 교환과 EDTA 적정

Ion Exchange and EDTA Titration

■ 목표 : 이온 교환 크로마토그래피의 원리를 배우고, EDTA 적정을 통하여 착물 형성을 이용한 금속 이온의 분석 방법을 배운다.

■ 핵심 개념 : 이온 교환 수지(ion exchange resin), 착화합물(complex), 킬레이트(chelate), 리간드(ligand)

■ 관련 개념 : 배위수(coordination number), 착물 형성 상수(complex formation constant), 역적정(reverse titration), 종말점(end point), 지시약(indicator)

1. 서론

이온 교환 수지(ion exchange resin)는 표면에 노출된 기능기의 해리 성질에 따라서 "양이온 교환 수지"와 "음이온 교환 수지"로 분류한다. 수지 표면의 기능기가 해리해서 양이온이 떨어져 나가고 설폰기($-SO_3^-$)또는 카복실기($-COO^-$)와 같은 음이온이 남게 되면 용액 속의 양이온과 상호작용을 하기 때문에 양이온 교환 수지가 되고, 반대로 음이온이 떨어져 나가고 아민($-NR_3^+$, NR_2H^+)과 같은 양이온이 남게 되면 음이온 교환 수지가 된다.

음이온 교환 수지를 이용하면 코발트와 니켈 이온을 분리할 수 있다. 9 M 염산 용액에 두 금속 이온을 넣어주면 염화물을 형성한다. 니켈 이온은 한 개의 염소 이온과 결합하여 양전하를 가진 착화합물(complex)을 형성하고, 코발트 이온은 네 개의 염소 이온과 결합해서 음전하를 가진 푸른색의 착화합물이 된다.

$$Ni^{2+} + Cl^- \rightarrow NiCl^+$$
$$Co^{2+} + 4Cl^- \rightarrow [CoCl_4]^{2-}$$

착물을 형성함으로써 서로 다른 전하를 갖게 된 두 금속 착화합물의 혼합 용액을 강염기성 음이온 교환 수지와 함께 섞어주면 음전하를 가진 코발트 착화합물은 수지의 표면에 노출된 아민기에 의하여 붙잡히고, 양전하를 가진 니켈 착화합물은 용액에 그대로 남게 된다. 코발트 착화합물이 붙어있는 수지를 용액에서 거른 다음에 증류수를 넣어주면 푸른색의 염화 코발트 착화합물에서 염소 리간드가 물로 대치되어 분홍색의 수화된 코발트 양이온으로 바뀌면서 수지에서 떨어져 나오게 된다.

$$[CoCl_4]^{2-} + 6H_2O \rightarrow [Co(H_2O)_6]^{2+} + 4Cl^-$$

한편 EDTA(에틸렌다이아민테트라아세트산)는 여섯 개의 수소 이온을 내놓을 수 있는 H_6Y^{2+}형의 산이다. EDTA를 물에 녹이면 pH에 따라서 여러 종류의 이온이 일정한 비율로 섞여있는 수용액이 된다. pH가 10 이상이 되면 대부분의 EDTA는 완전히 해리하여 Y^{4-}의 형태로 있게 되고, pH가 6 정도이면 H_2Y^{2-}가 주종을 이루게 된다.

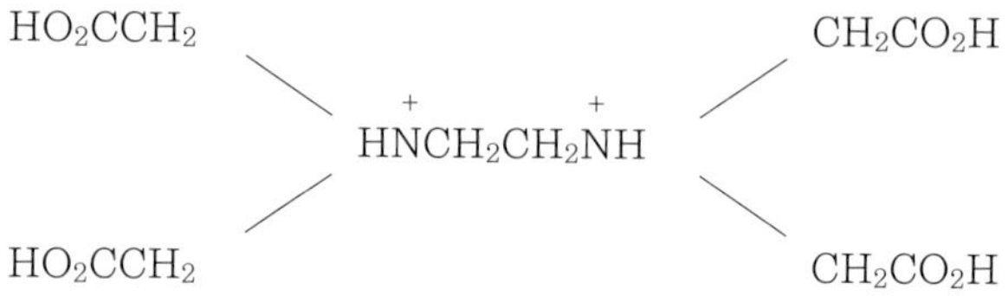

(H_6Y^{2+})

$pK_1 = 0.0$ $pK_2 = 1.5$

$pK_3 = 2.0$ $pK_4 = 2.7$

$pK_5 = 6.2$ $pK_6 = 10.2$

Y^{4-} 형태의 EDTA 이온은 하나의 금속과 6개의 결합을 형성하여 착화합물을 만드는 6배위 리간드로 작용할 수 있다. EDTA가 금속 이온과 착물을 형성하는 정도는 착물 형성 상수 K_f를 이용해서 나타낼 수 있다.

$$M^{n+} + Y^{4-} \rightleftarrows MY^{n-4} \qquad K_f = \frac{[MY^{n-4}]}{[M^{n+}][Y^{4-}]} \qquad (16\text{-}1)$$

대부분 금속 이온의 경우에는 EDTA와의 착물형성 상수가 대단히 크고, 금속 이온의 양전하가 클수록 더 큰 경향을 나타낸다.

이 실험에서는 금속 이온의 착물을 이온 교환 수지로 분리한 용액에 먼저 과량의 EDTA를 가한 후에 금속 이온과 결합하고 남은 EDTA를 약한 산성의 아연 표준 용액으로 적정하여 금속 이온의 농도를 알아내는 역적정법을 사용한다.

$$\begin{aligned} Co^{2+} + H_2Y^{2-} &\rightarrow CoY^{2-} + 2H^+ \\ Ni^{2+} + H_2Y^{2-} &\rightarrow NiY^{2-} + 2H^+ \\ H_2Y^{2-} + Zn^{2+} &\rightarrow ZnY^{2-} + 2H^+ \end{aligned} \qquad (16\text{-}2)$$

종말점을 찾는데 사용하는 금속 이온 지시약은 금속 이온과 결합할 때 그 색깔이 변하는 화합물로 자일레놀 오렌지(xylenol orange)를 사용한다.

$$\underset{\text{연두색}}{H_4In} + Zn^{2+} \rightarrow \underset{\text{자주색}}{ZnIn^{2-}} + 4H^+$$

2. 실험 기구 및 시약

A. 실험 기구

50 mL 삼각 플라스크(Erlenmeyer flask) 2개
50 mL 비커(beaker)
50 mL 뷰렛(buret)
뷰렛 집게(buret clamp)
50 mL 눈금 실린더(graduated cylinder)
고무 채우게(rubber filler or pipet bulb)
적하관(dropper)
자석 젓게(magnetic stirrer)
1 mL와 10 mL 홀피펫(volumetric pipet)
거름 종이(filter paper)

B. 시약

Dowex 1-8X 음이온 교환수지(anion-exchange resin)
3 M 수산화 나트륨(sodium hydroxide)
9 M 염산(hydrochloric acid)
0.0050 M 아연(Zn^{2+}) 표준 용액(zinc standard solution)
0.0050 M EDTA 표준 용액(standard solution, Na_2EDTA 사용)
0.05 M 인산 완충 용액(phosphoric acid buffer solution, NaH_2PO_4를 사용해서 pH 5.5로 조절)
0.5%(wt/vol) 자일레놀 오렌지(xylenol orange) (0.5 g의 xylenol orange를 10% ethanol 수용액에 녹여 100 mL로 묽힌 것 또는 그 비율로 묽힌 것)
0.010 M 정도의 니켈(Ni^{2+}, $NiCl_2 \cdot 6H_2O$)과 코발트(Co^{2+}, $CoCl_2 \cdot 6H_2O$)가 섞인 미지 시료 용액

3. 실험 방법

실험 A. 미지 혼합물의 금속 이온 농도

1) 미지 시료 용액 1.0 mL에 0.005 M EDTA 표준 용액 10.00 mL를 넣고, pH 5.5 정도의 인산 완충 용액 40 mL를 넣는다.
2) 자이레놀 오렌지 지시약 4방울을 넣는다.
3) 50 mL 뷰렛에 0.0050 M 아연 표준 용액을 넣고, 지시약의 색깔이 연두색에서 자주색으로 변할 때까지 역적정한다.
4) 미지 시료 용액의 금속 이온 농도를 계산한다.

실험 B. 미지 혼합물의 분리

1) 50 mL 비커에 3~4 g 정도의 Dowex 1-X8 음이온 교환 수지를 담은 후, 9 M 염산 용액을 수지보다 0.5 cm 정도 높이 올라오도록 붓고 10분간 놓아두어서 수지가 수소 이온으로 충분히 교환되도록 한다. 수지가 손실되지 않도록 조심하면서 염산 용액을 따라낸다.
2) 다시 같은 방법으로 9 M 염산 용액을 넣고 피펫을 이용해서 니켈과 코발트 이온이 섞여 있는 미지 용액 1.00 mL를 비커에 넣고, 약 5분간 젓게로 잘 저어준 후에 5분간 놓아둔다.
3) 100 mL 삼각 플라스크에 거름 종이를 얹은 깔때기를 꽂고, 2)에서 준비한 용액을 거른다. 비커에 남게 되는 수지는 9 M 염산 용액을 적하관을 사용해서 씻어내어 깔때기에 붓는다. 처음에는 엷은 노란색의 $NiCl^{+}$ 착이온이 흘러나오고, 수지에 붙어있는 파란색의 코발트 이온은 수지의 색깔 때문에 옅은 녹색으로 보인다.
4) 수지가 담겨 있는 깔때기를 깨끗하게 씻은 100 mL 삼각 플라스크에 옮겨서 꽂은 후에 증류수 5 mL씩으로 두 번 씻은 거른액을 모은다 (말릴 필요는 없음).

실험 C. 니켈과 코발트의 적정

1) 실험 B의 3)에서 받은 삼각 플라스크에 페놀프탈레인 지시약 몇 방울을 넣고, 젓게로 잘 저어주면서 3 M NaOH로 옅은 분홍색이 없어지지 않을 때까지 중화한다.
2) 0.0050 M EDTA 표준 용액 10.00 mL를 넣고, pH 5.5 정도의 인산 완충 용액 40 mL를 넣는다.
3) 자일레놀 오렌지 지시약 용액 4방울을 넣는다.
4) 실험 A의 3)과 같이 역적정한다.
5) 실험 B의 4)에서 얻은 용액도 같은 방법으로 적정한다.

4. 주의 및 참고 사항

1) 염산은 후드에서 사용해야 한다.
2) 3 M 수산화 나트륨 용액으로 중화시킬 때 상당한 양의 열이 발생하므로 주의해야 한다.
3) 니켈과 코발트의 미지 시료는 9 M 염산 용액을 용매로 사용해서 만들고, 농도가 다른 몇가지 시료를 만들어서 조별로 다른 용액을 주는 것이 좋다.
4) 0.0050 M 정도의 아연 표준 용액은 다음과 같이 준비한다.
   아연 과립 약 0.33 g을 정확하게 측정해서 400 mL 크기의 플라스크에 넣는다. 정확도를 높이기 위해서 2 M 염산으로 미리 처리해서 표면에 만들어진 산화물을 제거한다. 산을 따라내고 남은 아연을 물로 여러 번 씻어낸 후에 다시 에탄올로 여러 차례 씻고, 마지막으로 후드 안에서 에터(ether)로 씻은 후에 말린다. 말린 아연 과립을 수증기 중탕으로 가열하면서 최소량의 염산에 녹인다. 이 때 비커는 시계 접시로 덮어둔다. 아연이 녹으면 증류수를 한 방울씩 떨어뜨려서 시계 접시를 씻어서 비커에 함께 넣고, 비커의 벽면도 씻는다. 아연 용액을 500 mL 부피 플라스크에 옮기고 증류수로 눈금까지 채우고, 용액의 몰농도를 계산한다.
5) 실험 결과를 제출 받은 후에 미지 시료에 넣어준 니켈과 코발트의 농도를 알려 주어서 불확정도를 계산할 수 있도록 해주는 것이 좋다.

5. 실험 결과

1. 분리하기 전 혼합 미지 시료의 적정으로부터 금속 이온 전체의 몰수

넣어준 EDTA의 몰수 ______________________________ 몰

역적정에 사용한 아연 이온의 몰수 ______________________________ 몰

금속 이온의 몰 수 ______________________________ 몰

	처음 뷰렛의 눈금 (mL)	나중 뷰렛의 눈금 (mL)	눈금차 (mL)	아연 이온의 몰수 (μmol)
1번 플라스크				
2번 플라스크				

2. 분리한 후의 적정에서 얻은 금속 이온 각각의 몰수
   니켈 이온(1번 플라스크)의 몰수 ________________________ 몰
   코발트 이온(2번 플라스크)의 몰수 ________________________ 몰

3. 2에서 구한 니켈과 코발트의 몰수를 1에서 구한 전체 몰수로 나누어 각각의 퍼센트를 구하여라. 100 퍼센트에서 크게 벗어난다면 그 이유를 설명해 보아라.

4. 금속 이온이 염소 이온과 만드는 착물을 형성할 때의 착물 형성 상수와 EDTA와 만드는 착물의 착물 형성 상수는 어느 쪽이 더 클까? 실험 과정을 고려해서 그 이유를 설명하여라.

5. 중화시키기 위해 넣어 준 수산화 나트륨 용액 중의 나트륨 이온이 EDTA와 금속 이온 사이의 착물 형성에 미치는 영향은 어느 정도일까? 이유를 설명하여라.

6. (O, X) 자일레놀 오렌지와 금속 이온과의 결합은 EDTA와 금속 이온과의 결합보다 강하다.

읽을거리

EDTA의 의학적 이용

킬레이트화 반응(chelation)은 금속과 다른 물질이 결합하는 화학적 과정으로 실제로 우리의 몸 속에서 언제나 일어나고 있는 생체 반응의 하나이다. 약한 산인 EDTA를 이용한 착물 치료(chelation therapy)가 혈액 순환을 증진시키고, 동맥경화증과 연관된 증상을 가라앉히는데 효과가 있음이 많은 임상 실험을 통해 밝혀졌다. 착물 형성에 관계된 메커니즘은 매우 복잡하지만, 착물 치료는 혈액 응고와 동맥 경화를 촉진시키는 칼슘을 비롯한 광물질을 제거하는 것으로 간단히 이해될 수 있다. 또한 이러한 금속 촉매제들은 과도한 산소 라디칼 증식을 유발시키기 때문에 EDTA 착물 형성은 세포막, DNA, 효소계, 지단백질의 병리학적인 지방질 과산화(lipid peroxidation)를 줄이는 데에도 도움이 된다. 지방질 과산화는 인간의 자연적인 치유작용을 방해하거나 질병과정으로 역전시키기도 한다.

실험 17 수돗물 잔류 염소의 정량 분석

Quantitative Analysis of Residual Chlorine in the Tap Water

■ 목표 : 염소와 N,N-diethyl-p-phenylenediamine (DPD)의 반응으로 생성되는 붉은 색 화합물을 이용하여 잔류 염소의 농도를 측정한다.

■ 핵심 개념 : 분광법(spectrometry), 베르-람베르트 법칙 또는 베르의 법칙(Beer-Lambert law or Beer's law), 흡광도(absorbance), 투과도(transmittance), 흡광 계수(molar absorbance coefficient 또는 molar absorptivity)

■ 관련 개념 : 정량 분석(quantitative analysis), 산화환원 반응(redox reaction)

1. 서론

혼합물에 들어있는 화합물의 농도를 정확하게 알아내기 위해서는 부피 분석이나 무게 분석의 방법이 많이 사용되어 왔지만 빛을 이용하는 분광 분석 방법도 널리 사용되고 있다. 분광 분석법은 화합물의 전자가 흡수 또는 방출하는 복사선(빛)의 파장 및 흡수 또는 방출의 정도를 측정하여 화합물의 농도를 알아내는 방법이다.

모든 화합물은 고유의 전자 구조를 가지고 있기 때문에 가시광선이나 자외선을 흡수하는 성질도 모두 다르다. 각각의 분자가 가진 전자의 에너지 준위는 고유한 값을 가지며, 그 에너지의 차이에 해당되는 충분한 에너지 값($h\nu$)을 가진 광자(photon) 만을 흡수할 수 있다. 따라서 빛의 파장을 변화시키면서 분자에 의해서 흡수되는 정도를 나타내는 흡수 스펙트럼은 분자의 종류를 알아내기 위한 방법으로 이용될 수 있으며, 특정 파장에서의 분자가 흡수하는 빛의 정도를 측정해서 용액 속에 포함되어 있는 화합물의 농도를 알아내는 목적으로 활용되기도 한다.

I_0의 세기를 가진 빛을 시료에 쪼여주면 그 중 일부가 흡수되고 I의 세기를 가진 빛이 투과하게 된다. 이 경우에 빛이 시료에 의하여 흡수된 정도는 흡광도 A로 나타낼 수 있다.

$$A = -\log\frac{I}{I_o} \qquad (17\text{-}1)$$

베르-람베르트 법칙(Beer-Lambert law)에 의하면 흡광도는 시료의 흡광 계수 ε, 투과 거리에 해당하는 시료 용기(큐벳)의 두께 l, 그리고 시료의 몰농도 c로 다음과 같이 표시할 수 있다.

$$A = \varepsilon lc \tag{17-2}$$

따라서 시료의 흡광 계수와 투과 거리를 알고 있는 경우에는 시료 용액의 흡광도를 측정하면 용액 속에 빛을 흡수하는 물질의 농도를 얻을 수 있다. 일반적으로 분광기에서는 %투과도 $T = (I/I_0)$를 읽게 되어 있다. 투광도는 시료에 흡수되지 않고 통과한 빛의 분율을 %로 표시한 것으로, 흡광도와 다음과 같은 관계를 갖는다.

$$A = -\log T \tag{17-3}$$

N,N-diethyl-p-phenylenediamine(DPD)는 염소(Cl_2)나 chloramine에 의해 산화되어 다음과 같은 두 종류의 산화 생성물이 생성된다. 그런데 두 종류의 산화 생성물 중 한 생성물만이 붉은 색을 띤다. 붉은 색을 띠는 Würster dye 생성물은 중성에서 안정하다. 그러므로 중성 pH에서는 붉은 색의 Würster dye가 주생성물이 된다. 이 Würster dye는 512 nm와 553 nm에서 두 개의 최대 흡광도를 갖는다.

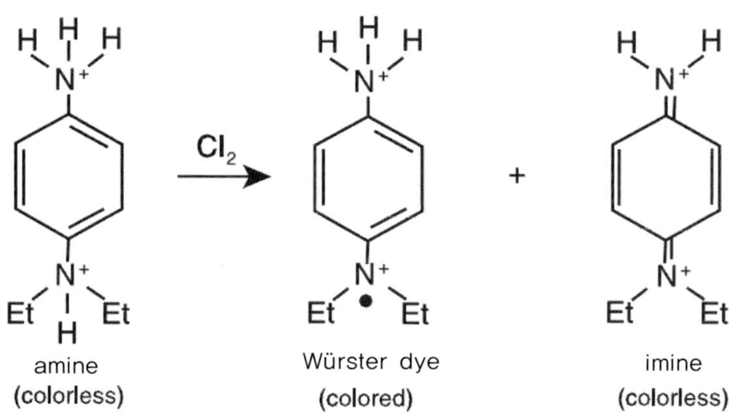

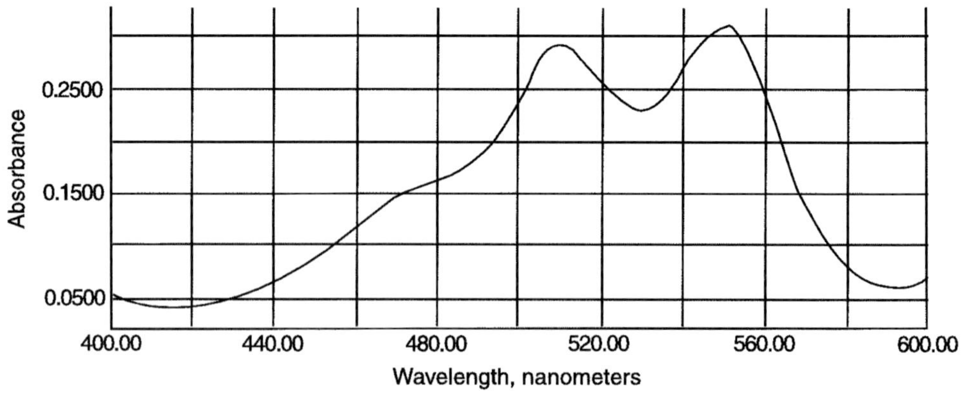

그림 17-1 잔류 염소와 DPD와의 반응 생성물(Würster dye)의 파장에 따른 흡광도

DPD Würster dye 색은 490 nm ~ 555 nm의 범위에 있는 한 파장에서 흡광도를 측정함으로써 잔류 염소의 농도를 측정할 수 있다. 그러나 최대 흡수파장인 512 nm와 553 nm에서 감도가 가장 좋다. 그러므로 512 nm나 553 nm에서 흡광도를 측정하는 것이 좋다.

2. 실험 기구 및 시약

A. 실험 기구

삼각 플라스크(Erlenmeyer flask) 125 mL, 50 mL
자동 피펫(autopipet) 1 mL ~ 5 mL
부피 플라스크(volumetric flask) 100 mL, 10 mL
스펙트로닉 20 분광기(Spectronic 20 spectrometer)

B. 시약

차아염소산 나트륨(sodium hypochlorite) 표준 용액 : 8% 차아염소산 나트륨 용액 25 μL를 취하여 100 mL 부피 플라스크에 넣고 증류수로 표선까지 묽힌다. 이 용액을 ferrous ammonium sulfate(FAS) 표준 용액으로 표준화하면 Cl_2로 약 200 mg/L가 될 것이다. 이 용액을 사용하여 Cl_2로 0.4, 0.8, 1.2, 1.6, 2.0 mg/L 차아염소산 표준 용액을 제조한다.

인산염 완충 용액(pH 6.2 ~ 6.5) : Na_2HPO_4 24 g과 NaH_2PO_4 46 g을 증류수로 녹이고 pH 6.2 ~ 6.5로 조절한 후 1 L로 묽힌다(단, pH를 조절하기 위해서 HCl 수용액을 사용해서는 안 된다).

N,N-diethyl-p-phenylenediamine(DPD) 용액 : p-amino-N,N-diehylamine sulfate 1.5 g을 증류수에 녹이고 1+3 H_2SO_4 8 mL에 Na_2EDTA 800 mg을 용해시킨 것을 섞어 1 L가 되도록 묽힌다. 이 용액은 갈색 밀폐용기에 저장하여야 하며 1주일 안에 사용하여야 한다.

3. 실험 방법

실험 A. 베르-람베르트 법칙 곡선

1) 25 mL 마개가 있는 시험관에 조교가 준비한 인산염 완충 용액 1 mL와 DPD 용액 1 mL를 넣고 잘 흔들어 준 다음 Cl_2로 0.4, 0.8, 1.2, 1.6, 2.0 mg/L인 차아염소산 표준 용액을 각각 20 mL씩 가한 다음 잘 흔들어 섞는다.
2) 10 mL 피펫으로 시험관의 용액 10 mL를 취하여 셀에 넣고 분광기를 이용해서 512 nm 또는 553 nm 에서의 투광도를 측정한다. 먼저 인산염 완충 용액 1 mL와 DPD 용액 1 mL를 넣고 잘 흔들어 준 다음 증류수 20 mL를 가한 바탕 용액을 사용해서 512 nm 또는 553 nm에서의 투광도가 100%가 되도록 분광기를 조절한 후에 사용한다.
3) 베르-람베르트 법칙 곡선(농도 vs. 흡광도 곡선)을 작성한다.

실험 B. 수돗물 중 차아염소산의 정량

1) 25 mL 마개가 있는 시험관에 조교가 준비한 인산염 완충 용액 1 mL와 DPD 용액 1 mL를 넣고 잘 흔들어 준 다음 수돗물 시료를 직접 받아 그 중 20 mL을 가한 다음 잘 흔들어 섞는다.
2) 10 mL 피펫으로 시험관의 용액 10 mL를 취하여 셀에 넣고 분광기를 이용해서 512 nm 또는 553 nm 에서의 투광도를 측정한다. 먼저 인산염 완충 용액 1 mL와 DPD 용액 1 mL를 넣고 잘 흔들어 준 다음 증류수 20 mL를 가한 바탕 용액을 사용해서 512 nm 또는 553 nm 에서의 투광도가 100%가 되도록 분광기를 조절한 후에 사용한다.
3) 실험 A에서 작성한 베르-람베르트 법칙 곡선(농도 vs. 흡광도 곡선)으로부터 수돗물 시료 중 차아염소산 농도를 구한다.

4. 주의 및 참고 사항

1. 사용된 시약들은 부식성이 매우 강한 시약이므로 피부와 옷에 묻지 않도록 한다. 반드시 보안경을 착용하여 실험하고, 만일 사용된 시약들이 튀어서 피부나 옷에 묻었을 경우에는 과량의 물로 즉시 씻어낸다.
2. 사용한 용액은 반드시 회수해서 적절하게 처리해야 한다.

5. 실험 결과 처리

실험 A. 베르의 법칙(또는 베르-람베르트 법칙) 곡선

1) 식 (17-3)을 이용해서 분광기에서 읽은 투광도로부터 흡광도 A를 계산한다.
2) 차아염소산의 농도를 x축, 흡광도를 y축으로 해서 농도와 흡광도의 관계를 그래프로 나타낸다.

실험 B. 수돗물 시료 중 차아염소산의 정량

1) 식 (17-3)을 이용해서 흡광도를 계산한다.
2) 실험 A에서 얻은 그래프를 이용해서 수돗물 시료 중 차아염소산 농도를 알아낸다.

6. 생각해볼 사항

1) 염소(Cl_2)와 물(H_2O)의 반응식을 써보아라.

2) 붉은 색의 산화된 생성물은 어떤 화합물인가? 화학식을 써보아라.

3) 분광기 눈금에서 흡광도 값을 읽지 않고 투광도 값을 읽는 이유는 무엇일까?

7. 실험 결과

실험 A. 베르-람베르트 법칙 곡선

차아염소산 용액 농도 (mg/L)	투광도	흡광도
0.4		
0.8		
1.2		
1.6		
2.0		

1) 흡광도를 y축으로 하고, 에탄올 용액의 농도를 x축으로 해서 그래프를 그린다.

실험 B. 수돗물 시료 중 차아염소산의 정량

시료	투광도	흡광도	농도
수돗물			

2) 실험 A의 그래프로부터 수돗물 시료 중 차아염소산의 농도를 결정한다.

읽을거리

음주 측정기

우리가 마신 술에 들어있는 알코올은 위와 장에서 곧바로 흡수된다. 그 중 약 10%는 소화되지 않은 채 호흡, 땀, 소변 등에 섞여서 배설되고, 90%는 간에서 산화되어서 아세트산으로 바뀌어 인체에 에너지를 공급하고 이산화탄소가 되어 호흡으로 배출된다. 숨을 내쉴 때, 일부 알코올이 배출되는데 이는 장에서 흡수되어 혈액으로 들어갔던 것의 일부분에 해당된다. 폐 깊숙이 들어 마신 공기는 폐동맥을 지나는 피와 평형을 이루고, 이때 혈액 속의 알코올 중 일부가 공기와 섞여서 체외로 나오는 것이다. 따라서 내쉬는 숨 속에 들어있는 알코올의 양을 측정하면 혈중 알코올 농도를 추정할 수 있다.

적황색의 다이크롬산 칼륨을 황산에 녹인 다음 실리카겔이나 규조토에 적셔서 말린 것을 유리관에 넣으면 숨 속에 들어있는 알코올을 농도를 알아낼 수 있다. 숨 속에 포함된 알코올이 다이크롬산 칼륨에 의해서 산화되면서 적황색의 다이크롬산 칼륨이 녹색의 황산크로뮴이 된다. 따라서 유리관에 나타나는 녹색의 정도를 측정하는 분광장치를 붙이면 혈중 알코올 농도를 알아낼 수 있게 된다. 혈중 알코올 농도는 흔히 혈액 100밀리리터 속에 몇 밀리그램의 알코올이 포함되어있는가를 퍼센트 단위로 나타낸다.

혈중 알코올 농도가 0.02%가 되면 기분이 좋아지고 몸이 따뜻하게 느껴지지만, 0.05%가 되면 행동이 느려지고 주의력이 떨어지기 시작한다. 0.10%가 넘으면 균형 감각과 판단 능력이 현저하게 떨어져서 운전이 허용되지 않는 상태가 된다. 0.30%가 넘으면 의식을 잃을 가능성이 있고, 0.50%가 되면 사망에 이를 수도 있게 된다.

예전에는 다이크롬산 칼륨이라는 노란색의 화학물질이 알코올을 산화시키면서 초록색으로 색깔이 바뀌는 화학 반응을 이용했지만, 사용할 때마다 다이크롬산 칼륨을 바꾸어 주어야하기 때문에 불편하다. 최근에는 금속 촉매를 사용해서 전기화학적인 방법으로 알코올 만을 선택적으로 산화시킬 때 흐르는 전류의 양을 측정하거나, 알코올에 의해서 흡수되는 적외선의 양을 측정해서 알코올의 농도를 알아낸다. 고온으로 가열된 반도체 금속 산화물 알맹이의 표면에 알코올이 흡착될 때 흐르는 전류의 변화를 이용하거나, 분리 칼럼을 쓰는 소형 기체 크로마토그래피 방법을 이용하기도 한다.

읽을거리

포도주 제법(wine making)

과일 쥬스를 발효시켜서 알코올 음료를 만드는 반응은 아마도 인류가 이용한 가장 오래된 화학 반응의 하나일 것이다. 오늘날의 포도주 제조 산업은 엄청난 이익을 가져다주는 화학 산업의 하나가 되었다. 수확한 포도는 먼저 깨끗이 씻은 후에 으깨서 포도껍질을 제거한 포도액을 만든다. 포도액은 물, 단당류, 녹말, 유기산, 아미노산, 방향족 알코올(페놀류), 금속 이온을 포함한 비타민, 효소, 휘발성 에스터 등이 섞여있는 복잡한 혼합물이다. 포도액에 들어있는 화합물의 종류와 상대적인 농도는 포도의 품종과 성장 조건에 따라서 매우 다양하고, 포도주의 맛을 좌우하는 요인이다.

포도주에 들어있는 에탄올은 포도액의 단당류가 효모에 의해서 발효되어 만들어진다. 에탄올은 효모나 박테리아가 자신이 필요로 하는 에너지를 얻는 과정에서 만들어지는 부산물에 해당한다. 포도액을 먼저 이산화황(SO_2)으로 처리해서(potassium metabisulfite를 넣으면 된다) 여러 종류의 효모나 미생물을 제거한 후에 효모를 넣어서 발효통에 넣어 발효시킨다. 산화 반응에 해당하는 발효는 발열 반응이기 때문에 온도를 일정한 범위로 조절해 주어야만 하고, 식초를 만드는 아세토박터가 활성화되지 못하도록 산소가 유입되지 않게 해야 한다.

발효가 충분히 진행되어 알코올의 농도가 7~15% 정도가 되면, 용액을 따라내서 발효를 멈추도록 하고, 벤토나이트와 같은 화합물을 넣어 부유물을 침전으로 걸러낸다. 이렇게 만들어진 포도주는 유리병에 담아서 코르크 마개를 막은 후 어둡고 온도가 적당히 조절된 창고에서 숙성시킨다. 숙성 과정에서는 포도주에 남아있는 화합물들의 산화 등의 복잡한 반응에 의해서 맛과 향기가 더해진다. 이렇게 만들어진 포도주는 그대로 마시기도 하지만, 증류 공정을 거쳐서 알코올의 농도가 훨씬 높은 코냑과 같은 브랜디로 만들어서 마시기도 하고, 포도주와 브랜디를 적당히 섞어서 일반 포도주보다 알코올 농도가 조금 더 높은 포트, 셰리, 마데라스 등을 만들기도 한다.

또한 포도주에 5~6기압 정도로 고압의 이산화탄소(CO_2)를 녹여서 탄산음료와 비슷한 독특한 맛을 더한 샴페인과 같은 포도주를 만들기도 한다. 고압의 이산화탄소를 직접 포도주에 녹이기도 하지만, 일반 포도주를 한 번 더 발효시켜서 이 때 만들어진 이산화탄소가 빠져나가지 않도록 하는 방법이 주로 사용된다. 알코올 농도가 낮은 포도주에 추가로 2.5% 정도의 당류와 함께 효모를 넣어서 10~17 ℃ 정도의 온도를 유지하면서 발효시킨다. 두 번째 발효에서는 특별히 고안된 고압 탱크를 사용하기도 하고, 병속에서 담은 상태로 발효시키기도 한다.

백포도주와 적포도주의 차이는 무엇일까?

실험 18 화학 전지 Electrochemical Cell

■ 목표 : 자발적 화학 반응으로 일어나는 전자 이동을 이용하여 전기 에너지를 얻는 전지의 원리를 알아보고, 몇 가지 금속 이온의 전기화학적 서열을 확인한다.
■ 핵심 개념 : 반쪽 전지(half cell), 표준 환원 전위(standard reduction potential), 갈바니 전지(galvanic cell), 산화전극(anode), 환원전극(cathode), 전기화학적 서열(electrochemical series)
■ 관련 개념 : 산화-환원 반응(redox reaction)

1. 서론

화합물은 양전하를 가진 원자핵 주변에 전자가 구름처럼 분포하여 구성된다. 원자나 분자를 둘러싸고 있는 전자는 원자와 분자의 종류에 따라서 쉽게 떨어져 나가서 다른 원자나 분자로 옮겨가기도 한다. 이때 전자를 잃어버리는 원자나 분자는 “산화”되었다고 하고, 전자를 받은 원자나 분자는 “환원”되었다고 한다. 이러한 산화-환원 반응은 산-염기 반응과 마찬가지로 화학의 여러 분야에서 널리 활용되고 있다. 녹색 식물의 광합성 반응과 사람을 비롯한 동물의 몸 속에서 일어나는 대사 과정도 대부분이 이런 산화-환원 반응으로 생체가 필요로 하는 에너지를 공급해주는 중요한 역할을 담당하고 있다.

분자들 사이에서 자발적으로 일어나는 산화-환원 반응을 이용해서 금속선을 통하여 전자가 흘러가도록 만들면 전기 에너지를 제공하는 전지(cell)를 만들 수 있다. 건전지와 자동차용 배터리가 그런 화학 전지의 대표적인 예이며, 우리 생활에서 사용하는 전자 제품의 대부분은 이런 화학 전지를 에너지원으로 사용하고 있다.

산화-환원 반응에서 이동하는 전자를 금속선을 통해 흐르는 전류로 만들기 위해서는 산화 반응과 환원 반응을 서로 분리한 반쪽 전지(half cell)를 금속선으로 연결한 “전지”(cell)를 이용한다. 특히 전류를 만들어서 전기 에너지원으로 사용하기 위한 화학 전지를 “갈바니 전지”(galvanic cell)라고 부른다. 화합물이 전자를 잃어버리거나 얻을 경우에는 전하를 가진 이온이 만들어지기 때문에 대부분의 전지는 이온을 안정화시킬 수 있는 수용액에서 일어나는 반응을 이용한다.

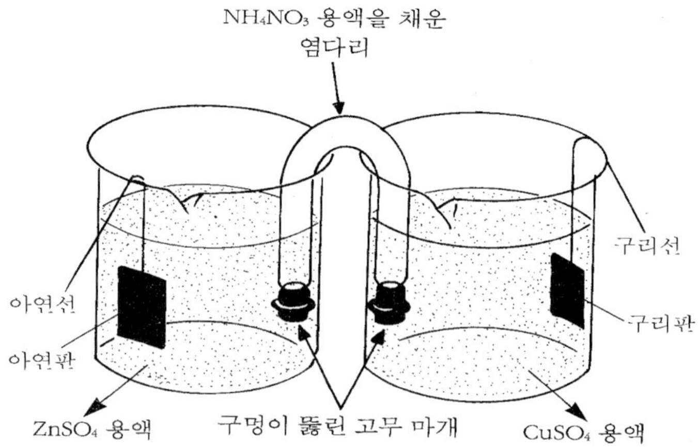

그림 18-1 간단한 갈바니 전지 (다니엘 전지)

반쪽 전지에는 쉽게 이온화하여 산화 또는 환원될 수 있는 전해질(electrolyte)이 들어있다. 금속 전극은 금속선을 통해서 다른 쪽의 전극과 연결되어 있으며, 용액의 전하 변화를 상쇄시켜주기 위한 염다리(salt bridge)를 사용하기도 한다. 염다리는 U자형의 유리관에 KCl과 같은 염이 섞여있는 젤(gel)로 채워진 것으로 염다리를 통해서 수용액 중에 녹아있는 이온들은 이동할 수 있지만 두 용액이 직접 맞닿아 섞이지는 않도록 하는 역할을 한다. (주의: 유리관 염다리 대신에 얇고 길게 자른 거름 종이를 포화 KCl 수용액에 잠시 담근 후 꺼내서 사용해도 무방하다.)

이렇게 구성한 전지의 한 쪽 반쪽 전지에서는 화합물이 산화되면서 빠져 나온 전자가 전극을 통하여 다른 반쪽 전지로 흘러가서 전극을 통하여 수용액 중의 화합물에 전달되어 환원 반응이 일어나게 된다. 이때 산화 반응이 일어나는 전극을 산화전극(anode)이라고 부르고, 환원 반응이 일어나는 전극을 환원전극(cathode)이라고 부른다. 전자는 산화전극에서 환원전극 쪽으로 흘러가므로, 전류는 환원전극에서 산화전극 쪽으로 흘러간다. 이때 환원전극이 산화전극보다 전위가 더 높아서 환원전극을 (+)극, 산화전극을 (−)극이라고 부르기도 한다.

한 전극의 전위를 절대적으로 측정하는 것은 불가능하지만, 임의로 선택한 두 전극 사이의 전위차를 측정하는 것은 가능하다. 전극의 전위를 나타내기 위해서 많이 사용되는 기준 전극으로는 표준 수소 전극(standard hydrogen electrode)이 있다. 표준 수소 전극은 1기압의 압력으로 유지되는 수소 기체와 평형을 이루고 있으면서 하이드로늄 이온(H^+)의 농도가 1.0 M인 25 ℃의 수용액 속에 백금 금속으로 만든 전극이 설치되어 있는 것으로 다음과 같은 환원 반응이 일어난다.

$$2H^+(aq) + 2e^- \rightarrow H_2(g)$$

일반적으로 표준 수소 전극의 전위 $E°$를 0.00 V라고 정의하고, 다른 전극과 표준 수소 전극을 연결한 전지에서 얻은 전위차를 그 전극의 환원 전위(reduction potential)이라고 하고, 25 ℃에서 측정한 환원 전위를 표준 환원 전위라고 한다.

예를 들어서 25 °C에서 1.0 M의 구리 이온(Cu^{2+})이 녹아있는 용액에 구리판을 전극으로 사용한 반쪽 전지를 표준 수소 전극과 연결하면 구리 이온이 환원되어 구리 전극의 표면에 구리 금속이 붙게 되고, 수소 전극에서는 수소 분자가 산화되어 하이드로늄 이온으로 물에 녹게 된다. 이 경우에 두 전극 사이의 전위차는 0.337 V이며, 이 값을 구리 전극의 표준 환원 전위라고 한다. 즉,

$$Cu^{2+}(aq) + 2e^- \rightarrow Cu(s) \qquad E° = 0.337 \text{ V}$$

그러나 25 °C에서 1.0 M의 아연 이온(Zn^{2+})이 녹아있는 용액에 아연판을 전극으로 사용한 반쪽 전지를 표준 수소 전극과 연결하면 아연 전극이 녹으면서 산화되어 아연 이온이 되고, 표준 수소 전극에서는 하이드로늄 이온이 환원되어 수소 기체가 된다. 이 경우에 두 전극 사이의 전위차는 0.763 V이고, 아연 전극의 전위가 더 낮으므로 아연 전극의 표준 환원 전위는 −0.763 V가 된다.

$$Zn^{2+}(aq) + 2e^- \rightarrow Zn(s) \qquad E° = -0.763 \text{ V}$$

따라서, 임의의 반쪽 전지 두 개를 연결하여 갈바니 전지를 만드는 경우에 환원 전위가 더 큰 쪽은 환원 반응이 일어나서 전위가 높은 환원전극이 되고, 환원 전위가 더 낮은 쪽은 산화 반응이 일어나서 전위가 낮은 산화전극이 된다. 즉, 구리 전극과 아연 전극을 연결해서 만든 다니엘 전지(Daniel cell)의 경우에는 구리 전극이 환원전극이 되고, 아연 전극이 산화전극이 되어서 구리 전극에서 아연 전극으로 전류가 흐르게 되며, 두 전극 사이의 전위차는 1.10 V가 된다.

화학적인 산화-환원 반응을 이용한 갈바니 전지의 경우에 두 전극 사이의 전위차는 최대 5 V 정도이지만, 실용적인 전지를 만들기 위해서는 전지에서 얻을 수 있는 전류의 양도 중요하다. 일상 생활에서 사용할 수 있는 전지를 만들기 위해서는 전극 반응의 안전성과 편리성과 함께 경제성도 고려되어야 한다.

부록의 "표준 환원 전위" 표에서 볼 수 있는 것처럼 금속들은 다양한 표준 환원 전위를 가지고 있다. 환원 전위는 금속 이온이 환원되려는 경향을 나타내는 것으로 그 값이 클수록 쉽게 환원되며, 그 값이 작을수록 금속이 이온으로 쉽게 산화된다. 금속 이온이 환원되려는 경향이나 금속이 산화되려는 경향을 상대적으로 나타낸 것이 "전기화학적 서열(electrochemical series)"이다.

이 실험에서는 구리 전극, 아연 전극, 납 전극을 이용한 화학 전지를 만들어보고, 여러 가지 금속의 전기화학적 서열을 확인해본다.

2. 실험 기구 및 시약

A. 실험 기구

구리판, 아연판, 납판(가로 1.0 cm, 세로 7.0 cm 크기: 위에서 1 cm 위치에 구멍을 뚫어서 구리선을 연결하기 쉽도록 만든다.)
100 mL 비커(beaker) 3개
디지털 전압계(digital voltmeter)
구리선(전압계와 각 판의 연결 용) (copper wire with clip)
유리관(glass tube) 직경 7 mm 이하, 길이 약 20 cm
사포(sandpaper), 400번
가열판(hot plate)

B. 시약

1.0 M $Pb(NO_3)_2$(lead nitrate)
1.0 M $Zn(NO_3)_2$(zinc nitrate)
1.0 M $Cu(NO_3)_2$(copper nitrate)
포화 KCl 용액(saturated potassium chloride solution)
우뭇가사리(agar)

3. 실험 방법

실험 A. 전기화학적 서열

1) 구리, 아연, 납으로 된 얇은 판을 가로와 세로가 각각 0.5 cm 정도로 두 개씩 잘라서 양면을 고운 사포로 깨끗하게 닦은 후 구리선을 연결한다.
2) 두 개의 비커에 1.0 M $Cu(NO_3)_2$ 용액을 약 10 mL 씩 피펫으로 옮긴 후에 각 비커에 아연판과 납판을 담근다.
3) 같은 방법으로 1.0 M $Zn(NO_3)_2$ 용액에 구리판과 납판을 넣고, 1.0 M $Pb(NO_3)_2$ 용액에는 구리판과 아연판을 담근다.
4) 각 비커에서 일어나는 화학 반응을 관찰하여 기록한다.

실험 B. 화학 전지

1) 얇은 아연판과 구리판을 가로 1.0 cm, 세로 7.0 cm로 잘라서 양면을 고운 사포로 잘 닦은 후 구리선을 연결한다.
2) 100 mL 비커 두 개를 준비하여, 한 쪽에는 1.0 M $Zn(NO_3)_2$ 용액 80 mL를 넣은 후에 아연판을 담그고, 다른 쪽에는 1.0 M $Cu(NO_3)_2$ 용액 80 mL를 넣고 구리판을 넣는다. 금속판이 용액에 5 cm 정도 잠기도록 하고, 두 비커를 염다리로 연결한다.
3) 아연판과 구리판에 디지탈 전압계를 직류전압모드로 연결한다. 음수값이 나오면 단자를 반대로 연결하여 양수값이 나오도록 한다.
4) 전지의 전위차를 측정하여 기록한다.
5) 구리 용액과 구리판 대신에 1.0 M $Pb(NO_3)_2$ 용액 80 mL에 납판을 넣는다.
6) 구리 전극과 납 전극을 연결하여 전위차를 측정한다.

4. 주의 및 참고 사항

1) **염다리 제조**
   KCl 포화 용액(25 ℃에서 약 3.5 M)을 만들고, 포화 용액 100 mL에 약 4 g의 우뭇가사리를 녹인다. 용액이 끓지 않도록 열을 서서히 가하여 젤 상태가 되면 U자형 유리관에 채워서 넣고 냉각시킨다. U자형 유리관 한쪽 끝에 고무 호스를 연결하고 다른 한쪽은 뜨거운 젤 용액에 담그고 고무 호스의 한쪽 끝에서 입으로 서서히 빨면 젤을 쉽게 채울 수 있다. 용액이 끓으면 거품이 많이 생겨서 다루기가 힘들다. 염다리를 미리 만들어 공급하면 실험을 간단히 끝낼 수 있다.
2) 염다리 대신에 filter paper를 폭이 작고 길이가 길게(≈ 1 X 6 cm) 자른 후 KCl 포화 용액에 담그었다 꺼내서 사용해도 된다.
3) 전압계의 단자는 +극이 빨강색, −극이 검정색으로 되어 있다. 두 금속판 사이의 전압이 꼭 양수값이 되도록 측정하여야 한다. 어느 금속판이 +극인지 생각해보아라.

5. 생각해볼 사항

1) 만약 전극을 담그는 용액의 농도를 바꾸면 전압이 어떻게 바뀌겠는가?

2) 시간이 지나면 두 전극 사이의 전위차는 어떻게 달라져 있겠는가?

3) 부록의 표준 환원 전위로부터 계산한 전위차와 실제 측정값이 다른 이유는 무엇일까?

6. 실험 결과

실험 A. 전기화학적 서열

1. 각 비커에서 관찰한 사항
   아연판과 납판이 들어있는 비커 :
   구리판과 납판이 들어있는 비커 :
   구리판과 아연판이 들어있는 비커 :

2. 산화가 잘 되는 순서 :

3. 환원이 잘 되는 순서 :

실험 B. 화학 전지

1. 전극 사이의 전위차

	측정값	예상값
아연 - 구리 전지 :	______ V	______ V
아연 - 납 전지 :	______ V	______ V
구리 - 납 전지 :	______ V	______ V

2. 전극의 이름과 전극에서 일어나는 반응

아연 - 구리 전지 : (환원전극)
(산화전극)

아연 - 납 전지 : (환원전극)
(산화전극)

구리 - 납 전지 : (환원전극)
(산화전극)

📖 읽을거리

전기화학의 역사

A. Volta

처음으로 화학 반응에서 전기 에너지를 얻은 것은 1794년 이탈리아의 물리학자 볼타(A. Volta, 1745~1827)에 의해서였다. 볼타는 은과 아연판 사이에 소금물로 적신 헝겊을 끼워서 쌓아두면 전류가 흐르고, 금속판의 수를 증가시키면 전류의 양도 증가한다는 사실을 발견하였다. 훗날 이와 같이 금속판 사이에 전해질 용액을 넣어서 만든 전지를 볼타 전지라고 부르게 되었다. 그러나 정작 볼타 자신은 전류가 화학 반응에 의하여 흐르게 되었다는 사실을 몰랐다고 한다. 그 뒤 1807년에 영국의 화학자 데이비(H. Davy, 1778~1829)가 볼타 전지의 전류를 이용해서 수산화 칼륨과 수산화 나트륨에서 칼륨과 나트륨 원소를 얻는데 성공함으로써 화학 반응과 전기 에너지가 관련이 있다는 사실을 처음으로 밝히게 되었다.

이렇게 시작된 전기화학은 자발적인 화학 반응에서 생기는 전류를 이용하는 다양한 형태의 갈바니 전지를 개발하는 시초가 되었고, 전기 에너지를 이용하여 자발적으로 일어나지 않는 화학 반응을 일으키는 전기분해 전지(electrolytic cell)를 발전시켜 도금 산업을 일으키는 원동력이 되었다. 전기화학은 전극 반응을 이용해서 화합물의 특성을 밝히고, 다양한 화학 반응을 일으키는 중요한 화학적 방법으로 발전하였다.

읽을거리

화학 전지의 종류

일상 생활에서 많이 사용되는 전지는 흔히 일회용으로 사용되는 "일차 전지" (primary cell)와 재충전하여 다시 사용할 수 있는 "이차 전지" (secondary cell), 그리고 산화제와 환원제를 연속적으로 공급하여 산화-환원 반응에서 전류를 얻는 "연료 전지" (fuel cell)로 구분된다.

일차 전지로 가장 잘 알려진 것은 1866년 프랑스에서 개발된 "건전지" (dry cell)이다. 건전지는 탄소 가루와 이산화 망간(MnO_2), 염화 암모늄(NH_4Cl), 염화 아연($ZnCl_2$)을 물과 함께 반죽한 것을 아연판으로 둘러싸고, 그 가운데 탄소 막대를 꼽은 것이다. 아연판 속에 들어있는 반죽에서 물이 빠져나가지 않도록 밀봉하는 기술이 건전지의 품질을 결정한다. 아연판이 산화되면서 나온 전자가 탄소 막대를 통해 반죽으로 흘러가면 반죽 속의 암모늄 이온이 환원되어 암모니아(NH_3)와 수소(H_2)가 만들어진다. 암모니아는 아연판이 산화되면서 만들어진 아연 이온과 착물로 바뀌고, 수소 기체는 MnO_2를 환원시켜 $MnO(OH)$로 변환되기 때문에 안전하게 사용할 수 있는 전지가 된다.

이밖에도 최근에는 전지의 성능이 뛰어난 알칼리 전지(alkaline dry cell)와 수은 전지(mercury cell)가 실용화되었고, 전위차가 3.4 V나 되는 리튬 전지도 사용되고 있다. 일차 전지는 방전되는 과정에서 만들어지는 화합물이 액체 상태로 내부에 녹아 들어가서 안전한 형태로 변환되기 때문에 전류를 거꾸로 흘려주어도 역반응이 일어나지 않는다. 그러나 일차 전지로 억지로 충전시키면 폭발성이 있는 기체가 발생할 수 있으므로 주의해야 한다.

자동차에 사용하는 납축전지가 대표적인 이차 전지이다. 진한 황산 용액 속에 납판과 산화 납(PbO_2)판을 넣은 납축전지는 무겁고 부식성이 강한 황산을 사용하기 때문에 불편하기는 하지만 충전 효율이 뛰어나기 때문에 많이 사용된다. 카드뮴과 니켈의 산화-환원 반응을 이용하는 니켈-카드뮴 전지는 재충전이 가능한 소형 전지로 많이 사용되고 있다.

연료 전지의 하나는 산소와 수소가 반응해서 물이 만들어지는 과정을 이용하는 것이다. 연료 전지는 공해 물질을 배출하지 않는 전지로 많은 연구가 계속되고 있다.

실험 19 전기분해와 전기도금
Electrolysis and Electroplating

■ 목표 : 전기 에너지를 이용해서 일어나는 화학 반응에 대하여 알아본다.

■ 핵심 개념 : 전기분해(electrolysis), 전기도금(electroplating), 패러데이의 법칙(Faraday's law)

■ 관련 개념 : 산화-환원 반응(redox reaction)

1. 서론

전극을 통해서 전원에서 공급되는 전류에 의해서 일어나는 화학 반응을 전기분해(electrolysis)라고 한다. 자발적인 화학 반응에서 전류가 발생하는 화학 전지의 경우와 반대가 된다고 생각할 수 있다. 전기분해 반응을 이용하면 자발적으로는 일어나지 않는 화학 반응을 일으킬 수 있기 때문에 여러 가지 산업 분야에서 활용되고 있다. 염소 기체나 알루미늄을 생산하는 공정이 대표적인 전기분해 반응이다.

전기분해 반응을 일으키기 위해서는 화학 전지와 마찬가지로 염다리로 연결된 두 개의 반쪽 전지로 구성된 전기분해 전지(electrolytic cell)를 만들어야 한다. 외부에서 전류를 흘려주지 않으면 환원력이 큰 물질이 들어있는 전극에서 산화력이 큰 물질이 들어있는 전극으로 전류가 흐르겠지만, 반대 방향으로 전류가 흐르도록 외부에서 전류를 강제로 흘려주면 환원력이 더 큰 물질이 오히려 환원되고, 산화력이 더 큰 물질은 산화되는 반응이 일어나게 된다. 이런 반응이 일어나도록 하기 위해서는 자발적인 반응에 의하여 두 전극에 만들어지는 전위차보다 더 큰 전위차를 가진 전류를 흘려주어야 하고, 반응이 진행된 정도는 흘려주는 전류의 양에 의해서 결정된다.

이런 반응을 이용하면 용액 속의 금속 이온이 환원되어서 전극의 표면에 코팅이 되거나, 전기활성 물질(electroactive substance)이 환원되어 용액 속에 녹거나, 또는 기체 상태가 되어서 용액 밖으로 빠져 나오기도 한다. 금속을 전극 표면에 코팅하는 전기도금(electroplating)은 산업적으로 유용할 뿐만 아니라 생활용품의 품질을 향상시키는 데에도 많이 사용된다.

실험 18에서 본 것처럼 구리 이온이 녹아 있는 용액에 아연 조각을 넣으면 구리 이온은 환원되고 아연이 산화되는 반응이 자발적으로 일어난다. 그러나 아연 용액에 구리 조각을 넣으면 아무런 반응이 일어나지 않는다. 이때 용액에 흑연 막대를 담그고,

충분히 높은 전압의 직류 전원의 (-)극을 구리 조각에 연결하고, (+)극을 흑연 막대에 연결하면 구리 조각으로 전자가 흘러가기 때문에 용액 속의 아연이 환원되어 구리 표면에 석출(elecrodeposition)된다. (직류 전원의 (+)극에서 (-)극 쪽으로 전류가 흐르며, 전자는 전류와 반대의 방향으로 흐른다.) 이때 흑연 막대에서는 전자가 직류 전원으로 흘러가야 하기 때문에 물이 산화되어 산소가 발생하게 되고, 용액 속에는 하이드로늄 이온(H^+)이 남게 된다. 구리 조각과 흑연 막대를 두 개의 서로 떨어진 용액에 담그고 두 전극을 염다리로 연결해도 같은 반응이 진행된다.

이때 구리 조각에 석출되는 아연의 무게는 패러데이의 법칙(Faraday's law)에 따라 전극을 통하여 흘려준 전기량에 비례한다. 전기량은 흔히 전자 1 몰이 가지고 있는 전기량인 96,485 C(쿨롱)을 나타내는 F(패러데이)를 이용해서 나타낸다. 따라서 1 F만큼의 전기량을 흘려주면 1 당량(equivalent)에 해당하는 물질이 석출된다. 예를 들어서 +2가의 이온인 아연 이온의 경우에는 1 F의 전기량을 흘려주면 0.5 몰에 해당하는 아연이 석출된다.

2. 실험 기구 및 시약

A. 실험 기구

구리 전극(copper plate) (가로 세로 1 × 7 cm 크기)
탄소 전극(carbon bar) (흑연 막대, 건전지를 분해하면 얻을 수 있다)
100 mL 비커(beaker) 1개
유리관(glass tube) (직경 약 10 mm, 길이 약 5 cm로 양쪽이 뚫린 것): 탄소 전극을 집어넣을 수 있는 것)
출력이 3.0 V 이상인 직류 전원(direct-current power supply)
디지탈 전압계(digital voltmeter)
직류 전류계(DC ammeter, 디지털 전압계로 직류 전류를 측정할 수 있다. 한 디지탈 전압계로 동시에 전압과 전류를 측정할 수는 없으니 두 개의 디지털 전압계를 구비하면 된다.)

B. 시약

0.1 M 황산 구리(copper(II) sulfate) 100 mL

3. 실험 방법

1) 100 mL 비커에 0.1 M 황산 구리($CuSO_4$) 용액 약 80 mL를 채운다.
2) 구리 전극과 탄소 전극의 표면을 고운 사포로 닦아서 표면을 깨끗하게 만들고, 구리 전극의 무게를 mg까지 정확하게 잰 후에 두 전극을 모두 용액에 담근다. 두 전극이 모두 용액에 5 cm 정도 잠기도록 한다. 탄소 전극은 유리관에 넣어서 사용하는 것이 좋고, 두 전극이 서로 닿지 않도록 한다.
3) 3.0 V 이상의 직류(DC) 전원의 (-)극은 구리 전극에 연결하고, (+)극은 탄소 전극에 연결한다.
4) 전압계는 병렬로 연결하고, 전류계는 직렬로 연결한다.
5) 스위치를 켜서 전류를 흘려주면서 정확하게 30분 동안 반응을 진행시키면서 1분 간격으로 전류와 전압을 기록한다.
6) 구리 전극을 꺼내서 말린 후에 무게를 잰다.

4. 주의 및 참고 사항

1) 유리관 안에 탄소 전극을 넣어서 구리 전극과 탄소 전극이 서로 닿지 않도록 한다. 탄소 전극을 유리관에 넣지 않고 실험할 경우에는 탄소 전극에 가까운 부분의 구리 전극에서 구리가 너무 많이 석출되어서 전극에서 떨어져버릴 가능성이 있다.
2) 전류계는 내부 저항이 작을수록 좋고, 전압계는 내부 저항이 큰 디지털 전압계를 사용하는 것이 좋다.
3) 직류 전원으로 건전지를 사용하면 내부 저항이 커서 전압이 낮아지므로 일정 전압 전원을 사용하는 것이 좋다.

5. 실험 결과 처리

1) 1분 간격으로 측정한 전류를 그래프에 표시해서 면적을 계산하여 흘려준 전기량을 계산한다. 1 A는 1초 동안에 1 C의 전기량이 흐를 때의 전류의 양을 나타낸다.

6. 생각해볼 사항

1) 전압을 일정하게 걸어 줄 때 시간에 따라 전류가 변하는데 그 이유는 무엇인가?
2) 전류를 일정하게 흐를 수 있도록 할 수 있을까?
3) 구리 전극의 무게를 잰 후에 전원의 극을 서로 바꾸면 어떻게 될까?

7. 실험 결과

1. 전기분해 전의 구리판의 무게 ______________________ g
   전기분해 후의 구리판의 무게 ______________________ g
   석출된 구리의 무게 ______________________ g
2. 전압과 전류의 변화

시간 (분)	전압 (V)	전류 (A)	시간 (분)	전압 (V)	전류 (A)	시간 (분)	전압 (V)	전류 (A)
1			11			21		
2			12			22		
3			13			23		
4			14			24		
5			15			25		
6			16			26		
7			17			27		
8			18			28		
9			19			29		
10			20			30		

3. 시간에 따른 전류의 변화를 그래프로 그려서 흘려준 전기량을 계산한다.

4. 두 전극에서 일어나는 반응을 써라
   (구리 전극)
   (탄소 전극)
5. 위에서 계산한 전기량으로 석출되어야 할 구리의 무게를 계산하고 실제 석출된 양과 비교한다.

읽을거리

수산화 나트륨과 염소

유독성 가스인 염소 기체와 강염기인 수산화 나트륨은 산업적으로 엄청난 양이 사용된다. 염소와 수산화 나트륨을 대량으로 생산하는 방법 중의 하나가 고온으로 가열한 용융 염화 나트륨(NaCl, 소금)을 전기분해하는 다운즈 전지 (Downs cell)이다.

염화 나트륨의 녹는점 (800 ℃)이 높으므로 보통 소량의 염화 칼슘을 섞어 녹는점을 약 600 ℃로 낮추어준다. 염화 나트륨과 염화 칼슘의 혼합물을 가열하여 녹인 후에 다운즈 전지의 탄소 막대 전극에 (+)극을 연결하고 철 전극에 (-) 극의 직류 전원을 연결하면 철 전극에서 나트륨 금속이 환원되어 석출되고, 탄소 막대 주변에서는 염소 기체(Cl_2)가 생성된다. 생성된 나트륨에 물을 넣어주면 많은 양의 열을 내면서 수산화 나트륨이 만들어진다. 다운즈 전지에는 일반적으로 3.5 V의 전압을 가진 직류 전원을 이용해서 105 A 정도의 전류를 흘려준다. 이런 방법으로 1 톤의 염소 기체를 생산하는 데에는 2,500 kWh의 전기가 소모된다.

읽을거리

구리와 알루미늄의 정제

C.M.Hall

전기 회로에 많이 쓰이는 구리는 전기 저항을 줄이기 위하여 순도가 매우 높은 것을 사용한다. 구리는 자연 상태에서 원소로 존재하거나 황화물이나 산화물로 존재한다. 구리 광석을 공기 중에서 높은 온도로 가열하면 구리가 환원되면서 황산의 원료가 되는 이산화황이 기체 상태로 배출된다. 이렇게 만들어진 구리는 순도가 97~98% 정도이기 때문에 전기분해법으로 정제해야 한다.

황산 구리 용액을 전해질로 사용하고, 불순물이 섞인 구리를 직류 전원의 (+)극에 연결하고, 순도가 높은 구리 전극을 (-)극에 연결하면 불순물이 섞인 전극에서 구리가 녹아 나와 순도가 높은 구리 전극으로 옮겨가서 다시 석출되게 된다. 흔히 구리 광석에는 구리보다 산화가 잘 되지 않는 금과 은이 불순물로 혼합되어 있기 때문에 전극에 걸어주는 전압을 적당히 조절하면 순수한 구리 만 산화되어 용액에 녹게 만들 수가 있다. 이런 방법으로 구리를 정제하는 데에는 막대한 전기량이 소모되지만 부산물로 얻어지는 금과 은을 정제하면 전기요금의 상당 부분을 충당할 수 있을 정도가 된다.

알루미늄은 자연에서 보크사이트(bauxite, Al_2O_3)로 존재하며, 불순물로 상당한 양의 산화철(Fe_2O_3)과 함께 섞여있다. 보크사이트를 뜨거운 수산화 나트륨 용액으로 처리하면 산화철은 그대로 남고, 알루미늄은 $Al(OH)_4^-$으로 용액에 녹게 된다. 이 용액을 분리해서 약한 산성으로 만들면 $Al(OH)_3$가 석출되고, 이것을 1,200 ℃로 가열하면 순수한 Al_2O_3가 얻어진다. 그러나 산화 알루미늄은 녹는점이 2,045 ℃로 매우 높은데, 미국의 홀 (C. M. Hall, 1863-1914)과 프랑스의 에루(P. Heroult, 1863~1914)는 서로 독립적으로 산화 알루미늄에 녹은 상태의 빙정석(Na_3AlF_6)을 섞으면 905 ℃에서도 전기 전도도가 매우 좋은 액체로 존재한다는 사실을 발견함으로써 전기분해에 의한 알루미늄의 제련 방법을 개발하였다. 전기분해로 알루미늄 1톤을 생산하는 데에는 철의 경우보다 5배에 해당하는 15,000 kWh의 전기가 소모된다.

실험 20 산-염기 지시약의 작용 원리

Principle of Acid-Base Indicator

■ 목표 : 산-염기 지시약 용액의 pH를 변화시키면서 흡광도를 측정하여 지시약의 이온화 상수와 변색 범위를 알아낸다.

■ 핵심 개념 : 지시약(indicator), 해리 상수(dissociation constant), pH 변색 범위(transition pH range), 종말점(end point), 흡광도(absorbance)

■ 관련 개념 : 산-염기 적정(acid base titration), 당량점(equivalence point), 평형(equilibrium), 르샤틀리에 법칙(Le Chatelier's Principle)

1. 서론

산-염기 적정에서 종말점을 알아내기 위해서 사용하는 지시약은 약산 또는 약염기로 용액의 pH에 따라서 전혀 다른 색깔을 나타내는 화합물이다. 산-염기 적정에 많이 사용되는 지시약의 종류와 특성은 표 13-1에 실었다. 산-염기 적정의 당량점에서 용액의 pH는 산과 염기의 종류에 따라서 다르다. 강산을 강염기로 적정할 때는 당량점에서 용액은 중성(pH$\approx$7)이지만, 약산을 강염기로 적정할 때는 당량점 용액이 염기성을 나타내고, 강산을 약염기로 적정할 때는 산성 용액이 된다. 따라서 당량점 용액의 pH에서 색깔이 변하는 지시약을 선택해야만 실험에서의 종말점이 실제 당량점에 가깝게 되어 적정의 불확정도를 줄일 수 있다.

약산에 해당하는 지시약 HInd는 수용액에서 해리하여 다음과 같은 평형을 이루게 된다.

$$\underset{\text{산성형}}{\mathrm{HInd}} \rightleftarrows \underset{\text{염기성형}}{\mathrm{Ind^-}} + \mathrm{H^+}$$

용액 중의 수소 이온의 농도가 커지면 르샤틀리에의 법칙에 따라 평형이 왼쪽으로 이동하기 때문에 산성형인 HInd의 농도가 증가하고 용액은 HInd의 색깔을 나타내게 된다. 그러나 수소 이온의 농도가 감소하면 평형이 오른쪽으로 이동하기 때문에 염기성형인 $\mathrm{Ind^-}$의 농도가 증가하여 $\mathrm{Ind^-}$의 색깔이 나타나게 된다.

지시약의 해리 반응에 대한 평형 상수는 다음과 같이 쓸 수 있다.

$$K_{\mathrm{Ind}} = \frac{[\mathrm{Ind}^-][\mathrm{H}^+]}{[\mathrm{HInd}]} \tag{20-1}$$

이 식의 양변에 대수를 취하면 다음과 같은 식을 얻을 수 있다.

$$\mathrm{pH} = \mathrm{p}K_{Ind} + \log\frac{[\mathrm{Ind}^-]}{[\mathrm{HInd}]} \tag{20-2}$$

식 (20-2)에 의하면 용액의 pH가 $\mathrm{p}K_{\mathrm{Ind}}$와 같을 경우에는 지시약의 산성형과 염기성형의 농도가 같아져서 산성형의 색깔과 염기성형의 색깔이 함께 나타나게 된다. 그러나 산성형과 염기성형의 농도가 대략 10배 이상 차이가 나게 되면, 농도가 진한 형의 색깔이 분명히 나타나게 된다. 즉, pH가 $\mathrm{p}K_{\mathrm{Ind}}$ + 1 보다 커지면 염기성형인 Ind^-의 색깔이 나타나고, pH가 $\mathrm{p}K_{\mathrm{Ind}}$ − 1 보다 작아지게 되면 산성형인 HInd의 색깔이 나타나게 된다. 그러므로 지시약의 해리 상수 K_{Ind}를 측정하면 지시약의 색깔이 바뀌는 변색 범위를 알아낼 수 있다.

이 실험에서는 분광광도계를 사용해서 용액의 pH를 바꾸어가면서 [HInd]와 $[\mathrm{Ind}^-]$의 농도를 측정해서 지시약의 해리 상수 K_{Ind}를 결정한다. 식 (20-2)에 따라서 pH와 $\log([\mathrm{Ind}^-]/[\mathrm{HInd}])$의 그래프를 그리면 $\log([\mathrm{Ind}^-]/[\mathrm{HInd}])$의 값이 0이 되는 pH가 $\mathrm{p}K_{\mathrm{Ind}}$에 해당한다.

HInd와 Ind^-는 색깔이 다르기 때문에 흡광도가 최대가 되는 빛의 파장이 다르다. 만약 HInd의 흡광도가 가장 큰 파장에서 Ind^-의 흡광도가 무시할 수 있을 정도로 작은 경우에는 HInd의 흡광도를 측정함으로써 [HInd]와 $[\mathrm{Ind}^-]$를 모두 계산할 수 있다.

용액 속에 들어있는 화합물의 농도는 베르의 법칙(부록 8과 실험 17 참고)에 따라 동일한 큐벳을 이용해서 동일한 파장에서 측정한 흡광도에 비례한다. 이 실험에서는 먼저 지시약이 들어있는 용액을 진한 산성으로 만들어서 파장에 따른 HInd의 흡광도를 측정해서 흡수 스펙트럼을 얻는다. 분광광도계의 파장을 HInd의 흡광도가 최대인 곳에 고정시키고, 지시약 용액의 pH를 차례로 증가시키면서 흡광도를 측정해서 [HInd]를 계산하고, pH가 증가할 때 나타나는 흡광도의 감소로부터 $[\mathrm{Ind}^-]$를 얻을 수 있다.

2. 실험 기구 및 시약

A. 실험 기구

부피 플라스크(volumetric flask) 25 mL, 100 mL

스펙트로닉 20 분광기(부록 4 참조)(Spectronic 20 spectrometer)

B. 시약

0.05%(w/w) 브로모페놀블루(bromophenol blue; BPB) 용액(0.1 g의 BPB를 200 mL의 물로 묽힌다)
진한 염산(concentrated hydrochloric acid)
pH 3.4, 3.7, 4.0, 4.3, 4.6 완충 용액(buffer solution)
진한 암모니아수(ammonia water or ammonium hydroxide, 35% by weight)

3. 실험 방법

실험 A. 지시약의 스펙트럼

1) 증류수 10 mL에 브로모페놀블루(BPB) 3방울과 진한 염산 3방울을 넣은 용액을 준비한다.
2) 스펙트로닉 20 분광광도계를 이용해서 375~650 nm 영역에서 25 nm 간격으로 흡광도를 측정하여 흡수 스펙트럼을 그린다. 흡광도가 최대가 되는 영역에서는 5 nm 간격으로 흡광도를 측정한다.
3) 증류수 10 mL에 BPB 3방울과 진한 암모니아 3방울을 넣은 용액을 준비해서 같은 방법으로 흡수 스펙트럼을 측정한다.

실험 B. 농도에 따른 흡광도 측정

1) HInd의 흡광도가 최대이면서 Ind^-의 흡광도는 무시할 수 있을 정도로 작은 파장을 선택하여 분광광도계의 파장을 고정시킨다.
2) BPB 용액 10 mL를 100 mL 부피 플라스크에 넣고(진한 염산과 물을 1:8의 부피비로 혼합한) 염산 용액으로 묽혀서 흡광도를 측정한다. 흡광도가 0.9~1이 될 때가지 묽히는 과정을 반복하고, 그때의 농도를 기록한다.
3) 25 mL 부피 플라스크에 피펫으로 BPB 용액 20 mL를 넣고 (진한 염산과 물을 1:8의 부피비로 혼합한) 염산 용액으로 눈금까지 채운 후에 잘 흔들어서 흡광도를 측정한다.
4) 3)의 용액 20 mL를 깨끗하게 씻은 25 mL 부피 플라스크에 옮기고 다시 염산 용액으로 묽혀서 흡광도를 측정한다.
5) 4)의 과정을 두 번 더 반복한다.

실험 C. 지시약의 해리 상수 결정

1) pH가 3.4, 3.7, 4.0, 4.3, 4.6인 완충 용액을 이용해서 5개의 BPB 용액을 만든다. BPB의 농도는 실험 B에서 흡광도가 0.9~1인 용액과 같도록 한다.
2) 용액의 흡광도를 측정한다.

4. 주의 및 참고 사항

1) 스펙트럼을 측정할 때는 광학적으로 동일한 3개의 큐벳을 사용하는 것이 좋다. 하나의 큐벳에는 기준 물질로 증류수를 넣어서 사용하고, 나머지 2개에는 시료 용액을 담아서 사용한다.
2) 진한 염산은 HCl(g)가 발생하므로 꼭 후드에서 실험한다.

5. 실험 결과 처리

실험 A. 지시약의 스펙트럼

1) 산성 용액과 염기성 용액에서 측정한 파장에 따른 흡광도의 변화를 그래프지에 표시한다.

실험 B. 농도에 따른 흡광도 측정

1) HInd의 흡광도가 최대인 파장에서 측정한 흡광도를 농도와 함께 그래프지에 표시해서 농도와 흡광도의 표준 곡선을 만든다.

실험 C. 지시약의 해리 상수 결정

1) 측정한 흡광도로부터 실험 B의 표준 곡선을 이용해서 HInd의 농도를 결정한다.
2) 실험 B에서 흡광도가 0.9~1인 용액의 농도에서 [HInd]의 값을 뺀 것이 $[Ind^-]$가 된다.
3) pH를 x축으로 하고, $\log([Ind^-]/[HInd])$를 y축으로 하여 그래프를 그려서 $\log([Ind^-]/[HInd])$의 값이 0이 되는 pH가 pK_{Ind}에 해당한다.

6. 실험 결과

실험 A. 지시약의 스펙트럼

흡광도를 측정해서 아래 표에 적고, 그래프로 표시한다.

파장	산성형(HInd)	염기성형(Ind^-)

실험 B. 농도에 따른 흡광도 측정

파장 ________________ nm

[HInd]	흡광도

실험 C. 지시약의 해리 상수 결정

pH	흡광도	[HInd]	[Ind$^-$]	log([Ind$^-$]/[HInd])
3.4				
3.7				
4.0				
4.3				
4.6				

1. log([Ind$^-$]/[HInd])에 대하여 pH를 그래프에 표시하여 절편값을 결정하고 해리 상수 K_{Ind}를 계산하여라.

2. K_{Ind}대신 pK_{Ind}값을 계산하는 편이 더 좋은 이유는 무엇인가?

3. 브로모페놀블루의 색깔이 변하는 pH 범위는 얼마인가?

읽을거리

색깔은 왜 나타날까?

우리는 아름다운 색을 가진 것을 좋아한다. 장미꽃의 붉은색과 푸른 소나무의 숲은 누구에게나 감탄의 대상이 된다. 가을이 되면 온갖 색깔의 단풍이 우리의 마음을 설레게 만들기도 한다. 우리 주변의 온갖 색깔은 어떻게 나타나는 것일까?

빛은 전기장과 자기장이 서로 수직으로 진동하는 전자기파로, 전기장의 진동을 나타내는 파장에 따라서 독특한 특성을 가지고 있어서 우리 생활에 유용하게 사용된다. 빛은 전기장과 자기장의 파동을 나타내는 파장에 따라 라디오파, 마이크로파, 적외선, 가시광선, 자외선, X-선, 감마선 등으로 구분된다. 그중에서 사람의 눈으로 인식할 수 있는 빛은 파장이 400 에서 700 nm 범위에 속하는 가시광선뿐이다. 파장이 긴 쪽은 붉은색으로, 짧은 쪽은 푸른색으로 보인다. 빛은 고전역학에서는 파동의 성질을 나타내지만, 양자역학적으로 볼 때는 "광자" (photon)라고 부르는 입자의 흐름과 같은 특성을 나타내어서 입자와 파동의 이중성을 보이기도 한다. 광자의 에너지는 빛의 파장의 역수에 해당하는 진동수에 비례한다.

가시광선은 주로 원자나 분자를 구성하는 전자가 가지고 있는 에너지가 감소할 대 외부로 방출된다. 원자나 분자에 들어있는 전자는 "원자오비탈" 또는 "분자오비탈" 이라고 부르는 특별한 모양으로 분포하고 있으며, 그런 전자들은 원자나 분자의 종류에 따라 결정되는 고유한 에너지를 갖는다. 어떤 오비탈에 있는 전자는 에너지가 더 낮은 오비탈로 그 분포가 바뀌게 되면 두 오비탈의 에너지 차이에 해당하는 에너지를 가진 빛이 방출된다. 밤거리를 장식하는 네온등, 가로등으로 사용되는 나트륨 전구, 백열 전구, 형광등 등이 모두 전자가 방출하는 빛을 이용하는 것이고, 레이저는 원자나 분자를 특별하게 고안된 공명관 속에 넣어서 물리적 특성이 우수하고 강한 세기의 빛을 만들어낸 것이다.

한편 가시광선의 모든 파장의 빛이 고르게 섞여있는 백색광을 분자에 쪼여주면 분자의 전자가 높은 에너지 상태로 그 분포의 모양이 바뀌면서 특별한 파장의 빛을 흡수하게 된다. 모든 파장의 빛을 전부 흡수하는 물질은 검게 보이고, 전혀 흡수하지 않는 물질은 흰색으로 보이게 된다. 그러나 가시광선 영역의 빛 중에서 특별한 색깔의 빛만을 흡수하는 물질은 흡수하는 색깔의 보색(補色)으로 보이게 된다.

실험 21

센물 분석

Hard Water Analysis

■ 목표 : 물 시료에 들어 있는 Ca^{2+}과 Mg^{2+} 전체 농도를 구하는 것이다. 이를 위해서 두 금속 이온과 결합하여 착물을 형성하는 킬레이트제 EDTA(Ethylendiaminetetraacetic acid, 에틸렌다이아민테트라아세트산)를 이용하는 직접 적정(titration) 방법으로 물 속에 존재하는 금속 이온의 대부분을 차지하는 Ca^{2+}과 Mg^{2+}의 농도를 구한다.

■ 핵심 개념 : 센물(hard water), 세기(hardness), EDTA(ethylendiaminetetraacetic acid, 에틸렌다이아민테트라아세트산), 킬레이트(chelate), 착물(complex),

■ 관련 개념 : 리간드(ligand), 배위 결합(coordination bond), 착화 적정(complexometric titration), 형성 상수(formation constant)

1. 서론

자연수 속에 Ca^{2+}이나 Mg^{2+}과 같은 알칼리 토금속 이온이 존재하는 이유는, 약한 산성을 띠는 빗물이 칼슘이나 마그네슘의 난용성 탄산염 광물과 반응하기 때문이다. 이 반응에 따라 탄산염 광물이 부분적으로 녹아 자연수 속으로 Ca^{2+}과 Mg^{2+}이온들을 공급하게 된다. 물 속에 존재하는 이들 이온들의 정도를 세기(hardness)로 나타내는데 그것이 120 ppm 이상이면 (아래 표 21-1 참조) 센물(hard water)이라 한다. 자연수를 센물로 만드는 이들 이온들이 물 속에 들어 있으면 비누와 반응하여 물에 녹지 않는 회색빛 침전물을 형성함으로써 세척제의 효능을 떨어뜨리게 된다. 비누는 스테아르산 나트륨($C_{17}H_{35}CO_2^-Na^+$)과 같은 지방산의 나트륨 염으로써 다음에 나타낸 반응으로 센물을 만드는 이온들과 결합하여 $(C_{17}H_{35}CO_2)_2Ca(s)$과 같은 회색빛 침전물인 비누 더껑이(soap scum)를 만든다.

$$2C_{17}H_{35}CO_2^-Na^+(aq) + Ca^{2+}(aq) \rightarrow (C_{17}H_{35}CO_2)_2Ca(s) + 2Na^+(aq) \qquad (21-1)$$

그 회색빛 침전물은 옷이나 욕조 내부에 끼는 때를 만들고 식기, 유리 기구에 얼룩을 남기기도 한다. 센물은 또한 보일러나 찻주전자에 물때(scale)를 끼이게 함으로써 열전도를 떨어뜨린다. 보일러에 끼이는 물때는 열전도를 낮출 뿐 아니라 온수가 지나가는 파이프의 안쪽 벽을 막아 온수 흐름을 감소시키기도 한다. 그러나 센물이라 해서 건강에 해가 되는 것은 아니다. 사실, 물 속에 들어 있는 Ca^{2+}과 Mg^{2+}은 어느 정도까지는 몸에 필요한 영양소를 공급해 준다고도 볼 수 있다. 물의 세기와 심장병 감소가 상관이 있다는 연구 보고도 있다. 또 센물은 농업용수로 적합하다. 왜냐하면 알칼리 토금속 이온은 토양 속의 콜로리드 입자를 뭉치게 하는 경향이 있어 토양에 대한 물의 투과도를 증가시킨다. 그러므로 물 속에 들어 있는 Ca^{2+}과 Mg^{2+}의 농도를 아는 것은 일상생활과 밀접한 관련이 있다.

세기(hardness): 물의 세기는 물 속에 들어 있는 모든 알칼리 토금속 이온의 전체 농도를 말한다. 보통 Ca^{2+}과 Mg^{2+}의 농도가 다른 알칼리 토금속 이온의 농도보다 훨씬 크므로 물의 세기는 $[Ca^{2+}] + [Mg^{2+}]$로 나타낸다. 세기는 흔히 물 시료 1 리터에 들어 있는 $CaCO_3$의 mg 수로 표시한다. 만약 $[Ca^{2+}] + [Mg^{2+}]$= 1 mM 이라면, 1 mmol $CaCO_3$ = 100 mg $CaCO_3$ 이므로 세기는 1 리터당 100 mg $CaCO_3$라 한다. 물 세기의 일반적 분류는 표 21-1과 같다.

표 21-1 물의 세기 분류

세기 (ppm $CaCO_3$)	분 류
17.1 ppm 이하	단물(soft water)
17.1ppm-60 ppm	약간 센물
60 ppm-120 ppm	제법 센물
120 ppm-180 ppm	센물
180 ppm 이상	매우 센물

배위 결합(coordination bond): 2개의 원자가 결합을 형성하려고 할 때 한 쪽 원자에서 일방적으로 전자쌍을 내주어서 공유 결합이 형성되는 것으로, 한 개의 전자쌍은 하나의 배위 결합을 만들 수 있다.

리간드(ligand): 리간드는 배위 결합하고 있는 화합물의 중심 금속 이온의 주위에 결합하고 있는 분자나 이온을 의미한다. 리간드는 금속 이온과 공유 결합을 하고 있기 때문에 수용액에서 이온화하지 않는다. 리간드는 배위 결합을 하는 원자(혹은 전자쌍)의 개수에 따라 구분된다. 한 자리 리간드(monodentate ligand)는 리간드의 한 원자에 있는 전자쌍 하나가 금속 이온 하나와 결합한다. 반면에 여러 자리 리간드(multidentate legand) 또는 킬레이트 리간드(chelating ligand)는 비공유 전자쌍이 2개 이상이어서 한 번에 2개 이상의 배위 결합을 할 수 있는 리간드이다. 킬레이트 리간드는 대체로 금속 이온과 강한 금속 착물(complex)을 형성한다.

EDTA(ethylendiaminetetraacetic acid): EDTA는 화학분석 분야에서 가장 널리 쓰이는 킬레이트 리간드이다. EDTA는 대부분의 금속 이온들과 강한 1:1 착물을 형성하므로 적정을 이용하면 사실상 주기율표의 모든 원소를 EDTA로 정량할 수 있다. 실험

16에서 보인 대로 EDTA는 여섯 자리 킬레이트 리간드로서 보통 H_6Y^{2+} 로 표시되는 육양성자성 산이다.

흔히 사용하는 시약은 이나트륨염인 $Na_2H_2Y{\cdot}2HO$ 인데 이것은 물에 잘 녹고 정제하기가 쉬우며, 흡습성이 없고 보존 및 취급이 용이하다. EDTA는 수용액 속에서 다음과 같이 일곱 가지 화학종으로 존재한다:

H_6Y^{2+}, H_5Y^{+}, H_4Y, H_3Y^{-}, H_2Y^{2-}, H_3Y^{3-}, Y^{4-}

그 중 Y^{4-} 화학종이 금속 이온과 결합하여 킬레이트 착화합물을 가장 잘 만든다. 배위 결합을 할 수 있는 전자쌍이 가장 많기 때문이다. 즉, EDTA가 물속에 있는 Ca^{2+}, Mg^{2+} 이온과 원활하게 반응하려면 EDTA 용액 속에 Y^{4-}가 많아야 한다. EDTA 용액은 pH에 따라서 각 화학종의 분율(fraction)이 다르다. 따라서 EDTA가 착화합물을 잘 형성할 수 있는 형태인 Y^{4-} 화학종이 가장 많이 존재하는 pH 환경을 조성해 주어야 한다. EDTA와 어느 금속 이온이 안정한 킬레이트 화합물을 만드는 데는 최적의 pH가 있다. pH를 일정하게 유지하기 위하여 완충 용액을 가할 필요가 있다. 물 속에 가장 많이 들어 있는 다가 양이온은 Ca^{2+}과 Mg^{2+}이다. 이 실험에서 EDTA와 반응할 수 있는 전체 금속 이온의 농도를 구하고 그것을 Ca^{2+}과 Mg^{2+}의 농도와 같다고 가정한다.

지시약(indicator): EDTA 적정에 쓰이는 가장 일반적인 방법은 금속 이온 지시약(metal ion indicator)을 사용하는 것이다. 금속 이온 지시약은 이것이 금속 이온과 결합할 때 색이 변하는 화합물이다. 지시약은 그 자신이 금속 이온과 반응하여 킬레이트 화합물을 생성할 능력을 가지고 있어야 하며, 그 킬레이트 화합물의 형성 상수(formation constant)는 킬레이트 시약과 금속 이온에 의하여 형성된 킬레이트 화합물의 형성 상수보다 작아야 한다. 이번 실험에서 EBT(Eriochrome Black T)를 지시약으로 사용한다. EDTA와 금속과의 킬레이트 형성 상수가 EBT-금속 간의 형성 상수보다 더 크므로 지시약을 통한 금속 이온 정량이 가능하다. 그리고 지시약과 금속 이온이 만드는 킬레이트 화합물은 분명하게 특이한 색을 띠어야 한다. EBT의 수용액은 pH 10 부근에서 청색을 띠는데 Ca^{2+}이나 Mg^{2+} 등의 금속 이온이 공존할 경우 리간드가 착물을 형성하기 쉬운 정도에 따라, Ca^{2+}, Mg^{2+}와 먼저 킬레이트 착물을 생성해 적자색을 보인다. 이 적자색의 용액을 EDTA를 적정하면 금속 이온과 EDTA가 착물을 만들고 지시약인 EBT가 착물에서 떨어져나가 용액은 청색을 띄게 되어 적정량을 알 수 있다.

Mg^{2+}-EBT 착물(적자색) + EDTA → EBT(청색) + Mg^{2+}-EDTA 착물(무색)

Ca^{2+}-EBT 착물(적자색) + EDTA → EBT(청색) + Ca^{2+}-EDTA 착물(무색)

EDTA 적정 방법: 여기서는 시료 용액을 EDTA 표준 용액으로 직접 적정하여 종말점까지 소비된 EDTA 표준 용액의 부피로부터 미지 시료의 농도를 확인하는 방법을 택한다.

2. 실험 기구 및 시약

A. 실험 기구

적정 장치 (그림 11-1)
뷰렛(buret) 50 mL 1 개
삼각 플라스크(Erlenmeyer flask) 125 mL
부피 플라스크(volumetric flask) 250 mL
부피 피펫(volumetric pipet) 25 mL 1개
눈금 피펫(graduated pipet) 10 mL 1개
깔때기(funnel)
약수저(spatula)
가열판(hot plate)
자석 젓게(magnetic stirring bar)

B. 시약

0.01 M Ca^{2+} 표준 용액
0.01 M Na_2H_2Y 용액
물 시료(수돗물)
pH 10 buffer solution
EBT(Eriochrome Black T) 지시약

3. 실험 방법

실험 A. 표준 Ca^{2+} 용액으로 Na_2H_2Y 용액 표준화

1. EDTA 표준 용액 만들기: 대략 0.01 M Na_2H_2Y 용액 250 mL를 만드는데 필요한 $Na_2H_2Y \cdot 2H_2O$ (FW: 372.25)의 질량을 계산한다. 저울에서 달아 증류수 100 mL 가량 들어 있는 250 mL 부피 플라스크에 넣고 약간 데우면서 흔들어 녹인다. 눈금까지 증류수로 채운다.
2. 50 mL 뷰렛을 증류수로 깨끗이 씻은 후, 소량의 Na_2H_2Y 용액으로 뷰렛을 헹군

다음 그 용액으로 채운다. 뷰렛의 처음 눈금을 읽어 기록한다. 헹굴 때 소량의 용액을 뷰렛 끝으로 흘려보낸다.

3. 125 mL 삼각 플라스크에 미리 준비해 둔 0.01 M 정도의 Ca^{2+} 표준 용액 25.0 mL, 완충 용액 (pH 10) 1 mL, EBT 지시약 2 방울을 차례로 넣는다. 이 때 색이 어떻게 변하는지 관찰한다.
3. Na_2H_2Y 용액으로 적정한다. 종말점 부근에서는 서서히 적정하는데 마지막 몇 방울은 3-5초 간격으로 조심스럽게 적정한다. 색깔 변화를 관찰하고 뷰렛에서 마지막 눈금을 읽어 기록한다.
4. 측정을 2회 더 반복한다. Na_2H_2Y 표준 용액의 농도를 계산한다.

실험 B. 센물 분석

1. 125 mL 삼각 플라스크에 물 시료 25.0 mL, 완충 용액 (pH 10) 1 mL, EBT 지시약 2방울을 차례로 넣는다. 이 때 색이 어떻게 변하는지 관찰한다.
2. 위 실험 A에서처럼 Na_2H_2Y 표준 용액으로 청색으로 변할 때까지 적정한다. 마지막 눈금을 기록한다.
3. 측정을 2회 더 반복한다. 물 시료의 세기(hardness)를 계산한다.

4. 주의 및 참고 사항

1. 모든 기구는 증류수로 잘 세척한 뒤 완전히 건조시켜 사용한다.
2. EDTA 표준 용액은 폴리에틸렌 병에 보관하도록 한다.
3. 색 변화 관찰 시 흰 종이를 밑에 까는 것이 좋다.

5. 생각해볼 사항

1) pH 10 완충 용액을 첨가하는 이유는 무엇일까?
2) 세기(hardness)가 오직 $CaCO_3$만에 의한 것이라고 가정하면, 1 L 시료당 mg $CaCO_3$의 세기를 나타내 보아라.
3) 종말점에서 색깔 변화는 어떤 반응의 결과로 일어나는가?

6. 실험 결과

실험 A. 표준 Ca^{2+} 용액으로 Na_2H_2Y 용액 표준화

0.01 M Na_2H_2Y 용액 250 mL를 만드는데 필요한 Na_2H_2Y•2HO의 질량:

_______________g

	실험 1	실험 2	실험 3
1. 표준 Ca^{2+} 용액 부피 (mL)	25.0	25.0	25.0
2. 표준 Ca^{2+} 농도		______________	
3. Ca^{2+} 몰 수 = Na_2H_2Y 몰 수	______	______	______
4. 뷰렛 시작 눈금 (mL)	______	______	______
5. 뷰렛 마지막 눈금 (mL)	______	______	______
6. Na_2H_2Y 적정 부피 (mL)	______	______	______
7. Na_2H_2Y 용액의 농도 (mol/mL)	______	______	______
8. Na_2H_2Y 용액의 평균 농도 (mol/mL)		______________	

실험 B. 센물 분석

	실험 1	실험 2	실험 3
1. 물 시료 부피 (mL)	______	______	______
2. 뷰렛 시작 눈금 (mL)	______	______	______
3. 뷰렛 마지막 눈금 (mL)	______	______	______
4. Na_2H_2Y 적정 부피 (mL)	______	______	______
5. Na_2H_2Y 몰 수 = Ca^{2+}+Mg^{2+} 몰 수	______	______	______
6. $CaCO_3$ 상당 질량 (g)	______	______	______
7. $CaCO_3$ ppm	______	______	______
8. $CaCO_3$ 평균 ppm		______________	

읽을거리

토양 속의 납 제거

오염된 토양에서 오염물을 제거하는 일에도 과학자들의 창의성이 요구된다. 미국 뉴저지에 있는 어느 지역에서는 토양 1 kg 당 납(lead)이 2 g 이나 오염되어 있는데, 생명공학자들이 마른 인디언 겨자 식물(Indian mustard plant) 1 kg 당 4 g의 납을 흡수할 수 있음을 알아냈다. 콩과 식물들은 납을 10 g/kg 이상 흡수한다. 그래서 이 같은 식물을 경작한 뒤 수확하면 납을 회수할 수 있다. 이런 방법을 식물정화(phytoremediation)라고 한다.

이 같은 사실에 EDTA로 할 수 있는 일은 무엇인가? 토양에 있는 납은 주로 불용성 염이나 흙에 단단히 결합되어 인디언 겨자 식물에 쉽게 흡수되지 않는다. 만약 EDTA를 토양에 넣어 주면 납은 $Pb(EDTA)^{2-}$와 같이 수용성이 되어 식물 뿌리에 잘 흡수된다. 다만 이 같은 방법의 단점은 비가 온 후에는 수용성 $Pb(EDTA)^{2-}$가 토양을 통해 이동되고 퍼져 나간다는 사실이다.

실험 22

평형 상수와 용해도곱 결정

Determination of Equilibrium Constant and Solubility Product

■ 목표 : 색깔을 비교하는 방법으로 착이온의 농도를 알아내어 착이온 생성 반응의 평형상수를 결정하고, $Ca(OH)_2$ 포화 용액에 공통이온 효과를 이용해서 용해도곱을 결정한다.

■ 핵심 개념 : 평형(equilibrium), 평형 상수(equilibrium constant), 용해도곱 (solubility product), 비색법(colorimetry)

■ 관련 개념 : 공통이온 효과(common ion effect), 베르의 법칙(Beer's law), 르샤틀리에의 원리(Le Chatelier's principle), 착이온(complex ion),

1. 서론

반응물을 섞어서 적당한 조건을 만들어주면 생성물이 만들어지기 시작한다. 그러나 이런 반응은 언제까지나 진행되지 않고, 시간이 지나면 더 이상 반응이 진행되지 않는 것처럼 보이는 평형(equilibrium)에 도달하게 된다. 이런 평형 상태에서는 반응물이 소모되지도 않고, 생성물이 더 이상 만들어지지도 않아서 겉보기에는 아무런 화학 반응이 진행되고 있지 않은 것처럼 보인다. 그러나 실제로는 생성물이 만들어지는 정반응과 생성물이 다시 반응물로 되돌아가는 역반응이 정확하게 같은 속도로 일어나기 때문에 겉보기에 아무런 변화가 없는 것처럼 보이는 것이다.

화학 반응이 평형에 도달했을 때, 반응물과 생성물의 농도는 일정한 관계를 갖게 된다. 평형에서 반응물과 생성물의 상대적인 양의 비는 평형 상수(equilibrium constant)로 나타낼 수 있다. 평형 상수는 온도에 따라 다른 값을 갖지만, 처음에 넣어준 반응물의 양에 따라서 달라지지는 않는다.

이 실험에서는 착이온($Fe(SCN)^{2+}$)이 생성되는 반응과 수산화 칼슘($Ca(OH)_2$)이 물에 녹는 반응의 평형 상수를 측정한다. 질산철(III) 용액과 싸이오사이안산 칼륨(KSCN) 용액을 섞으면 짙은 붉은색의 착이온인 $Fe(SCN)^{2+}$가 만들어진다.

$$Fe^{3+}(aq) + SCN^-(aq) \rightleftarrows Fe(SCN)^{2+}(aq)$$

이 반응의 평형 상수는 다음과 같이 주어진다.

$$K = \frac{[Fe(SCN)^{2+}]}{[Fe^{3+}][SCN^{-}]} \tag{22-1}$$

넣어준 Fe^{3+}와 SCN^{-}의 농도가 각각 a와 b이고, 평형에 도달했을 때 $Fe(SCN)^{2+}$ 이온의 농도가 x라면 평형 상수는 아래와 같이 표현된다.

$$K = \frac{x}{(a - x)(b - x)} \tag{22-2}$$

이 반응에서 생성된 착이온의 농도는 분광광도계를 사용하면 정확하게 측정할 수 있다. 여기서는 착이온의 색깔이 짙기 때문에 표준 용액의 색깔과 비교해서도 쉽게 그 농도를 알아낼 수 있다.

빛을 흡수하는 물질이 녹아있는 용액의 흡광도는 베르의 법칙(Beer's law)을 따른다. 즉 용액에 의하여 빛이 흡수되는 정도는 용액의 농도와 빛이 용액을 통과하는 거리의 곱에 비례한다. 예를 들어서 2 M 용액이 길이가 1 cm인 용기에 들어있을 때의 색과 1 M 용액이 2 cm의 용기에 들어있을 경우의 색은 똑같아 보인다. 따라서 농도를 알고 있는 $Fe(SCN)^{2+}$ 표준 용액의 색과 농도를 알고 싶어하는 용액의 색을 비교해서 알 수 있다. 이런 방법을 비색법(colorimetry)이라고 한다.

농도가 C_0인 $Fe(SCN)^{2+}$ 용액을 높이가 L_0 cm가 되도록 시험관에 넣고, 농도를 알고 싶은 $Fe(SCN)^{2+}$ 용액을 다른 시험관에 넣어서 두 시험관 속에 담긴 용액의 색깔이 같아지도록 용액의 양을 조절한다. 미지 시료를 담은 시험관에서 용액의 높이가 L_1이라면, 미지 시료의 농도 C_1은 다음 식으로 주어진다.

$$C_1 = \frac{C_0 L_0}{L_1} \tag{22-3}$$

$Fe(SCN)^{2+}$ 표준 용액은 일정한 양의 SCN^{-}을 넣은 용액에 Fe^{3+}을 과량으로 넣어서 평형을 오른쪽으로 충분히 이동시키면 만들어진다.

용해도보다 더 많은 양의 고체 물질을 물에 넣어주면, 일부는 물에 녹고 나머지는 고체로 남아있게 된다. 이런 경우의 평형 상수는 물 속에 녹아 있는 이온의 농도만으로 표현되는 "용해도곱"(solubility product)으로 나타낼 수 있다.

과량의 수산화 칼슘을 물에 넣어 포화 용액을 만들면 용액 속에서 다음과 같은 평형이 이루어진다.

$$Ca(OH)_2(s) \rightleftarrows Ca^{2+}(aq) + 2OH^-(aq)$$

이 반응의 평형 상수인 용해도곱은 다음과 같이 표현된다.

$$K_{sp} = [Ca^{2+}][OH^-]^2 \tag{22-4}$$

이 경우에 녹지 않고 남아있는 고체 수산화 칼슘은 화학 포텐셜이 일정하기 때문에 평형에 영향을 미치지 않아서 평형 상수에 포함시킬 필요가 없으며, 용해도곱은 온도에 따라 다른 값을 갖는다. 용해도곱은 일정한 용매의 양에 녹을 수 있는 용질의 양을 나타내는 "용해도"(solubility)와 같은 의미를 갖지만, 물에 잘 녹지 않는 용질의 특성을 나타낼 때 유용하게 사용된다.

수산화 칼슘의 포화 용액에 OH^-을 더 넣어주면 평형이 왼쪽으로 이동하면서 Ca^{2+}의 농도가 감소하고 K_{sp}는 일정한 값을 유지한다. 이러한 효과를 공통이온 효과라고 한다. 이 실험에서는 농도를 알고 있는 NaOH 용액에 수산화 칼슘을 포화시킨 후에 용액 속에 남아있는 OH^-의 농도를 염산 표준 용액으로 적정해서 결정한다.

2. 실험 기구 및 시약

A. 실험 기구

100 × 20 mm(test tube) 시험관 7개
눈금 실린더(graduated cylinder) 10 mL, 50 mL
스포이드(dropper)
그래프 용지(graph paper or grid paper)
테이프(tape)
시험관대(test tube rack)
부피 플라스크(25 mL) (volumetric flask) 4개
비커(100 mL) (beaker) 4개
뷰렛(buret), 50 mL
뷰흐너 깔때기(Büchner funnel)
감압 플라스크(suction flask)
온도계(thermometer), 0~100 ℃
고무관(rubber tube)
거름 종이(filter paper)
시약주걱(spatula)

B. 시약

0.2 M $Fe(NO_3)_3$(iron(III) nitrate)

0.002 M KSCN(potassium thiocyanide) (실험 전에 새로 만들어서 사용하는 것이 좋다)

0.10 M, 0.050 M, 0.025 M NaOH(sodium hydroxide)

0.10 M HCl 표준 용액(hydrochloric acid standard solution)

$Ca(OH)_2$(calcium hydroxide)

페놀프탈레인 지시약(phenolphthalein indicator)

3. 실험 방법

실험 A. 평형 상수의 결정

1) 5개의 시험관에 번호를 붙여서, 시험관대에 나란히 꽂아두고, 새로 만든 0.002 M KSCN 용액 5 mL 씩을 눈금 실린더로 측정해서 넣는다.
2) 1번 시험관에 0.2 M $Fe(NO_3)_3$ 용액 5.0 mL를 눈금 실린더로 측정해서 넣고 잘 흔들어준다. 이 시험관의 SCN^-는 모두 $Fe(SCN)^{2+}$로 변환되었다고 생각하고 표준 용액으로 사용한다.
3) 0.2 M $Fe(NO_3)_3$ 10 mL를 10 mL 눈금 실린더로 측정해서 25 mL 부피 플라스크에 넣고, 증류수를 가해서 전체 부피가 25 mL가 되도록 한다. 용액을 비커에 옮겨서 잘 섞은 다음 5.0 mL를 덜어서 2번 시험관에 넣고 잘 흔들어준다.
4) 3)에서 만든 $Fe(NO_3)_3$ 용액 10 mL를 취해서 같은 방법으로 묽힌 다음 5.0 mL를 덜어서 3번 시험관에 넣고 잘 흔들어준다.
5) 같은 방법으로 묽힌 $Fe(NO_3)_3$ 용액을 5번 시험관까지 채운다. 용액을 묽힐 때마다 눈금 실린더와 비커를 깨끗이 씻어야 한다.
6) 1번과 2번 시험관을 종이로 둘러싸고 느슨하게 테이프를 붙여서 시험관 옆에서 빛이 들어오지 않도록 만든다. 종이 속의 시험관이 움직일 수 있어야 한다. 흰 종이 위에 두 시험관을 나란히 세운 후에 깨끗하게 씻어서 말린 빈 시험관 하나를 더 준비한다.
7) 1번과 2번 시험관을 위쪽에서 내려다보았을 때 두 용액의 색깔이 같아질 때까지 스포이드를 이용해서 1번 시험관의 용액을 빈 시험관에 한 방울씩 덜어낸다.
8) 시험관을 둘러싼 종이를 벗겨내고, 밀리미터 단위의 눈금이 새겨진 그래프 용지를 시험관 뒤에 세워서 1번과 2번 시험관에 들어있는 용액의 높이를 측정한다.
9) 3, 4, 5번 시험관에 들어있는 용액도 같은 방법으로 1번 시험관에 들어있는 용액의 색깔과 비교해서 그 높이를 측정한다.

실험 B. 용해도곱 상수의 결정

1) 깨끗하게 씻어서 말린 100 mL 비커 4개에 각각 증류수, 0.10 M, 0.050 M, 0.025 M NaOH 용액을 25 mL 눈금 실린더로 50 mL씩 넣는다.
2) 각 비커에 시약주걱으로 반 정도의 수산화 칼슘 고체를 넣고 10분간 잘 저어서 평형에 도달하도록 한다.
3) 각 비커의 용액을 뷰흐너 깔때기를 이용해서 감압하여 거르고, 거른액을 따로 보관한다. 이 때 거른액이 묽혀지면 안 된다는 점에 유의하고, 각 용액의 온도를 기록한다.
4) 거른액 25 mL를 눈금 실린더로 취해서 100 mL 삼각 플라스크에 담고, 페놀프탈레인 지시약 2~3 방울을 가한 다음에 0.10 M HCl 표준 용액으로 적정한다.

4. 주의 및 참고 사항

1) 산-염기 적정에 대해서는 실험 13을 참고한다.

5. 실험 결과 처리

실험 A. 평형 상수의 결정

1) 1번 시험관의 $[Fe(SCN)^{2+}]$를 계산한다.
2) 2~5번 시험관에 넣어준 $[Fe^{3+}]$와 $[SCN^-]$를 계산한다.
3) 두 시험관의 색깔을 비교하여 얻은 용액의 높이를 측정하고 식 (22-3)을 이용해서 각각의 $[Fe(SCN)^{2+}]$를 계산한다.
4) 식 (22-2)를 이용해서 평형 상수를 계산한다.

실험 B. 용해도곱의 결정

1) 각 비커의 거른액을 적정해서 $[OH^-]$를 계산한다.
2) 적정해서 얻은 $[OH^-]$에서 $Ca(OH)_2$를 넣어주기 전의 $[OH^-]$(각각 0.0, 0.010, 0.050, 0.025 M)을 뺀 값이 $Ca(OH)_2$가 녹아서 생긴 OH^-의 농도에 해당한다.
3) $[Ca^{2+}]$은 2)에서 얻은 $[OH^-]$의 절반에 해당한다. 식 (22-4)를 이용해서 용해도곱을 계산한다.

6. 생각해볼 사항

1) 용해도와 용해도곱의 관계를 알아보아라.

2) AgI(s), CuI(s), $CaSO_4$(s)의 상대적 용해도의 순서는? (단, AgI(s)의 K_{sp} = 1.5 × 10^{-16}, CuI(s)의 K_{sp} = 5.0 × 10^{-12}, $CaSO_4$(s) K_{sp} = 6.1 × 10^{-5})

3) 용해도는 침전을 이용한 양이온의 정성 분석에 어떻게 사용되는가?

7. 실험 결과

실험 A. 평형 상수의 결정

1. 실험 결과

시험관 번호	혼합 용액의 처음 농도, M		색이 같아졌을 때의 높이
	Fe^{3+}	SCN^-	
1			–
2			
3			
4			
5			

2. 평형 농도 및 평형 상수

시험관 번호	$[Fe(SCN)^{2+}]$	$[Fe^{3+}]$	$[SCN^-]$	K
1		–	–	–
2				
3				
4				
5				

3. 실험에서 구한 K값을 이용하여 시험관 1의 표준 용액에 대해 평형 상태에서 남아 있는 SCN^-의 농도와 처음에 가한 SCN^-의 농도를 계산하고, 처음에 가한 SCN^-가 모두 $Fe(SCN)^{2+}$로 변하였다는 가정의 타당성을 검증하여라.

실험 B. 용해도곱의 결정

	순수한 물	0.1 M NaOH 용액	0.05 M NaOH 용액	0.025 M NaOH 용액
온도(℃)				
0.10 M HCl의 부피(mL)				
용액 속의 $[OH^-]$, (M)				
초기의 $[OH^-]$ (M)				
$Ca(OH)_2$가 녹아서 생긴 $[OH^-]$, (M)				
$[Ca^{2+}]$, (M)				
$Ca(OH)_2$의 용해도				
K_{sp}				

2. 각 용액에서의 $Ca(OH)_2$의 용해도를 비교하고, 용액에 따라 용해도의 차이가 나는 사실을 르샤틀리에의 원리(Le Chatelier's principle)를 적용하여 설명하여라.

3. 각 용액에서의 용해도곱을 비교하고, 용해도곱이 상수임을 알아보자. 실험에서 얻은 값과 문헌에서 조사한 자료를 비교하여 보아라.

4. $\log[Ca^{2+}]$ 대 $\log[OH^-]$를 그래프로 그리고 K_{sp}를 구하여라.

읽을거리

물, 생명의 근원

산소 원자의 양쪽에 두 개의 수소 원자가 105.4° 의 각도를 이루면서 결합하고 있는 물은 우리가 살고 있는 지구상에 특별히 흔하게 존재하는 화합물로 지구 표면의 70% 정도가 물로 덮여 있다. 화학적으로 매우 독특한 특성을 가지고 있는 물은 다양한 화학 반응이 일어나는 환경을 제공해주는 중요한 용매이다. 지구상의 생명이 물에서부터 시작되었다는 추측도 바로 이런 물의 특성에 근거를 둔 것이다.

산소와 같은 족에 속하므로 화학적으로 물과 비슷한 성질을 가질 것이라고 생각되는 H_2S, H_2Se, H_2Te와 비교할 때 물의 1기압에서의 녹는점은 -89 ℃이고 끓는점은 -60 ℃ 정도일 것으로 예측된다. 그러나 실제 물의 녹는점과 끓는점은 0 ℃와 100 ℃로 화학적으로 비슷한 종류의 화합물보다 대단히 높은 편이다. 그렇기 때문에 생명체가 살아가기에 적당한 상온에서 물은 기체가 아니라 액체로 존재하여 유용한 용매의 역할을 하게 된다.

또한 대부분의 다른 물질과는 달리 물은 0 ℃에서 4 ℃ 사이에서는 온도가 증가하면 부피가 감소하고, 얼음의 밀도가 액체의 물의 밀도보다 작아서 얼음이 얼게 되면 부피가 늘어나는 독특한 특성을 나타낸다. 그래서 강물이 얼게 되면 밀도가 작은 얼음이 물 위로 떠오르게 되어서 수중 생물들이 추운 겨울에도 생명을 유지할 수 있는 환경을 제공한다.

그리고 액체의 물은 화학적으로 비슷한 다른 물질과 비교할 때 열용량이 대단히 크기 때문에 냉각제 또는 열매로 사용된다. 화학 공장의 반응로에서 나오는 열을 제거하기 위한 냉각탑의 냉각수와 가정이나 빌딩의 난방 시스템에 물을 사용하는 것도 바로 물의 큰 열용량을 이용하는 것이다.

이밖에도 액체 상태의 물은 표면 장력과 점성에서도 다른 물질과는 매우 다르며, 유전율도 매우 큰 특성을 가지고 있다.

물의 독특한 특성은 대부분 물 분자의 구조 때문에 나타난다. 물 분자는 전기 음성도가 매우 큰 산소 분자의 양쪽에 전기 음성도가 매우 작은 수소 원자가 굽어진 형태로 결합하고 있기 때문에 극성이 매우 큰 분자이고, 액체와 고체 상태에서는 분자들 사이에 비교적 강한 수소 결합이 형성되는 것도 물의 독특한 특성의 원인이다.

실험 23 화학 반응 속도 Chemical Reaction Rate

■ 목표 : 화학 반응 속도식의 속도 상수와 반응 차수를 실험적으로 결정한다.

■ 핵심 개념 : 반응 속도(reaction rate), 속도 상수(rate constant), 반응 차수(reaction order)

■ 관련 개념 : 반응 메커니즘(reaction mechanism), 활성화 에너지(activation energy), 분자살(molecular beam), 촉매(catalyst), 반응 중간물질(reaction intermediate), 자유 에너지(free energy), 평형 상수(equilibrium constant)

1. 서론

화학 반응이 진행되어 어느 정도의 생성물이 만들어질 것인가는 화학 열역학에서 자유 에너지와 관련된 평형 상수로부터 알 수 있다. 그러나 열역학적으로 생성물이 만들어질 수 있다고 하더라도 화학 반응의 속도가 매우 느릴 경우에는 상업적으로 쓸모가 없을 수 있다. 그러므로 화학 반응의 속도를 정확하게 알아내고, 속도에 영향을 미칠 수 있는 요인을 확실하게 밝히는 일은 화학에서 매우 중요하다.

화학 반응의 속도에 영향을 미치는 요인은 다양하다. 일반적으로 반응 속도는 온도에 매우 민감하며, 기체의 반응은 압력에 의해서도 크게 변하게 된다. 또한 반응 속도는 반응 물질의 농도에 따라 민감하게 변화하기도 하고, 촉매(catalyst)를 넣어주면 반응 속도가 대단히 빨라지기도 한다. 화학 반응의 속도에 영향을 미치는 요인들을 정확하게 파악하면 화학 반응이 구체적으로 어떤 과정을 거쳐서 일어나는가를 설명하는 반응 메커니즘(reaction mechanism)을 알아낼 수 있게 된다.

반응 물질이 서로 만나서 생성물로 변환되는 과정에서는 반응 물질이나 생성 물질보다 상대적으로 불안정한 활성화물(activated complex)이라고 하는 반응 중간물질이 만들어진다. 따라서 활성화물이 만들어지기 위해서는 충분한 에너지를 가진 반응 물질의 분자들이 많이 있어야만 한다. 반응이 일어나기 위해서 필요한 최소한의 에너지를 활성화 에너지(activation energy)라고 부르는데, 활성화 에너지가 클수록 반응 속도는 느려지게 된다.

화학 반응의 속도로부터 반응 메커니즘을 알아내어 화학 반응의 본질을 연구하는 분야를 화학 반응 속도론(chemical kinetics)이라고 한다. 최근에는 분자살(molecular beam) 기술과 다양한 레이저 기술과 함께 양자 화학이 발달해서 분자 하나하나가 어떤 경로를 거쳐서 반응을 하게 되는가를 구체적으로 설명하는 반응 동력학(reaction dynamics)도 많이 연구되고 있다.

화학 반응의 속도는 생성 물질이 시간에 따라서 얼마나 만들어지는가 또는 반응 물질이 시간에 따라서 얼마나 소모되는 가로 표현한다. 예를 들어서,

$$aA + bB \rightarrow cC + dD$$

와 같은 반응에서 반응 속도는 다음과 같이 나타낸다.

$$v = -\frac{1}{a}\frac{d[A]}{dt} = -\frac{1}{b}\frac{d[B]}{dt} = \frac{1}{c}\frac{d[C]}{dt} = \frac{1}{d}\frac{d[D]}{dt} \qquad (23-1)$$

이러한 반응 속도는 반응 물질이나 생성 물질의 농도가 시간에 따라 어떻게 변하는가를 직접 측정해서 결정한다. 용액의 경우에는 적정을 하거나 흡광도나 전기 전도도, 또는 형광 등을 측정해서 시간에 따른 농도의 변화를 측정할 수 있고, 기체의 경우에는 일정한 압력에서 부피의 변화를 측정할 수 있다. 어떤 실험 방법을 사용할 것인가는 반응 물질과 생성 물질의 특성과 반응 속도가 얼마나 큰 가에 따라서 결정된다. 반응 속도가 비교적 느릴 경우에는 농도의 변화를 측정하는 데에 충분한 여유가 있지만, 반응 속도가 큰 경우에는 담금질(quenching)을 이용하거나 고속 흐름 장치(fast flow cell)와 같은 특별한 실험 장치를 사용해야만 한다.

일반적으로 반응 속도는 반응 물질의 농도에 의존하기 때문에 다음과 같은 속도식(rate equation)으로 표현한다.

$$v = k[A]^a[B]^b \qquad (23-2)$$

여기서 k는 온도에 따라 민감하게 변하는 속도 상수(rate constant)이고, a와 b은 반응 차수(reaction order)라고 한다. 반응 차수는 화학 반응식에 나타나는 화학량론적 상수와는 아무런 관계가 없고, 실험을 통해서만 결정할 수 있으며 반응 메커니즘에 대한 정보를 담고 있는 매우 중요한 상수들이다. 반응 메커니즘이 단순한 경우에는 반응 차수가 정수가 되지만 그렇지 않은 경우도 대단히 많다.

이 실험에서는 과산화수소(H_2O_2)가 물과 산소 기체로 분해되는 반응의 속도를 측정한다.

$$H_2O_2 \rightarrow H_2O + \frac{1}{2}O_2$$

이 분해 반응의 속도는 매우 느리기 때문에 상온에서는 잘 일어나지 않지만 KI를 촉매로 넣어주면 반응의 속도가 상당히 빨라지고, 반응의 속도는 일반적으로 다음과 같이 표현한다.

$$v = -\frac{d[H_2O_2]}{dt} = k[H_2O_2]^a[KI]^b \qquad (23-3)$$

이 실험에서는 과산화수소의 분해 반응으로 생기는 산소 기체의 양을 측정해서 시간에 따른 산소 기체의 발생량을 그래프로 나타내어서 그 기울기로부터 반응 속도를 알아낸다. 반응이 충분히 진행된 후에는 반응 용기 속의 반응 물질의 농도가 바뀌기 때문에 반응 속도도 달라지게 되므로 이 실험에서는 반응이 시작된 직후의 속도를 측정해서 원하는 정보를 알아낸다. 초기의 반응 속도는 그래프의 시작 부분에서의 기울기로부터 쉽게 알아 낼 수 있다.

반응 차수를 결정하기 위해서는 몇 번의 실험을 반복해야만 한다. 이 실험에서는 H_2O_2와 KI의 초기 농도가 다른 경우의 반응 속도를 측정해서 그 결과로부터 반응 차수를 알아낸다. 반응 물질의 전체 양을 일정하게 하면 반응에 사용한 용액의 부피를 농도로 사용할 수 있으며, 이 실험에서는 표 23-1과 같은 세 가지 반응 용액의 부피를 초기 농도로 사용한다. 이 경우에 속도식은 각각 다음과 같이 표현할 수 있다.

$$v_a = k[5]^a[10]^b \qquad (23-4)$$
$$v_b = k[10]^a[10]^b \qquad (23-5)$$
$$v_c = k[5]^a[20]^b \qquad (23-6)$$

표 23-1 반응의 초기 농도

	3% H_2O_2 (mL)	0.15 M KI (mL)	증류수 (mL)	전체 부피 (mL)
반응 1	5	10	15	30
반응 2	10	10	10	30
반응 3	5	20	5	30

식 (23-4), (23-5), (23-6)을 이용하면 다음과 같은 결과를 얻을 수 있다.

$$\log \frac{v_b}{v_a} = a\log 2 = 0.3a \quad (23\text{-}7)$$

$$\log \frac{v_c}{v_a} = b\log 2 = 0.3b \quad (23\text{-}8)$$

따라서, 반응 물질의 농도가 서로 다른 경우의 반응 속도 3가지를 측정하면 반응 차수 a와 b를 계산할 수 있다.

2. 실험 기구 및 시약

A. 실험 기구

250 mL 삼각 플라스크(Erlenmeyer flask)
물통(water bottle)
기체 부피 측정관 또는 50 mL 뷰렛(buret)
수위 조절 용기 또는 비커(beaker)
25 mL 눈금 실린더(graduated cylinder)
10 mL 눈금 피펫(graduated pipet) 또는 10 mL 눈금 실린더(graduated cylinder)
온도계(thermometer) (0~100 ℃)
고무관과 고무 마개(rubber tube, rubber stopper) 2개
초시계(stop watch)
시험관(test tube)

B. 시약

3% H_2O_2(hydrogen peroxide)
0.15 M KI(potassium iodide)

3. 실험 방법

1) 그림 3-1과 같이 반응 용기와 기체의 부피를 측정하는 장치를 준비한다. 기체 부피를 측정하는 관은 50 mL 뷰렛을 사용해도 된다. 뷰렛의 위쪽에는 기체가 새어 나가지 않도록 연한 고무 마개를 사용한다.
2) 물통에 3~5 cm 높이까지 물을 채우고 온도계를 설치한 후, 기체 부피 측정관의

고무 마개를 열고 물을 가득 채운다. 수위 조절 용기의 높이를 조절해서 물 높이가 측정관에 새겨진 눈금의 가장 높은 곳에 오도록 한 후에 마개를 완전히 닫는다. 측정관의 연결 부위가 새지 않는가를 확인하고 물 높이를 읽어서 기록한다.

3) 반응 용기에 0.15 M KI 10 mL와 증류수 15 mL를 넣고 흔들어주어서 혼합물의 온도가 물통에 담긴 물의 온도와 같아지도록 한다. 3% H_2O_2 용액 5 mL를 넣고 마개를 막은 다음 잘 흔들어준다. 체온 때문에 반응 용기의 온도가 올라가지 않도록 반응 용기의 끝 부분만 잡는 것이 좋다.

4) 약 2 mL의 산소가 발생될 때부터 시간을 재기 시작한다. 발생한 기체에 작용하는 압력이 일정한 상태에서 산소 기체의 부피를 측정해야 하기 때문에 수위 조절 용기의 높이를 기체 부피 측정관의 물 높이에 따라서 움직이면서 산소 기체의 부피를 측정해야 한다. 산소 기체가 2 mL씩 생성될 때마다 걸린 시간을 측정하는 일을 산소 기체의 부피가 14 mL가 될 때까지 반복한다.

5) 반응 용기를 증류수로 깨끗이 씻은 다음에 0.1 M KI 10 mL와 증류수 10 mL에 3% H_2O_2 10 mL를 첨가해서 위의 실험을 반복한다.

6) 다시 반응 용기를 씻은 다음 0.1 M KI 20 mL와 증류수 5 mL에 3% H_2O_2 5 mL를 첨가해서 위의 실험을 반복한다.

4. 주의 및 참고 사항

1) H_2O_2의 분해 반응은 심한 발열 반응이기 때문에 진한 과산화수소 용액을 사용하는 것은 바람직하지 않다.

5. 실험 결과 처리

1) 발생한 산소 기체의 양을 세로축으로 하고, 발생할 때까지 걸린 시간을 가로축으로 하여 실험 결과를 그래프로 나타낸다. 시간은 처음 2 mL의 산소 기체가 발생하였을 때부터 측정해도 된다.

2) 반응 초기 부분을 중심으로 기울기를 계산하고, 식 (23-7)과 (23-8)을 이용해서 반응 차수를 계산한다.

3) 실험에서 얻은 반응 차수를 이용해서 속도 상수 k를 계산한다.

6. 실험 결과

1. 산소 발생에 걸린 시간 (분)

산소의 부피(mL)	혼합물 A	혼합물 B	혼합물 C
	KI 10 mL	KI 10 mL	KI 20 mL
	3% H_2O_2 5 mL	3% H_2O_2 10 mL	3% H_2O_2 5 mL
	증류수 15 mL	증류수 10 mL	증류수 5 mL
2.0			
4.0			
6.0			
8.0			
10.0			
12.0			
14.0			

2. 초기 반응 속도

산소의 부피(mL)	혼합물 A	혼합물 B	혼합물 C
	KI 10 mL	KI 10 mL	KI 20 mL
	3% H_2O_2 5 mL	3% H_2O_2 10 mL	3% H_2O_2 5 mL
	증류수 15 mL	증류수 10 mL	증류수 5 mL
초기 반응 속도			

3. 반응 차수와 속도식

a(H_2O_2에 대한 반응 차수) ______________________

b(KI에 대한 반응 차수) ______________________

반응 속도식 ______________________

4. 반응 용액의 전체 부피가 같을 경우에는 사용한 반응 물질의 부피를 반응 물질의 농도 대신 사용 할 수 있는 이유를 설명해 보아라.

5. 반응 차수에 따라 속도 상수의 단위가 달라짐을 알아 보아라.

6. 반응 A보다 반응 B와 C의 온도가 더 높았다면 결과에 어떤 영향을 미치겠는가?

7. H_2O_2의 분해 반응에 촉매로 작용하는 물질은 어떤 것들이 있는가 알아보자.

읽을거리

물질의 상과 반응 속도

분자들이 반응하기 위해서는 우선 반응 물질이 서로 충돌해야 하고, 충돌하는 분자들 중에서 충분한 에너지를 가지고 있고, 충돌의 방향이 정확하게 맞을 경우에만 화학 반응이 진행되어 활성화물을 거쳐서 생성 물질이 만들어진다.

기체의 경우에는 초속 수백 미터의 속도로 매우 빠르게 움직이고 있기 때문에 기체 분자들을 섞어두면 서로 충돌하는 분자들의 수가 엄청나게 많고, 빠르게 움직이는 분자들은 상당한 운동 에너지를 가지고 있기 때문에 일반적으로 기체 상태에서의 화학 반응은 매우 빠르게 일어난다.

분자들이 일정한 위치에서 움직이지 못하는 고체의 경우에는 서로 다른 반응 물질이 충돌할 수 있는 기회가 매우 드물기 때문에 고체 상태에서의 화학 반응은 매우 느리다.

그러나 액체 상태에서의 화학 반응은 매우 특별하다. 액체의 경우에도 고체와 비슷하게 분자들의 위치가 비교적 고정되어 있어서 쉽게 돌아다니지 못하기 때문에 반응의 속도가 기체와 고체의 반응 속도의 중간 정도가 될 것으로 짐작된다. 그러나 실제로 액체에서의 화학 반응은 기체에서의 반응보다 결코 느리지 않다. 우리 몸 속에서 일어나는 화학 반응은 물론이고 일상 생활이나 화학 공장에서 사용하는 화학 반응의 대부분이 액체에서의 화학 반응이라는 사실을 보면 그런 사실을 쉽게 이해할 수 있다.

액체에서는 분자들이 잘 돌아다니지 못하기 때문에 반응할 분자들이 서로 충돌하는 횟수는 기체 분자의 경우와 비교가 되지 않을 정도로 적다. 그러나 일단 충돌한 분자들은 용매 분자로 구성된 우리에 갇혀 다시 떨어지지 못하고 오랜 시간을 충돌한 상태로 지내야만 한다. 만약 반응에 필요한 에너지가 충분하지 않을 경우에는 주위에 있는 다른 분자들과의 상호 작용을 통해서 에너지를 공급 받을 수도 있고, 방향이 정확하게 맞지 않을 경우에는 액체 분자들의 작은 움직임으로 그 방향을 조절할 수도 있는 충분한 시간적 여유가 있다. 그래서 반응 조건이 만족되지 않은 충돌이 반응으로 이어지지 않는 기체의 경우와는 달리 충돌 횟수가 훨씬 적은 액체 분자들도 자주 충돌하는 기체만큼이나 빠른 속도로 반응을 일으킬 수 있다.

실험 24 시계 반응
Clock Reaction

■ 목표 : 시계 반응을 이용해서 반응 속도의 차이가 큰 반응 단계가 연속적으로 일어나는 화학 반응의 특성을 알아본다.

■ 핵심 개념 : 반응 속도 법칙(rate law), 반응 메커니즘(reaction mechanism), 속도 결정 단계(rate determining step), 시계 반응(clock reaction)

■ 관련 개념 : 산화-환원 반응(redox reaction)

1. 서론

시계 반응은 화학 반응에 대한 흥미를 일깨우기 위해서 많이 사용된다. 지금까지 개발된 시계 반응에는 여러 종류가 있다. 일반적으로 시계 반응에는 3가지 반응 단계가 필요하다. 첫째 단계에서는 비교적 느린 속도로 반응 중간물질이 생성되고, 이것이 둘째 단계에서 빠른 속도로 소비된다. 이때 둘째 단계에는 첫째 단계에서 만들어진 생성물이 소량의 한계 물질과 반응하게 된다. 그리고 마지막 단계에서는 한계 물질이 모두 없어진 후에 첫째 단계에서 생성된 물질이 지시약과 반응해서 색깔을 나타내는 물질이 만들어지게 된다. 대부분의 경우에 마지막 단계는 가역 반응이고 매우 빠른 속도로 일어난다.

산과 염기의 중화 반응의 경우에는 수용액에 녹아있는 H^+ 이온과 OH^- 이온이 직접 결합해서 H_2O가 생성되는 단순한 단계로 반응이 진행된다. 그러나 대부분의 화학 반응은 매우 복잡한 단계를 거쳐서 일어나게 된다. 화학 반응이 진행되는 구체적인 단계들을 "반응 메커니즘"(reaction mechanism)이라고 한다.

다음과 같이 두 단계로 나누어 진행되는 반응 메커니즘을 생각해보기로 한다.

$$A \rightarrow B \qquad \text{속도 상수} = k_1$$

$$B \rightarrow C \qquad \text{속도 상수} = k_2$$

만약 첫 번째 반응 단계의 속도가 두 번째 반응 단계의 속도보다 대단히 느리다면 ($k_1 \ll k_2$), 최종 생성물 C의 농도는 아래와 같이 표현된다.

$$[C] = (1-e^{-k_1 t})[A]_0 \qquad (24\text{-}1)$$

즉, A가 B로 변환되는 속도가 B가 C로 변환되는 속도에 비해서 매우 느리기 때문에 B가 만들어지면 즉시 C로 변환되기 때문에 최종 생성물 C의 생성 속도는 B가 얼마나 빨리 만들어지는가에 의해서 결정되고, B가 C로 변환되는 속도는 최종 생성물의 생성 속도에 영향을 미치지 않는다. 이처럼 여러 단계로 일어나는 화학 반응에서 어느 단계의 반응 속도가 다른 단계보다 대단히 느린 경우에는 가장 느리게 진행되는 반응의 속도가 전체 반응의 속도를 결정하게 되고, 이런 반응 단계를 "속도 결정 단계"(rate determining step)라고 부른다. 이러한 속도 결정 단계의 개념은 도로의 병목 지점을 통과하는 차량의 수에 의해서 도로 전체의 소통량이 결정되는 것과 같은 원리로 이해할 수 있다.

속도 결정 단계가 포함된 메커니즘으로 일어나는 화학 반응 중에서 반응이 시작되고 일정한 시간이 지난 후에 갑자기 용액의 색깔이 변화하는 반응을 "시계 반응"(clock reaction)이라고 한다. 시계 반응은 마치 중화점을 찾는 반응처럼 반응 도중에 갑자기 색이 변해 그것이 마치 자명종처럼 보인다해서 붙여진 이름이다. 색깔이 변하기 전까지는 용액에서 아무런 변화도 느낄 수 없기 때문에 마치 시계 바늘이 없는 자명종 시계와 같아 보인다. 용액의 색깔이 갑자기 변하는 것은 지시약을 사용해서 산-염기 적정을 할 때 종말점에서 일어나는 현상과 비슷하다. 산-염기 적정(실험 13)에서는 종말점이 가까워지면 pH가 급격하게 변하기 때문에 지시약의 색깔이 갑자기 바뀌게 된다. 시계 반응에서는 느린 속도로 일어나는 첫 번째 반응에서 생성된 화합물이 빠른 속도로 진행되는 두 번째 반응에 의하여 곧 없어져 버리게 된다. 그러나 반응이 충분히 진행되어서 두 번째 반응에 필요한 반응 물질이 모두 없어진 후에는 첫 번째 반응의 생성물이 용액 속에 그대로 남게 되어서 용액 속에 함께 녹아있는 지시약의 색깔을 변화시키는 역할을 하게 된다.

이 실험에서는 과산화이황산 이온($S_2O_8^{2-}$)으로 요오드화 이온(I^-)을 산화시키는 반응을 이용한 시계 반응을 살펴보고, 이 반응 속도 상수를 결정한다. I^-가 산화되어서 만들어진 요오드화(I_2)는 다음의 화학 반응식에 나타난 것처럼 용액 속의 I^-와 결합해서 I_3^-형태로 존재하게 된다.

$$3I^-(aq) + S_2O_8^{2-}(aq) \rightarrow 2SO_4^{2-}(aq) + I_3^-(aq) \qquad (24\text{-}2)$$

이 반응은 매우 느리게 진행되며, 반응 속도는 다음과 같이 나타낼 수 있다.

$$\frac{d[I_3^-]}{dt} = k[I^-]^m[S_2O_8^{2-}]^n \qquad (24\text{-}3)$$

여기서, k는 속도 상수이고, m과 n은 각각 I^-와 $S_2O_8^{2-}$에 대한 반응 차수이다. 만일 용액 속에 싸이오황산 이온($S_2O_3^{2-}$)을 함께 넣어주면 식 24-2에서 만들어진 I_3^-는 $S_2O_3^{2-}$와 반응해서 다시 I^-로 환원된다.

$$I_3^-(aq) + 2S_2O_3^{2-}(aq) \rightarrow 3I^-(aq) + S_4O_6^{2-}(aq) \qquad (24-4)$$

식 24-4가 식 24-2보다 훨씬 빨리 진행되므로, 식 24-2에서 생긴 I_3^-는 같은 반응 플라스크에 들어 있는 $S_2O_3^{2-}$와 재빨리 반응하여 I^-가 된다. 따라서 $S_2O_3^{2-}$이 남아있는 한 I_3^-의 농도는 '0'이다. $S_2O_3^{2-}$이 모두 소모되어 식 24-4가 일어나지 않으면, 식 24-2에서 생성되는 요오드 분자는 더 이상 없어지지 않고 반응 플라스크에 남게 되는데, 그 순간 반응 플라스크에 있던 녹말과 요오드 분자가 반응하여 청색을 띈다. 이와 같은 과정에 의해 반응을 시작해서 청색이 나타나기까지의 시간은 $S_2O_3^{2-}$이 모두 반응하여 없어지는 데 필요한 시간을 알려주므로 시계와 같은 구실을 하게 된다. 그러므로 반응이 시작되어서 진한 청색의 녹말-I_3^- 착물이 나타날 때가지 걸리는 시간은 용액에 넣어준 $S_2O_8^{2-}$의 농도와 첫 번째 반응의 속도에 의해서 결정된다. 따라서 반응 용액에 일정한 양의 $S_2O_3^{2-}$를 넣고 일정한 양의 I^-와 $S_2O_8^{2-}$를 혼합한 후에 진한 청색이 나타날 때까지 시간을 측정하면 넣어준 $S_2O_3^{2-}$가 완전히 없어질 때까지 걸리는 시간을 알 수 있고 그 값으로부터 식 24-2에 대한 속도 상수와 반응 차수를 결정할 수 있다.

이 실험에서 이용하는 화학 반응은 전하를 가진 이온들 사이의 반응이어서 용액 속의 모든 이온의 농도에 따라 달라질 수도 있기 때문에 서로 비교할 수 있는 반응 속도를 측정하기 위해서는 용액에 들어있는 모든 이온의 농도를 일정하게 만들어 주는 것이 좋다. 이를 위해서는 반응에 참여하지 않는 KCl이나 $(NH_4)_2SO_4$ 등의 염을 녹인 용액을 넣어주면 된다.

2. 실험 기구 및 시약

A. 실험 기구

삼각 플라스크(Erlenmeyer flask) 50 mL, 100 mL

피펫(pipet) 5 mL, 10 mL, 20 mL

눈금 실린더(graduated cylinder) 10 mL

온도계(thermometer) (1~100 ℃)

스톱워치(stop watch)

스포이드(dropper)

씻기병(washing bottle)
고무 채우개(rubber filler or rubber bulb)

B. 시약

0.20 M KI(potassium iodide)
0.10 M $(NH_4)_2S_2O_8$(ammonium peroxydisulfate)
0.005 M $Na_2S_2O_3$(sodium thiosulfate)
0.20 M KCl(potassium chloride)
0.10 M $(NH_4)_2SO_4$(ammonium sulfate)
녹말 지시약(starch indicator)

3. 실험 방법

1) 실험 결과를 얻기 위해서는 표 24-1의 반응 혼합물 중에서 적어도 3가지 이상의 실험을 해야 한다. 피펫을 사용해서 100 mL 삼각 플라스크와 50 mL 삼각 플라스크에 표 24-1에 표시된 용액을 정확하게 측정해서 넣는다. KI와 $(NH_4)_2S_2O_8$ 용액의 부피는 피펫으로 정확하게 측정해야 하지만, KCl과 $(NH_4)_2SO_4$ 용액은 눈금 실린더로 측정해도 된다.
2) 100 mL 플라스크에 온도계를 넣고, 초까지 읽을 수 있는 시계를 준비한다.
3) 100 mL 플라스크에 0.005 M $Na_2S_2O_3$ 용액 5.00 mL를 정확하게 측정해서 넣고, 녹말 지시약 몇 방울을 넣는다.
4) 50 mL에 담긴 용액을 손실이 없도록 조심해서 재빨리 100 mL 플라스크에 붓고, 반응 시작 시간을 기록하거나 스톱워치를 작동시키고, 잘 흔들어준다.
5) 용액이 진한 청색으로 바뀔 때까지 걸리는 시간을 측정해서 기록하고, 용액의 온도를 기록한다.
6) 다른 혼합물을 넣기 전에 플라스크를 깨끗이 씻고 가능한 한 물기를 없애는 것이 좋다.

표 24-1 반응 혼합물의 구성

반응	100 mL 플라스크		50 mL 플라스크	
1	10 mL	0.20 M KI	10.0 mL	0.10 M $(NH_4)_2S_2O_8$
2	5.0 mL	0.20 M KI	10.0 mL	0.10 M $(NH_4)_2S_2O_8$
	5.0 mL	0.20 M KCl		
3	10.0 mL	0.20 M KI	5.0 mL 5.0 mL	0.10 M $(NH_4)_2S_2O_8$ 0.10 M $(NH_4)_2S_2O_4$
4	10.0 mL	0.20 M KI	2.5 mL 7.5 mL	0.10 M $(NH_4)_2S_2O_8$ 0.10 M $(NH_4)_2S_2O_4$
5	4.0 mL 6.0 mL	0.20 M KI 0.20 M KCl	10.0 mL	0.10 M $(NH_4)_2S_2O_8$
6	7.5 mL 2.5 mL	0.20 M KI 0.20 M KCl	7.5 mL 2.5 mL	0.10 M $(NH_4)_2S_2O_8$ 0.10 M $(NH_4)_2S_2O_4$

4. 주의 및 참고 사항

1) 이 실험은 일정한 온도에서 해야 한다.
2) 진한 청색이 나타날 때까지 걸리는 시간은 1분 이내이다.
3) 녹말 지시약은 2 g의 수용성 녹말을 $HgCl_2$(방부제) 5 mg과 함께 물 1 L에 넣고 가열해서 녹말을 모두 녹인 후에 식혀서 사용한다.
4) $(NH_4)_2S_2O_8$ 용액은 오래 방치하면 분해되므로 사용 직전에 만드는 것이 가장 좋다.

5. 실험 결과 처리

1) 반응 혼합물에서 처음에 넣어준 $[I^-]$와 $[S_2O_8^{2-}]$의 농도를 계산한다.
2) 용액이 청색으로 변할 때까지 걸리는 시간은 용액에 넣어준 싸이오황산 이온이 모두 없어질 만큼의 I_3^-가 만들어질 때까지 걸리는 시간이다. 따라서 반응 속도는 측정한 시간의 역수에 비례하게 된다.
3) 3가지 이상의 실험 결과를 식 24-3에 넣어주면 속도 상수 k와 반응 차수 m, n을 얻을 수 있다. 예를 들어서 1번의 속도를 2번의 속도로 나누어준 결과와 1번의 속도를 3번의 속도로 나누어준 결과를 이용하면 m과 n을 얻을 수 있고, 이

값을 이용하면 각각의 반응 혼합물에서의 속도 상수 k를 결정할 수 있다. 이 경우에 반응 차수는 정수가 되어야 한다. 가능하면 많은 종류의 반응 혼합물을 이용한 실험을 해서 m, n, k 값을 얻고, 속도 상수는 평균값을 기록한다.

6. 실험 결과

반응 혼합물	변색까지 걸린 시간(t)	$[I^-]$	$[S_2O_8^{2-}]$	상대 반응 속도($100/t$)
1				
2				
3				
4				
5				
6				

반응 혼합물의 온도 __________ ℃

반응 차수 m __________

n __________

속도 상수 k __________ (평균값)

📖 읽을거리

진동하는 화학 반응

화학 진동(chemical oscillation)은 1958년 러시아의 베로소프(B. P. Belousov)에 의해서 처음 밝혀진 것으로 최근에는 카오스(chaos)와 같은 새로운 현상을 이해하기 위한 방법으로 많이 연구되고 있으며, 화학 스위치(chemical switch) 등에 이용될 수 있을 것으로 예상되고 있다. 화학 진동은 용액의 색깔이 시간에 따라서 일정한 순서에 따라서 변화하는 시간에 다른 진동 반응과, 완전히 균일하게 혼합된 반응 혼합물에서 무늬가 만들어져서 퍼져나가는 공간에 따른 진동 반응으로 나누어진다.

일반적으로 화학 진동은 자동촉매(autocatalysis) 반응에 의해서 일어나게 된다. 대부분의 경우에만 반응 속도는 반응 물질의 농도에 의해서 결정되지만, 자동촉매 반응의 속도는 반응 물질뿐만 아니라 생성 물질의 농도에 의해서도 영향을 받는 경우이다. 즉, A → P의 반응 속도가 다음과 같이 주어지면 자동촉매 반응이 된다.

$$속도 = k[A][P]$$

이 경우에는 반응이 진행됨에 따라 반응 속도도 함께 증가하게 되는 독특한 특성을 보인다. 벨로소프-자보틴스키 반응(B-Z reaction)이라고 부르는 화학 진동 반응에서는 Ce^{3+}의 산화 반응에 의해서 Br^-, BrO_3^-, $HBrO_2$, BrO_2 등이 복잡한 반응 메커니즘에 따라 변환되면서 용액의 색깔이 녹색→청색→보라색→붉은색의 순서로 바뀐 후에 다시 녹색으로 돌아가는 순환 과정을 20여 차례 반복하는 특성을 보인다.

실험 25 촉매 반응 Catalytic Reaction

■ 목표 : 과산화수소의 분해 반응을 빠르게 하는 다양한 촉매와 반응을 느리게 하는 억제제의 작용과 그 원리를 알아본다.

■ 핵심 개념 : 촉매(catalyst), 균일 촉매(homogeneous catalyst), 불균일 촉매(heterogeneous catalyst), 효소(enzyme), 억제제(inhibitor)

■ 관련 개념 : 반응 속도(reaction rate), 활성화 에너지(activation energy), 반응 메커니즘(reaction mechanism), 전이 상태(transition state)

1. 서론

반응물로부터 생성물을 얻는 것은 화학의 본질 중 하나이다. 열역학(thermodynamics)은 반응의 방향과 평형 상태를 알 수 있게 해준다. 그러나 현실적으로는 주어진 반응에 대한 열역학적 선호도 못지않게 반응 속도도 중요하다. 반응이 너무 느리면 생성물을 거의 얻을 수 없고, 반대로 반응이 너무 빠르면 폭발 등으로 인해 시스템이 파괴될 수 있다. 반응의 속도를 조절하기 위한 몇 가지 방법들이 있는데, 첫 번째 방법은 반응물과 생성물의 양을 조절하여 속도를 제어하는 것이며 두 번째는 촉매(catalyst)나 억제제(inhibitor)를 사용하여 속도를 변화시키는 것이다. 이 실험에서는 여러 종류의 촉매와 억제제들을 사용하여 이들이 반응의 속도에 어떤 영향을 주는지 알아볼 것이다.

과산화수소의 분해 반응을 대상으로 촉매의 작용을 확인하여 보자.

$$2H_2O_2(aq) \rightleftarrows H_2O(l) + O_2(g)$$

일부의 반응들을 제외하고는 모든 반응에서 반응이 진행되어 생성물이 만들어지려면 반응물들은 활성화 에너지(E_a : activation energy)라고 부르는 위치 에너지의 장벽을 넘어야 한다. 위 반응에서의 에너지 장벽은 반응 초기의 과산화수소(H_2O_2) 분자에서 수소-산소 결합이 인접한 다른 분자의 수소와 새로운 산소-수소 결합을 이루면서 서서히 깨어지면서 생기는 것으로 상상해 볼 수 있다.

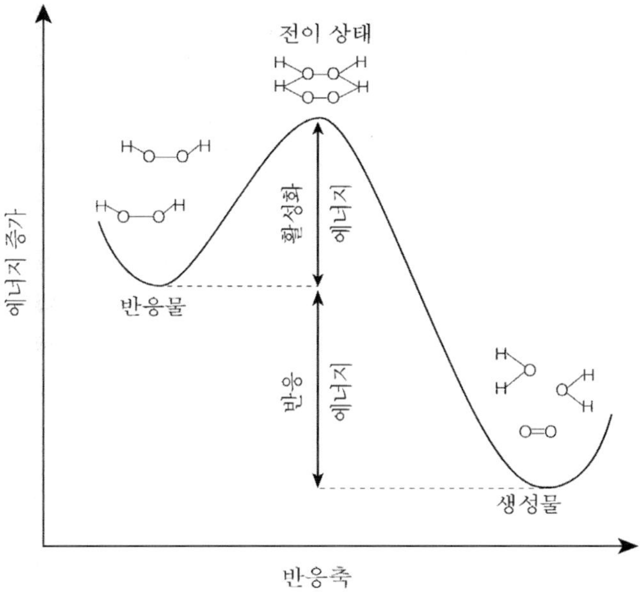

그림 25-1 에너지 도표

그림 25-1에서 반응이 일어나는 경로 중에 최고의 에너지를 가지는 화학종을 전이 상태(transition state)라고 부르는데 이러한 상태는 생성 후 대략 10^{-15}초 정도의 짧은 시간에 사라진다. 모든 전이 상태에 있는 화학종이 생성물로 변하는 것이 아니라 일부분은 반응물로 다시 돌아가며 이러한 변화는 매우 빠르게 일어난다. 이 그림에서 반응물과 생성물간의 에너지 차는 반응의 자발성을 결정하는 요소이고, 반응물과 전이 상태의 에너지 차이는 반응의 속도를 결정하는 요소이다. 그림에서 알 수 있듯이 과산화수소의 분해는 $\triangle G°$ = −118 kJ/mol인 자발적인 과정이고, 대기압에서는 E_a = 76 kJ/mol인 상당히 느린 반응이다.

반응물이 생성물로 가기 위해서 분자들은 활성화 에너지 장벽을 넘을 수 있는 충분한 열에너지를 가져야 한다. 주어진 온도에서 분자들은 특정 에너지 분포를 보이는데, 모든 분자들의 평균 열에너지는 RT에 비례한다. 분자들 중에서 E_a 이상의 에너지를 가지는 분자들의 분율은 활성화 에너지와 열에너지의 비(E_a/RT)에 지수적으로 의존하는 함수이다. 수학적으로 이러한 관계를 Arrhenius의 식으로 표현된다.

$$k = \mathrm{A}e^{-E_a/\mathrm{RT}}$$

여기서 k는 속도 상수이다. 여기서 A는 상수이며 반응물들이 얼마나 쉽게 생성물에 적합한 형태의 배열을 할 수 있는지에 의존하며, 뒤의 지수항은 활성화 에너지 장벽을 넘기에 충분한 열에너지를 가지는 분자의 분율을 의미한다. 위 식으로부터 반응의 속도를 증가시키기 위한 두 가지 방향을 알 수 있다. 다른 조건이 같다면 (1) 온도를 증가시키는 것과 (2) 활성화 에너지를 낮추는 것이다. 첫 번째 전략은 단순히 반응계의 온도를 증가시키면 가능하고, 두 번째 전략 즉 활성화 에너지를 낮추는 것은 촉매를 첨가함으로써 가능하다.

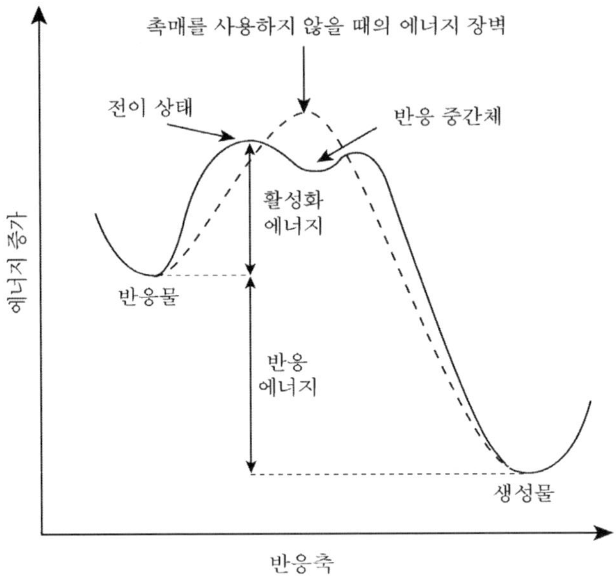

그림 25-2 촉매 반응의 에너지 도표

촉매는 반응에서 소비되지 않으면서 반응의 속도를 증가시키는 물질을 말한다. 촉매는 일반적으로 활성화 에너지를 낮추는 새로운 반응의 경로를 제공함으로써 반응의 속도를 증가시키는 역할을 한다. 촉매는 전체 반응의 화학 반응 균형식에는 나타나지 않지만 반응의 속도는 증가시킨다.

촉매는 다음과 같이 세 가지로 구분할 수 있다. (1) 균일 촉매(homogeneous catalyst)는 반응물과 같은 상(phase)에서 작용하는 화학물질이다. (2) 불균일 촉매(heterogeneous catalyst)는 반응물과 서로 다른 상(phase)으로 존재하는 화학 물질이다. (3) 효소는 촉매 작용을 할 수 있는 생물 분자 (biological molecule)이다. 이 실험에서 이러한 세 종류의 촉매를 모두 다루어 볼 것이다.

촉매의 존재 하에서 과산화수소의 분해 반응 속도는 획기적으로 증가한다. 우선 균일 촉매인 요오드화 이온(I^-)과의 반응을 예로 들면, 각 반응의 단계와 상대적인 속도는 다음과 같다.

$$1단계 : 2H_2O_2(aq) + I^-(aq) \rightleftarrows H_2O(l) + IO^-(aq) \quad 느림$$

$$2단계 : H_2O(l) + IO^-(aq) \rightleftarrows H_2O(l) + O_2(g) + I^-(aq) \quad 빠름$$

$$전체 반응 : 2H_2O_2(aq) \rightleftarrows H_2O(l) + O_2(g)$$

요오드화 이온은 활성화 에너지를 76 kJ/mol에서 57 kJ/mol로 낮추어 줌으로써 물과 산소의 생성을 촉진하는 촉매 작용을 한다.

산화망간(IV)은 물에 녹지 않는 검은색의 고체이다. 물에 녹지 않기 때문에 과산화수소 분해 반응의 불균일 촉매로 작용한다. 반응이 고체/액체의 계면에서 일어나기 때문에 실험에서 중점을 두어야 하는 문제는 과산화수소 분자가 꾸준히 계면으로 이동하도록 해야 한다는 것이다. 예를 들어 만약 산소 기체가 고체의 표면에서 생성된다면 용액 중의 과산화수소는 계면으로 이동하여 활성화된 표면에 도달하기 어렵게 된다. 이럴 경우 계속 저어주는 것이 간단하면서도 좋은 해결책이 된다. 불균일 촉매의 장점 중 하나는 반응물과 서로 다른 상으로 존재하기 때문에 혼합물로부터 분리해서 재사용할 수 있다는 것이다.

여기에서 효소도 다루게 된다. 과산화수소는 소독약으로 사용되지만 강한 산화제이므로 한편으로는 세포에 심각한 해를 끼칠 수 있다. 과산화수소는 세포막에서 지방산과 반응하여 세포막의 구조에 손상을 입히는 것으로 알려져 있다. 이러한 산화 작용에 의한 손상을 방지하기 위해서 세포는 효소를 만들어 과산화수소의 분해를 촉진한다. 이러한 작용을 하는 효소를 카탈라아제(catalase)라고 부른다. 카탈라아제는 철-헴을 가진 효소이다. 헴은 가운데에 금속 이온과 결합할 수 있는 포켓을 가진 거대 고리 모양 분자이다. 카탈라아제는 4개의 부분으로 이루어진 테트라머(tetramer)이고 분자량은 250,000 g/mol이다. 각각의 테트라머 단위는 단백질로 둘러싸인 헴에 결합된 철(III) 이온으로 이루어진 하나의 활성 자리를 가지고 있다. 이 활성 자리에 과산화수소가 결합하여 물과 산소로 분해된다. 간단한 철 염(예를 들면 $FeCl_3$)도 촉매 활성을 가지고 있지만, 효소의 헴 안의 철과 결합하면 반응을 더 빠르게 할 수 있다. 이 촉매 반응의 활성화 에너지는 단지 8.8 kJ/mol 밖에 되지 않는다. 카탈라아제는 매우 효율적인 효소이고 세포 내에서 과산화수소의 분해 속도는 과산화수소 분자가 효소에 도달하는 속도와 거의 비슷하다. 카탈라아제의 세 가지 구성 요소, 즉 철(III) 이온, 헴, 단백질 모두 촉매 작용을 하도록 하는 데 중요하다. 이 세 구성 요소가 모두 중요하므로 이 중 어느 하나의 구성 요소라도 방해를 받게 되면 촉매는 방해를 막게 된다. 억제제는 반응의 속도를 늦추는 작용을 하는 화학 약품이다. 카탈라아제의 경우 구리(II) 이온이 억제제로 작용한다. 구리(II)는 헴의 결합 자리를 두고 철과 경쟁을 하는 것으로 알려져 있다. 구리(II)가 헴의 포켓에 결합되면 이 효소는 촉매로 작용하지 못하고 결국 반응은 느려지게 된다.

2. 실험 기구 및 시약

A. 실험 기구

50 mL 뷰렛(buret)
고무관과 고무 마개(rubber tubing, rubber stopper) 2개
T-자관(T-shaped tube)
고무 벌브(rubber bulb)
250 mL 삼각 플라스크(Erlenmeyer flask) 5개
자석 젓게(magnetic stirrer)

B. 시약

3% H_2O_2(hydrogen peroxide)
0.1 M KI(potassium iodide)
MnO_2 0.5 g(manganese dioxide)
0.1 M $CuCl_2$(copper(II) chloride)
비눗물(soapy water)
채소 추출물 혹은 감자 한 두 조각 (채소 추출물은 채소 혹은 감자 껍질을 벗기고 얇게 썬 다음 블랜더에 넣고 약 35 mL의 물을 넣고 약 10분 정도 간다. 얇은 헝겊을 대고 거르면 카탈라아제 용액을 얻게 된다.)

3. 실험 방법

1) 그림 25-3과 같이 뷰렛과 T자 관을 연결한 장치를 만들고, 뷰렛 아래에 연결된 고무 벌브에 비눗물을 채운다.
2) 250 mL의 삼각 플라스크에 25 mL의 과산화수소수를 넣는다.
3) 플라스크에 젓기 막대를 넣고 자석 젓게(stirrer) 위에 올려 젓기 시작한다.
4) 플라스크 위를 고무관 달린 고무 마개로 막고, 뷰렛 끝의 고무 벌브를 눌러 비누막을 만든다.
5) 20 mL의 가스를 만드는데 걸리는 시간을 측정한다(단, 순수한 과산화수소수는 시간이 너무 많이 걸리므로 2 mL를 만드는데 걸리는 시간을 측정한 다음 10배를 곱한다). 250 mL의 삼각 플라스크에 5.00 mL의 과산화수소와 젓기 막대를 넣고, 5.0 mL의 I^- 용액을 첨가한 다음 젓게 위에 올려 젓기 시작한다. 촉매를 넣은 시

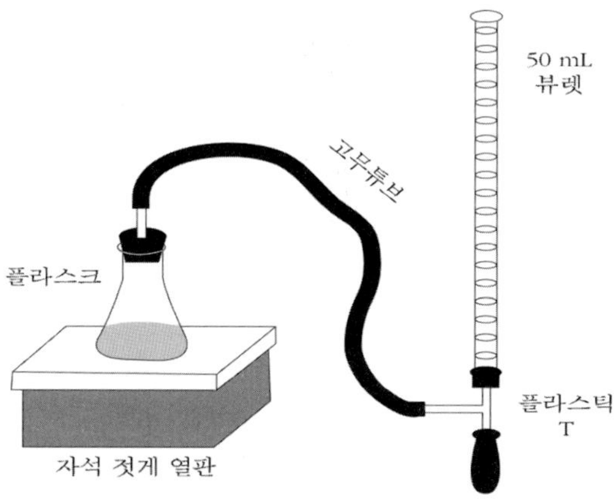

그림 25-3 실험 장치

간부터 반응이 시작되는 것으로 간주한다(촉매를 넣은 시간 = 0.0 초인 지점).

6) 3)과 4)의 과정을 반복한다. 단, 촉매 반응의 경우 기체 생성 속도가 빠르므로 20 mL의 기체를 생성하는 시간을 측정한다.
7) 다른 촉매에 대해서도 실험 결과 1항의 표에 있는 대로 촉매를 넣고 5~6의 과정을 반복한다.

4. 주의 및 참고 사항

1) 과산화수소수는 위험하므로 손에 닿지 않도록 주의한다. 특히 튀지 않도록 주의한다.
2) 촉매 반응의 경우 기체 발생 속도가 빠르므로 측정에 유의한다. 측정이 어렵거나 오차를 줄이려면 과산화수소를 더 묽히거나, 기체의 부피를 30~40 mL까지 더 많은 양이 발생하는 시간을 측정한다.
3) 기체의 부피는 그림 25-3 같이 뷰렛과 비눗방울을 사용하여 만든 장치를 이용하여 측정한다. 발생된 기체는 고무 호스를 따라 뷰렛으로 이동하며, 반응이 진행되어 기체가 발생함에 따라 비누막이 위로 올라가게 된다.

5. 실험 결과 처리

1) 과산화수소의 분해는 산소 기체를 생성하므로, 반응 속도는 기체의 생성 속도를 측정함으로써 결정할 수 있다. 시간에 따라 이동하는 비누 막의 위치로부터 기체의 부피를 알 수 있다. 시간에 따라 생성되는 기체의 부피를 측정하여 반응 속도를 구한다.

2) 단위 시간당(초당) 발생되는 기체의 부피로부터 이상기체의 법칙($pV = nRT$)을 이용하여 초당 발생하는 산소의 몰수를 계산한다. 부피 계산에서는 수증기에 의한 부피를 보정해준다(25 ℃에서 수증기압은 24 torr이다).

6. 실험 결과

1. 산소 발생에 걸리는 시간(초)

	과산화수소수의 부피(mL)	증류수의 부피(mL)	촉매의 양	기체 20.0 mL를 생산하는데 걸리는 시간(초)
순수한 H_2O_2	25.0 mL	5.0 mL	0.0 mL	
I^-	25.0 mL	0.0 mL	5.00 mL	
MnO_2	25.0 mL	5.0 mL	0.50 g	
catalase	25.0 mL	0.0 mL	5.0 mL*	
catalase/Cu^{2+}	25.0 mL	0.0 mL	5.0 mL*/10 방울 정도	

*감자 추출물 5.0 mL 대신 감자 한 두 조각을 넣어도 됨

2. 과산화수소의 분해 반응의 속도식을 산소 기체의 농도 변화로 표시하면,

$$\text{반응 속도} = -\frac{1}{2}\frac{d[H_2O_2]}{dt} = \frac{d[O_2]}{dt}$$

로 표시된다. 촉매 반응 실험 중 I^-와의 반응에 대해

a) 25 ℃, 1기압에서 물의 증기압은 24 torr라고 할 때, 초당 몇 mL의 산소가 발생하는가(수증기의 부피를 보정해준다)?

b) 초당 몇 몰의 산소가 발생하는가?

c) 반응 속도 ($\frac{d[O_2]}{dt}$) 는 얼마인가(산소의 몰수를 용액의 부피로 나누면 $[O_2]$을 구할 수 있다)?

d) 초당 몇 몰의 H_2O_2가 분해되는가 ($\frac{d[H_2O_2]}{dt}$) ?

e) 본문에 주어진 메커니즘에 따라 속도식을 유도하고, 실험에서 얻어진 속도와 비교한다.

3. 다른 촉매와 억제제를 사용한 경우에 대해서도 2와 같은 과정으로 계산하여 아래 빈칸을 채워라.

	초당 발생하는 산소의 몰수	$d[O_2]/dt$	$d[H_2O_2]/dt$
순수한 H_2O_2			
I^-			
MnO_2			
catalase			
catalase/Cu^{2+}			

4. 20.0 mL의 3.0% 질량 백분율의 과산화수소를 다음과 같은 반응에 의해 분해했다면, 24 ℃, 770 torr(760 torr = 1기압)에서 발생하는 산소의 총 부피는 얼마인가? 단, 3% 과산화수소 용액의 밀도는 1.000 g/mL, R = 0.08206 L·atm/mol·K라 한다.

$$2H_2O_2(aq) \rightleftarrows H_2O(l) + O_2(g)$$

읽을거리

삼중 촉매 전환장치

요즈음의 휘발유를 사용하는 승용차는 소위 "무연 휘발유(unleaded gasoline)" 만을 사용하도록 되어 있다. 그 이유는 바로 엔진의 배기관에 연결되어 있는 "삼중 촉매 전환장치" (Three-way catalytic converter) 때문이다.

탄화수소인 휘발유를 고압으로 압축한 후에 전기적인 방법으로 폭발시켜서 동력을 만들어내는 자동차 엔진은 완전히 연소되지 않은 탄화수소와 함께 인체에 치명적인 일산화탄소(CO), 그리고 NO_x라고 표시하는 질소 산화물이 배출되어 대기 오염의 주범이 되고 있다. 특히 질소 산화물은 대도시의 대기 중에 축적되었다가 햇빛이 강하게 비치면 오존을 생성시켜 광화학적 스모그를 일으키는 것으로 알려져 있다.

자동차 배기 가스에 의한 공해 문제가 그렇게 심각하지 않았던 30여년 전에 미국의 에소(Esso)라는 정유회사에서는 배기관을 통해서 배출되는 탄화수소를 이산화탄소와 물로, 그리고 일산화탄소를 이산화탄소(CO_2)로 완전히 산화시키고, 질소 산화물은 무해한 질소로 변환시키는 촉매 장치를 개발하였다. 현재 사용되고 있는 삼중 촉매 전환장치는 구멍이 많은 알루미나의 표면에 로듐, 백금, 팔라듐과 같은 금속을 얇게 입혀서 만들며, 주로 로듐의 표면이 촉매 역할을 하는 것으로 알려져 있다.

촉매 전환장치가 개발되기 전에는 엔진에서의 녹킹 현상을 방지하기 위하여 납 화합물을 첨가한 유연 휘발유를 사용하였다. 그러나 휘발유에 포함된 납이 대기 오염을 일으킬 뿐만 아니라 촉매 전환장치의 표면에 달라붙어서 촉매의 활성을 떨어뜨리기도 하기 때문에 납성분이 없는 유기 녹킹 방지제를 첨가한 것이 바로 "무연 휘발유" 이다.

📖 읽을거리

식량 생산에 기여하는 암모니아

F.Haber

Bosch

지구상에 인구가 10억을 넘어서기 시작한 것은 유럽에서 산업혁명이 일어난 후부터였다. 그러나 인구가 급격히 늘어나기 시작하면서 나타났던 가장 절박한 사회 문제는 역시 식량이었다. 천연적인 퇴비에만 의존한 농업으로는 10억 이상의 인구를 지탱할 수 없었고, 부족한 퇴비를 보충할 수 있는 화학 비료의 개발이 절실하게 되었다. 칠레 초석(질산 나트륨 $NaNO_3$)과 같은 천연 비료가 있기는 했지만 생산량이 적고 일부 지역에서만 생산되기 때문에 세계적인 식량 증산에는 크게 기여하지는 못했다.

심각한 식량 부족을 본격적으로 해결해서 현재 지구상에 60억에 육박하는 사람들이 필요로 하는 식량을 충분히 생산할 수 있게 된 것은 1909년 독일의 화학자 프리츠 하버(Fritz Haber)의 공로였다.

식물은 질소를 이용해서 단백질과 같은 생명체가 필수적으로 요구하는 화합물을 합성하고, 사람을 비롯한 동물들은 그런 질소 화합물을 식량으로 활용해서 생명을 이어간다. 물론 식물이나 동물이 죽게 되면 다른 동물이나 식물에 의해서 질소 화합물이 재활용된다. 이런 자연 과정을 "질소 순환 과정" 이라고 부른다. 번개와 뿌리혹 박테리아는, 공기 중의 질소 분자(N_2)를 깨뜨려서 생물체가 활용할 수 있는 질소 화합물을 만들어서 질소 순환 과정에서 빠져나간 질소 화합물을 보충해주는 중요한 "질소순환" 역할을 하고 있다.

하버는 값싸게 얻을 수 있는 질소와 수소를 반응시켜서 암모니아(NH_3)를 합성하여 칠레 초석을 이용하던 폭약의 제조 방법을 바꾸어 보려고 노력하고 있었다. 반응 속도를 높이기 위해서는 온도를 높여야 하지만, 암모니아의 생성 반응은 발열 반응이기 때문에 온도를 높이면 생산되는 암모니아의 절대량이 줄어드는 문제가 있었다. 결국 하버는 온도를 높이는 대신 보슈(Bosch)의 도움으로 오스뮴(Os)을 촉매로 사용하고, 반응 용기의 압력을 175기압으로 높임으로써 암모니아를 대량으로 생산하는 방법을 개발하였다. 1910년에는 철-알루미나-산화 칼륨계의 새로운 촉매를 개발해서 암모니아를 아주 싼 값에 생산하는 하버-보슈 공정을 완성하였고, 1913년부터 상업적인 생산을 시작했다. 하버는 그 공로로 1918년에 노벨 화학상을 수상하였고, 보슈는 고압 반응 용기를 개발한 공로로 동료인 베르기우스(Bergius)와 함께 1931년에 노벨상을 수상하였다. 폭약의 원료로 사용하기 위해서 개발하였던 하버-보슈 공정은 인간이 자연의 질소 순환 과정에서 생기는 손실을 보충하는 수준을 넘어서 지구상의 식량 생산을 획기적으로 늘리는 결정적인 역할을 하면서 지금도 전세계의 암모니아 생산 공장에서 활용되고 있다.

실험 26

천연 염색

Natural Dyeing

■ 목표 : 홍차와 치자로부터 색깔을 나타내는 화합물의 추출해 내고, 이를 이용하여 섬유를 염색한다.
■ 핵심 개념 : 염색(dyeing), 추출(extraction), 매염제(mordant), 탈색(bleaching)
■ 관련 개념 : 천연 염료(natural dye), 전이 금속(transition metal)

1. 서론

여러분은 어떤 색깔의 옷을 입기를 원합니까? 19세기 중엽까지의 염료는 오직 식물, 동물, 미네랄 등의 천연 원료에서만 얻을 수 있었는데, 이러한 염료를 사용한 염색의 경우 대부분 색이 선명하지도 않고 물에 의해 쉽게 탈색되기도 하였다. 게다가 푸른색, 자주색 등 몇 개의 색은 얻기도 어려워서 왕족이나 입을 수 있을 정도로 값이 비쌌다. 이러한 염색에 대한 기록은 아주 오래 전부터 나타났는데, 아마도 그 시작은 열매나 나무껍질 등에 의해 당시 사람들이 입고 있던 옷에 착색이 되면서부터 일 것이다. 그러나 오늘날 사람들은 값싼 합성 염료 덕분에 원하는 거의 모든 색의 옷을 입을 수 있게 되었고, 이러한 합성 염료는 섬유의 성질에 관계없이 얼룩이 없는 선명한 색을 나타낼 수 있다.

합성 염료의 다양한 장점에도 불구하고, 최근에 천연 염색에 관한 관심이 다시 대두되고 있다. 식물의 뿌리, 나무껍질, 꽃, 열매, 흙 등으로 염색을 하는 것은 화학 염색에 비해서 환경 친화적이며 건강 상품으로써 응용할 수 있는 범위가 넓기 때문에 세계적으로 주목받고 있다. 자연의 색을 찾는 천연 염색은, 화학 염색으로 나오는 색상과는 달리, 다양한 성분이 복합되어 나온 색상이다. 세탁하면서 조금씩 색이 바래짐에 따라 천연 염색 고유의 색을 즐길 수 있고, 세탁에서 나오는 해로운 폐수를 방지할 수 있다. 쪽은 독사 및 해충을 쫓아내는 제독성, 방충성이 있어서 독충이 많은 지역의 사람들은 바깥일을 할 때 천연 염색 옷을 즐겨 입는다고 한다. 옛날에는 피부병이 발생하면 천연 염색의 옷을 입었고, 식물, 동물, 미네랄 등의 천연 염료에 의한 염색은 색이 쉽게 없어지는 성질이 있기 때문에 대부분의 천연 염색은 색깔을 오래 유지하기 위해서 매염제를 사용해야 한다. 매염 단계에서는 섬유에 금속 매염액(일반적으로 알루미늄염, 크롬염, 구리염, 철염, 주석염 등)을 처리해주고 염색을 하는데, 이러한 금속 이온들은 섬유와 염료와의 강한 결합을 형성하여 색을 유지시켜 준다.

어떤 물질이 색깔을 띤다고 해서 반드시 염료로 사용될 수 있는 것은 아니다. 예를 들어 블루베리의 경우 안토시아닌(anthocyanin)이라는 물질에 의해 파란색으로 보인다. 그러나 블루베리의 추출물로 염색한 천은 pH 변화에 따라 색깔이 달라져 염료로 사용되지 않는다(그러나, 이러한 pH에 따른 색 변화는 산-염기 적정에서 지시약으로 사용될 수 있을 것이다). 아래 그림은 양파의 색깔을 노란색으로 만드는 케르세틴(quercetin)과 블루베리의 색깔을 파란색으로 만드는 안토시아닌의 구조식이다.

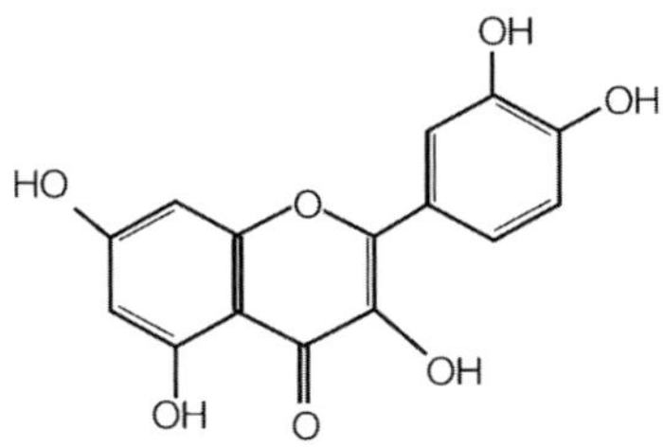

quercetin

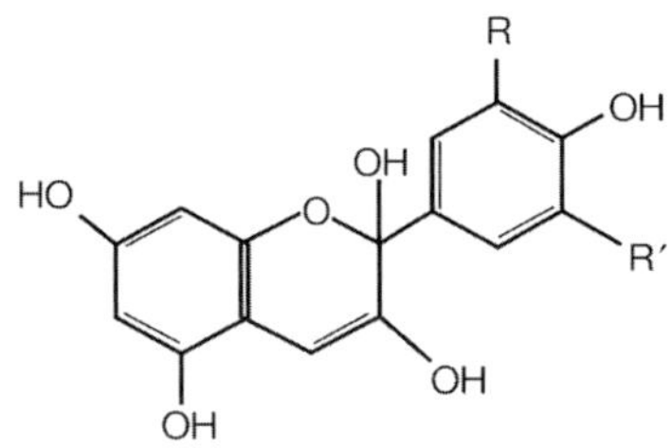

anthocyanin

2. 실험 기구 및 시약

A. 실험 기구

100 mL 비커(beaker) 6개
가열판(hot plate)
핀셋(집게)(forceps or tweezers)
시약주걱(spatula)
면섬유(cotton fabric) 3 × 3 cm, 6개
종이 수건(paper towel)

B. 시약

$Al_2(SO_4)_3 \cdot 18H_2O$(aluminium sulfate) 1.5 g/ 조
$FeCl_2 \cdot nH_2O$(iron(II) chloride) 1.5 g/ 조
$NaHCO_3$(sodium bicarbonate) 0.2 g/ 조
0.1 M CH_3COOH(acetic acid) 5 mL/ 조
홍차(tea)
치자(gardenia fruit)

3. 실험 방법

실험 A. 매염하기

1) 100 mL 비커 2개를 준비하고, 각각의 비커에 50 mL씩 물을 채운다.
2) 1.5 g의 $Al_2(SO_4)_3·18H_2O$와 1.5 g의 $FeCl_2·nH_2O$을 물이 담긴 비커에 따로 넣고, 반드시 표시해 둔다.
3) 각각의 금속염이 담긴 비커의 용액을 저어주면서 5분 정도 가열한다.
4) 준비한 면섬유를 각각의 비커에 2개씩 넣고 2분 정도 더 가열한다.
5) 가열을 마치고 비커를 한쪽에 잘 놓아둔다.

실험 B. 염료 추출하기

1) 100 mL 비커 2개를 준비하고, 각각의 비커에 50 mL씩 물을 채운 후 가열한다.
2) 한쪽의 비커에는 홍차를 넣고, 다른 비커에는 치자를 한 번 잘라서 넣고 5분 정도 가열한다.
3) 색이 우러나오면 채를 사용해 건더기를 건져낸다(염색할 때 얼룩이 생길 수 있기 때문에).

실험 C. 매염제 없이 염색하기

1) 준비한 면섬유 2개를 흐르는 물에 적셔준다.
2) 실험 B 단계에서 추출한 2개의 염액(염료 추출액) 각각에 물에 적신 면섬유 하나씩을 넣고 3분 가열한다.
3) 가열 후 집게로 면섬유를 건져내어 흐르는 물에 씻어주고 종이 수건에 올려놓고 반드시 표시해 둔다.

실험 D. 알루미늄 매염제를 이용해서 염색하기

1) 비커 2개를 더 준비한다.
2) 실험 C 단계에서 사용한 염액을 각각 반씩 나누어 비커에 담아 놓는다(뜨거우니까 조심!). 결국, 같은 색의 염액을 2개씩 나누어 놓은 것이다(매염제 간의 오염을 방지하기 위해서).
3) 실험 A 단계에서 Al 금속염액에 담가놓은 면섬유 2개를 집게로 꺼내어 다른 종류의 염액에 하나씩 넣고 3분 가열한다.
4) 가열 후 집게로 면섬유를 건져내어 흐르는 물에 씻어주고 종이 수건에 올려놓고 반드시 표시해 둔다.

실험 E. 철 매염제를 사용해서 염색하기

1) 실험 D 단계에서 사용하지 않은 2개의 염액이 담긴 비커를 준비한다.
2) 실험 A 단계에서 Fe 금속염액에 담가놓은 면섬유 2개를 집게로 꺼내어 염액이 담긴 비커에 하나씩 넣고 3분 가열한다.
3) 가열 후 집게로 면섬유를 건져내어 흐르는 물에 씻어주고 종이 수건에 올려놓고 반드시 표시해 둔다.

실험 F. 탈색이나 변색 유무 확인(산, 염기에 의한)

1) 표시해 둔 6개의 면섬유의 색깔을 확인하여 기록한다.
2) 각각의 염색된 면섬유 한쪽 모서리에 아세트산 한 두 방울을 떨어뜨린다.
3) 반대편 모서리에는 $NaHCO_3$ (0.2 g/10 mL) 수용액을 한 두 방울 떨어뜨린다.
4) 흐르는 물에 씻어준 후 물기를 제거하고 변화가 있는지 살펴본다.

4. 주의 및 참고 사항

1. 화학약품을 사용할 때는 반드시 비닐 장갑을 착용한다.
2. 가열할 때는 화상의 우려가 있으니 조심한다.
3. 매염제 용기에는 반드시 표기를 하여 저장한다.
4. 실험실의 환기가 잘되도록 주의한다.
5. 얼룩 방지를 위해서 매염 단계나 염색 단계에서는 면섬유가 물에 완전히 잠기도록 한다.
6. 이 실험에 사용한 화학약품 대신에 생활에서 구할 수 있는 백반(매염제), 식초, 베이킹 소다를 대신 사용할 수 있다.

5. 생각해볼 사항

1) 이 실험에서 $Al_2(SO_4)_3$와 $FeCl_2$는 금속 매염제로 쓰였다. 이러한 매염제의 역할은 무엇인가?
2) 주변에서 이용할 수 있는 천연 염료의 종류와 색에 대해서 알아보자.

6. 실험 결과

1. 조건을 달리하여 염색을 한 6개의 면섬유의 색을 잘 관찰한다. 색의 차이를 비교해 본다(아래의 표 완성).

	무매염	Al 매염	Fe 매염	염기 처리	산처리
홍차					
치자					

2. 염색한 천을 아래 칸에 붙이시오.

	무매염	알루미늄 매염	철 매염
홍차			
치자			

읽을거리

천연 염색 "우리 겨레의 자연과 어우러진 색"

염색이라고 하면 환한 색상의 옷들을 떠올리게 된다. 그 까닭은 여러 가지 합성 색소들과 화학 섬유들이 패션과 유행으로 널리 퍼져있기 때문이다. 이러한 세대 속에서 우리 겨레의 색에 대한 정서와 염색 기술에 대한 경험의 한 부분을 봉선화로 손톱을 물들이는 정겨운 모습에서 되살려 볼 수 있다.

우리 선조들은 계절이 바뀔 때마다 새로이 피어나는 풀과 꽃들을 염색 재료로 삼아 계절에 맞는 색들을 만들어 내었다. 천연 염색 재료로 사용한 대표적인 식물과 색소를 보면 쪽 풀에서 하늘색을, 소나무 껍질에서 붉은색을, 황련 뿌리에서 짙은 노란색을, 울금 뿌리에서 연노랑을, 치자나무에서 노란색을, 감, 밤, 수수에서 갈색 계통의 색을, 그 밖에도 홍화(잇꽃), 오배자 등등 모든 자연에서 색소를 뽑아 썼다. 이 천연 염색 재료들을 천연 식용 색소로도 활용하였는데, 특히 치자는 예로부터 많이 쓰이고 있는 것이다.

우리의 정서를 듬뿍 담고 있는 자연색 가운데 가장 으뜸 색은 쪽빛이다. 그래서 푸른 하늘을 보면 쪽빛 하늘이라 한다. 쪽빛이란 쪽이라는 풀에서 빼낸 물감을 말하는데, 천연 옷감에 염색을 하면 곧 가을의 맑은 하늘빛을 띠게 된다. 이 하늘빛의 쪽빛 염색 과정을 살펴 보면, 먼저 쪽 풀은 8월 중순 베어서, 쪽 풀을 큰항아리에 냇물과 함께 일주일을 꼭꼭 재여 썩힌다. 이때 냇물이나 지하수를 쓰는 까닭은 산성도가 적당하여 쪽물을 우려내는데 가장 좋기 때문이다. 다음, 물에 녹아있는 쪽빛 색소를 끌어낼 때 조개껍질을 옹기에 넣어 가마 불에서 구워 만든 조개 가루를 쪽 풀 섞인 물에 아주 정확한 비율로 섞어 고무래로 2시간 정도 저으면 염색의 가장 중요한 징표가 되는 가지 빛 거품(꽃 거품)이 일게 된다. 꽃 거품이 난지 이틀 뒤 석회가 색소를 머금고 가라앉으면 위에 분리된 물을 쏟아내고, 여기에 쪽대와 콩대를 태워 만든 잿물을 정확한 비율로 섞어 두 달 가량 가끔씩 저어준다. 그러면 석회와 쪽물 색소가 분리된다. 맑은 날 쪽물 색소에 양조식초를 알맞게 섞어서 열 번 정도 계속 물을 들여 말린 다음 흐르는 냇물에서 불순물을 제거하고 다시 말리면 쪽빛이 살아나게 된다.

염색 과정에서 보듯이 우리 선조들은 주변의 풀, 꽃, 냇물, 지하수, 조개껍질, 잿물, 양조식초 등 천연 물질의 물리 · 화학 성질에 매우 밝았으며, 그 응용 기술 또한 뛰어났음을 알 수 있다. 즉, 우리 겨레의 과학적 지혜는 자연과 어우러진 생활 속에서 얻어낸 경험의 결정체임을 다시금 확인할 수 있다. 또한 간색(중간색)을 만들 때에도 백(서)→청(동)→황(중앙)→홍(남)→흑(북)이라는 오방색을 중심으로 염색을 하였는데, 이 순서를 어길 경우 색이 죽어버리는 수가 있다. 이 원리는 오늘의 화학 염료에서는 찾아볼 수 없는 우리 고유의 우주 질서와 색 관념의 뿌리를 말해준다.

실험 27

음이온 확인

Identification of Anions

■ 목표 : 점적 분석으로 용액 중에 녹아있는 음이온을 확인한다.

■ 핵심 개념 : 정성 분석(qualitative analysis), 점적 분석(spot analysis)

■ 관련 개념 : 용해도(solubility), 침전(precipitation), 착물 형성(complex formation), 산화-환원 반응(redox reaction)

1. 서론

용액 속에 녹아있는 음이온을 확인할 때에도 양이온의 경우와 마찬가지로 체계적인 계통 분석이 가능하기는 하지만, 음이온마다 독특한 확인 방법을 사용하는 것이 더 일반적이다.

이 실험에서는 SO_4^{2-}, SO_3^{2-}, S^{2-}, PO_4^{3-}, CO_3^{2-}, Cl^-, Br^-, I^- 및 NO_3^- 등의 음이온들을 점적 분석(spot analysis)을 통해서 확인한다. 이 분석 방법에서는 소량의 시료 용액에 적당한 시약을 떨어뜨려서 시료에 포함된 음이온과 독특한 반응을 일으키게 하여 시료에 포함된 음이온을 확인한다.

시료에 여러 가지 성분이 포함되어 있는 경우에는 한 성분이 다른 성분의 검출을 방해할 수 있기 때문에 조심해야 한다. 서로 방해가 되는 여러 성분이 포함되어 있는 경우에는 점적 분석을 하기 전에 이들 성분을 서로 분리하거나, 용액의 pH를 변화시키거나 가리움제(masking agent)를 사용해서 한 가지 화학종이 반응하지 못하도록 만들어 주어야 한다.

각 음이온에 대한 점적 분석 방법은 다음과 같다 :

1) 황산 이온(SO_4^{2-}) : 센 산의 음이온으로 Ba^{2+}과 반응하여 $BaSO_4$ 침전을 형성한다. Ba^{2+} 이온은 약한산의 음이온인 CO_3^{2-}, SO_3^{2-}, PO_4^{3-} 등의 음이온과도 침전을 형성하지만, 이 침전들은 산성 용액에서는 녹기 때문에 산성 용액에서 Ba^{2+}을 넣어주면 황산 이온의 존재를 확인할 수 있다.

2) 아황산 이온(SO_3^{2-}), 황화 이온(S^{2-}), 및 탄산 이온 (CO_3^{2-}) : 이들은 휘발성이 있는 산의 음이온이기 때문에 산을 넣어주면 아황산(H_2SO_3), 황화 수소(H_2S), 탄산

(H_2CO_3)이 된다. 이 중에서 기체인 황화 수소는 독특한 냄새가 나고, 아황산과 탄산은 기체인 이산화황(SO_2)과 이산화탄소(CO_2)로 바뀌기 때문에 쉽게 확인 가능하다.

특히 아황산 이온은 Br_2나 H_2O_2를 첨가하여 황산 이온으로 산화시킨 후에 황산 음이온의 검출 방법으로 확인할 수도 있고, 황화 이온은 Pb^{2+}염을 가하여 검은색의 황화납 침전이 생기는 것으로 확인할 수도 있다.

3) **염화 이온(Cl^-), 브롬화 이온(Br^-), 요오드화 이온(I^-)** : 산성 용액에서 Ag^+ 이온을 넣으면 흰색의 침전이 생긴다. AgCl, AgBr, AgI가 섞여있는 침전에 암모니아를 넣어주면 AgCl 만이 암모니아와 착이온을 형성해서 물에 녹기 때문에 AgBr 및 AgI와 분리할 수 있다.

브롬화 음이온은 산화제를 넣어서 Br_2로 산화시킨 후에 CH_2Cl_2 층으로 추출하면 갈색으로 변색되는 것을 볼 수 있다.

요오드화 음이온은 Fe^{3+} 이온에 의해서 선택적으로 I_2로 산화되고 CH_2Cl_2 층으로 추출하면 특유의 보라색을 띠게 된다.

4) **인산 이온(PO_4^{3-})** : 몰리브데넘산 암모늄(ammonium molybdate) 용액과 과량의 암모늄 이온을 가해주면 노란색 침전이 형성되는 것으로 확인할 수 있다.

$$3NH_4^+ + 12MoO_4^{2-} + PO_4^{3-} + 18H^+ \rightarrow (NH_4)_3PO_4 \cdot 12MoO_3(s) + 12H_2O$$

5) **질산 이온(NO_3^-)** : 모든 질산염은 물에 잘 녹기 때문에 침전으로 확인하는 것은 불가능하다. 질산 이온을 일산화질소(NO)로 환원시킨 후에 Fe^{2+}와 반응해서 갈색 착이온이 생성되는 것으로 확인할 수 있다.

$$4H^+ + NO_3^- + 3Fe^{2+} \rightarrow 3Fe^{3+} + NO + 2H_2O$$
$$NO + Fe^{2+} \rightarrow Fe(NO)^{2+}$$

2. 실험 기구 및 시약

A. 실험 기구

시험관(test tube)
눈금 피펫(graduated pipet)
pH 시험지(pH paper)

드롭퍼(dropper)
물중탕(water bath)
가열판(hot plate)
시험관 집게(test tube holder)
원심분리관(centrifuge tube)
원심분리기(centrifuge)

B. 시약

0.5 M Na_2CO_3(sodium carbonate)
0.5 M NaBr(sodium bromide)
0.5 M Na_2SO_4(sodium sulfate)
0.5 M NaI(sodium iodide)
1 M $BaCl_2$(barium chloride)
0.1 M $AgNO_3$(silver nitrate)
0.5 M Na_2HPO_4(sodium hydrogen phosphate)
3 M, 6 M H_2SO_4(sulfuric acid)
6 M HNO_3(nitric acid)
6 M NaOH(sodium hydroxide)
0.5 M $(NH_4)_2MoO_4$(ammonium molybdate)
0.5 M NH_4Cl(ammonium chloride)
3 % H_2O_2(hydrogen peroxide)
CH_2Cl_2(dichloromethane)
6 M HCl(hydrochloric acid)
Br_2 수(bromine solution)
0.1 M $Fe(NO_3)_3$(iron(III) nitrate)
NaClO 또는 포화 용액(sodium hypochlorite solution)
0.5 M NaCl(sodium chloride)
미지 시료(unknown sample)

3. 실험 방법

시료는 음이온 용액 2 mL를 사용한다. 각 이온은 다음과 같이 확인한다.

1) **황산 이온 확인** : 시료에 6 M HCl을 넣어서 산성으로 만든 다음에 0.1 M $BaCl_2$ 용액 1 mL를 넣어서 흰색 침전이 생기는가를 살펴본다.

2) **아황산 이온 확인** : 0.1 M $BaCl_2$를 넣어서 아무런 변화가 없는가를 확인한다. 시료에 Br_2(브롬수) 2 mL를 넣어서 흰색 침전이 생기는가를 살펴본다.
3) **황화 이온 확인** : 과량의 6 M HCl을 넣었을 때 H_2S의 냄새를 확인하거나, 아세트산 납 용액을 묻힌 거름 종이를 시험관에 대고 검은색으로 변하는가를 살펴본다.
4) **탄산 이온의 확인** : 3% H_2O_2를 넣어서 시료 중의 아황산 이온을 제거한다. 6 M HCl을 넣고 서서히 가열한 후에 수산화 칼슘 용액을 넣어서 흰색 침전이 생기는가를 살펴본다.
5) **염화 이온의 확인** : 0.1 M $AgNO_3$ 1 mL를 넣어서 생기는 침전을 원심분리기로 분리하여 세척한다. 증류수 3 mL, 6 M NH_3 4방울, 0.1 M $AgNO_3$ 0.5 mL를 정확히 섞은 용액으로 침전을 녹인다. 원심분리기로 침전을 분리한 후에 남은 용액에 6 M HNO_3를 넣어서 침전이 생기는가를 확인한다.
6) **브롬화 이온 확인** : 염소수(Cl_2) 2 mL를 넣은 후에 CH_2Cl_2 1 mL로 추출하였을 때 CH_2Cl_2층의 색깔이 갈색으로 바뀌는가를 살펴본다.
7) **요오드화 이온 확인** : 6 M HCl을 넣어서 산성으로 만든 다음, 황화 이온이나 아황산 이온의 존재를 확인한다. 0.1 M $FeCl_3$ 1 mL를 넣고, CH_2Cl_2 1 mL로 추출하였을 때 CH_2Cl_2층의 색깔이 보라색으로 바뀌는가를 살펴본다.
8) **인산 이온 확인** : 0.5 M $(NH_4)_2MoO_4$ 1 mL와 6 M HNO_3 1 mL를 넣어서 노란색 침전이 생기는가를 살펴본다. 아무런 변화가 없으면 40 ℃에서 몇 분 동안 물중탕한 후에 변화를 살펴본다.
9) **질산 이온 확인** : 3 M H_2SO_4를 넣어서 산성으로 만든 다음에 $FeSO_4$ 포화 용액 1 mL를 넣고, 시험관을 기울여서 진한 황산 1 mL를 서서히 가한다. 두 용액의 경계면에 갈색 고리가 만들어지는가를 살펴본다.
10) **미지 시료** : 조교에게 받은 4~5종의 음이온이 혼합되어 있는 미지 시료를 10 mL씩 나누어서 위의 실험을 반복한다.

4. 주의 및 참고 사항

1) H_2S는 계란 썩는 냄새가 강한 유독한 기체이므로 흡입하지 않도록 조심한다. 특히 가열해서 H_2S를 발생시킬 경우에는 반드시 후드에서 실험해야 한다.
2) SO_2 기체도 자극성이 강하고 유독하므로 흡입하지 말아야 한다.
3) HCl, HNO_3, NH_3가 피부에 묻지 않도록 조심한다.
4) 모든 시약병에는 표식을 확실하게 붙여두고, 드롭퍼를 병에 붙여서 모든 학생들이 공동으로 사용하면 편리하다.
5) 시험관에도 명백하게 표식을 붙여두어야 한다.

5. 실험 결과

1. 다음 화학종이 혼합되어 있을 때 생성물의 구조를 써 보아라. 반응이 진행되지 않으면 NR(no reaction)이라고 써라.

   1) Cl^-, Br^-, I^-, Fe^{3+}

   2) Fe^{2+}, Br_2 수

   3) Cl^-, Br^-, I^-, Cl_2 수

   4) $CO_2(g)$, $Ca(OH)_2$

   5) $SO_2(g)$, $CaCl_2$, HCl

   6) SO_3^{2-}, H_2O_2, 산성

   7) S^{2-}, SO_3^{2-} (산성 용액)

   8) $Pb(CH_3COO)_2$, $H_2S(g)$

   9) Ag^+, Cl^-, NH_3(과량)

   10) Ag^+, I^-, NH_3(과량)

2. 다음 음이온의 정성 분석에 이용되는 화학 반응의 알짜 이온 반응식(net ionic equation)을 써보아라.

   SO_4^{2-}

   CO_3^{2-}

   PO_4^{2-}

CrO_4^{2-}

Cl^-

CH_3COO^-

SCN^-

3. 위의 이온 중에서 몇 가지 음이온이 포함되어 있는 미지 시료 용액의 성질을 조사해 보았더니 다음과 같았다.
   1) 미지 용액은 색과 냄새가 없었다.
   2) 6 M HNO_3를 넣었더니 식초 냄새가 났다.
   3) 0.1 M $AgNO_3$를 넣었더니 흰색 침전이 생겼다.
   4) 0.1 M $BaCl_2$를 넣고 산성 용액으로 만들었더니 침전이 생기지 않았다.
   5) 6 M NaOH를 넣었더니 기체가 발생하고, 젖은 붉은색 리트머스 시험지가 푸른색으로 바뀌었다.

위와 같은 실험 결과에 따라서 이 시료에 분명히 들어있는 이온과, 분명히 들어있지 않은 이온, 그리고 그 존재를 확실히 알 수 없는 이온을 짐작해 보아라.

확실히 들어있는 이온:

확실히 들어있지 않은 이온:

들어있는지가 확실하지 않은 이온:

읽을거리

염소(Chlorine)

할로젠 원소 중 하나인 염소는 지구상에서 20번째로 많이 존재하는 원소로 그 양은 가장 많이 존재하는 원소인 산소의 0.03%에 지나지 않지만 지각에서부터 대기까지 널리 퍼져 있는 원소이다.

염소는 주로 NaCl과 같은 이온성 화합물로 존재하기도 하지만, Cl^-의 형태로 다양한 유기 및 무기 화합물을 형성한다. 염소 이온은 위액의 주성분이기도 하고, 세포의 기능을 유지시켜주는 중요한 이온으로 필수 영양소 중 하나이기도 하지만, 염소 기체나 포스젠과 같이 생명을 위협하는 독가스의 성분으로 작용하기도 한다.

산업적으로도 염소는 poly(vinyl chloride) (PVC)와 같은 값싸고 유용한 플라스틱의 원료이기도 하지만, polychlorinated benzene (PCB)이나 다이옥신과 같은 맹독성 화합물을 만들기도 한다.

특히 염소는 CFC (염화 플루오르화 탄소)의 성분으로 가정용 냉장고나 에어컨의 냉매로 현대 생활의 필수품으로 사용되어 왔다. CFC는 1950년대에 미국의 듀퐁사에서 개발한 물질로 메탄(CH_4)의 수소 대신 염소와 플루오르가 치환된 화합물이다. CFC는 무색, 무미, 무취, 무독의 매우 안정한 화합물로 냉매로 뿐만 아니라 스티로폼 제조의 발포제(foaming agent), 전자 회로판의 세척제(cleaning agent), 또는 향수와 같은 에어로졸의 추진제(propellant)로 널리 활용되어 왔다.

CFC는 매우 안정한 화합물이기 때문에 사용한 후에는 대기 중으로 그대로 배출해도 아무런 문제가 없는 것으로 여겨왔었다.

그러나 1970년대 후반부터 대기 중에 배출된 CFC가 성층권으로 올라가면 태양의 강한 자외선에 의해서 분해되면서 염소 원자("염소 라디칼" 이라고도 함)가 생성되고, 염소 라디칼이 성층권의 산소-오존의 평형을 깨뜨리는 것으로 밝혀지기 시작하였다. 산소-오존 평형은 역시 태양빛의 강한 자외선을 흡수해서 지구상의 생명체들을 자외선으로부터 보호하는 역할을 한다. CFC에서 생기는 염소 라디칼은 성층권의 오존 농도와 함께 자외선의 흡수량을 감소시켜서 심각한 환경 파괴의 요인이 되기 때문에 지금은 세계적으로 CFC의 제조와 사용을 제한하고 있다.

실험 28 양이온 확인

Identification of Cations

■ **목표** : 각종 화합물들의 용해도 차이와 착화합물 형성 등을 이용해서 양이온들을 분리하고 확인한다.

■ **핵심 개념** : 용해도(solubility), 정성 분석(qualitative analysis), 이온들의 분리 방법

■ **관련 개념** : 착화합물(complex), 수화젤

1. 서론

어떤 화합물이 어떤 원소로 만들어진 것인지를 밝히는 것이 그 화합물을 이해하는 첫 걸음이다. 무기 화합물의 경우, 어떤 양이온(cation), 어떤 금속 이온이 들어있는지가 먼저 궁금할 것이다. 원자 흡광 또는 원자 발광분석법을 이용해서 원소 종류를 분석할수 있지만, 이들 장비들은 고가이다. 고가 장비 없이도 실험실에서 시험관과 몇 가지 시약으로 쉽게 양이온을 분석하고 확인하는 방법을 살펴 보자.

양이온들이 혼합물로 섞여있을 때 어떤 특정 양이온에 어떤 시약을 넣어서 특정한 색깔을 띄거나 침전이 생겨서 한번에 분석하고 확인하는 방법은 없다. 어떤 이온들을 색깔을 띄고 있고 어떤 이온들은 색깔이 없다. 더구나 혼합물인 경우 색깔로 확인하기는 어렵다. 그러나 화학적 지식을 가지고 체계적으로 분리하고 화학 반응을 이용하면 어렵지 않게 양이온들을 분석할 수 있다.

여러 양이온, NH_4^+, Na^+, K^+, Mg^{2+}, Ca^{2+}, Ba^{2+}, Sr^{2+}, Cr^{3+}, Mn^{2+}, Fe^{3+}, Co^{2+}, Ni^{2+}, Cu^{2+}, Ag^+, Zn^{2+}, Cd^{2+}, Hg^+, Hg^{2+}, Al^{3+}, Sn^{2+}, Sn^{4+}, Pb^{2+}, As^{3+}, As^{5+}, Sb^{3+}, Sb^{5+}, Bi^{3+} 이온들을 체계적으로 용해도 차이를 이용해서 분리하고 확인할 수 있다(표 28-1). (정성 분석에서 표시되는 "족"은 주기율표의 족 개념과는 다르다. 정성 분석에서 편리하게 나누어서 구분한 것이다) 이런 방법을 정성 분석(qualitative analysis)이라고 한다. 표 28-1에서 나타낸 방법 이외에도 이온의 종류 등에 따라서 이온들을 다르게 분리하고 확인 할 수 있다. 이런 새로운 분리 확인 방법을 궁리하고 계획을 세워 보는 것도 좋은 실험 태도이다.

표 28-1 일반적인 양이온 정성 분석 계통표

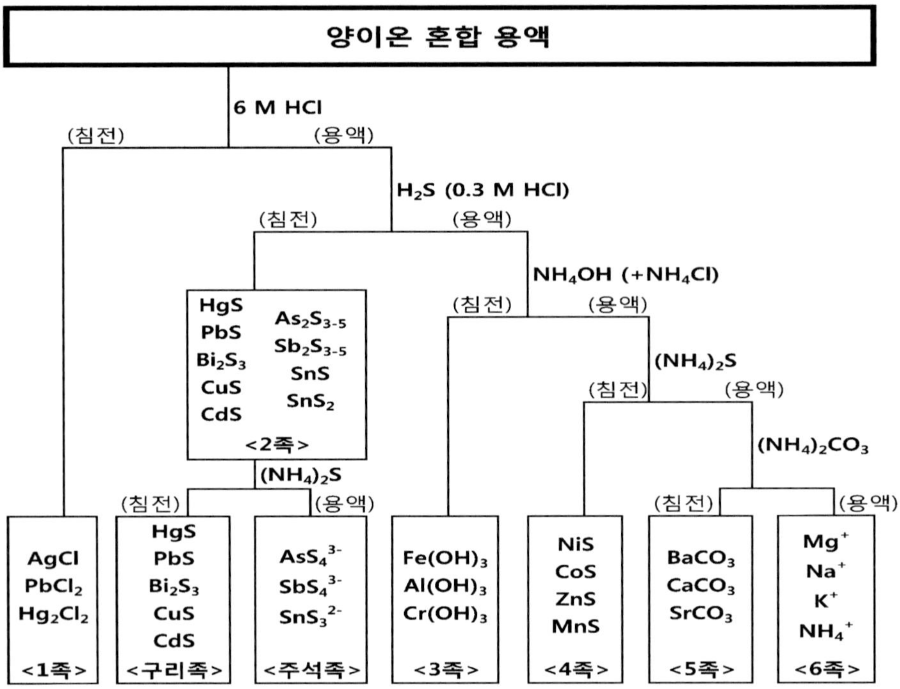

이번 실험에서 전체 이온들을 분석하는 것은 아니고 독성 및 실험 후 폐기물 처리 등을 감안하고 우리 생활과 관련이 많은 **NH_4^+, Na^+, K^+, Mg^{2+}, Ca^{2+}, Fe^{3+}, Ni^{2+}, Cu^{2+}, Ag^+, Zn^{2+}, Al^{3+} 이온들만 다룬다.** 실험 시간이 제한되는 경우 일부만 실험해도 좋을 것이다.

(1) 족 분류

제1족 - Ag^+, Pb^{2+}, Hg^{2+} - 6M HCl 용액을 넣었을 때 염화물로 침전이 생기는 이온들이다.

제2족 - Cu^{2+}, Cd^{2+}, Hg^{2+}, Pb^{+2}, Bi^{3+}, Sn^{2+}, Sn^{4+}, As^{3+}, As^{5+}, Sb^{3+}, Sb^{5+} - 산성 용액에서 황화물로 침전되는 이온들이다.

제3족 - Fe^{3+}, Al^{+3}, Cr^{3+} - 암모늄 이온 존재하에서 수산화물로 침전되는 이온들이다.

제4족 - Ni^{2+}, Mn^{2+}, Zn^{2+}, Co^{2+} - 암모니아 알카리성 용액에서 황화물로 침전하는 이온들이다.

제5족 - Ca^{2+}, Ba^{2+}, Sr^{2+} - 알카리성 용액에서 탄산염으로 침전하는 이온들이다.

제6족 - Na^+, K^+, Mg^{2+}, NH_4^+ - 염화물, 화화물, 탄산염으로 침전되지 않고 용액 중에 이온 상태로 존재한다. 이런 이온들을 여러 가지 화학 반응을 이용해서 확인한다.

(2) Ag^+의 확인

Ag^+ 이온 용액에 6 M HCl을 넣으면 회색-검은색 침전이 생긴다(시료 중 제 1족 이온은 은 이온만 넣은 경우).

(3) Na^+, K^+, Mg^{2+}, NH_4^+ 이온들의 확인

NH_4^+의 확인

암모늄 이온은 알카리 용액에서 암모니아 가스로 방출된다.

젖은 리트머스 종이로 확인할 수 있고 또 이때 암모니아의 독특한 냄새로도 확인할 수 있다.

$$NH_4^+ + OH^-(aq) \rightleftharpoons NH_3(aq) + H_2O(l) \tag{1}$$

Na^+의 확인

불꽃 시험을 통해서 독특한 노란색-주황색 불꽃을 보이므로 확인할 수 있다.

K^+의 확인

불꽃 시험을 통해서 확인할 수 있다. 푸른색 유리를 통해서 보면 Na^+ 불꽃의 노란색은 걸러지고 K^+ 불꽃의 자주색을 관찰할 수 있다.

Mg^{2+}의 확인

마그네슘 이온은 암모니아성 용액중에서 HPO_4^{2-} 이온과 반응해서 가열하면 흰색 침전이 생긴다(식 2). 마그네슘 이온은 불꽃 시험에서 특별한 색깔을 나타내지 않는다.

$$Mg^{2+}(aq) + HPO_4^{2-}(aq) + NH_3(aq) \xrightarrow{\Delta} MgNH_4PO_4(s) \tag{2}$$

(4) Ca^{2+}의 확인

암모니아성 용액 중에서 옥살산 이온 (oxalate)과 반응해서 옥살산 칼슘의 흰색 침전을 만든다. 알려진 칼슘 이온 용액과 비교해본다.

$$Ca^{2+}(aq) + C_2O_4^{2-}(aq) \longrightarrow CaC_2O_4(s) \tag{3}$$

(5) Cu^{2+} 이온의 확인

Mg^{+2}와 Ca^{+2} 이온들과는 분리해서 실험해야 확인 반응이 간섭받지 않는다.

구리 이온 용액에 금속 아연을 넣으면 아연이 녹고 구리가 고체로 생성된다(식 4).

$$Cu^{2+}(aq) + Zn(s) \longrightarrow Cu(s) + Zn^{2+}(aq) \tag{4}$$

구리 이온을 확인하는 다른 방법은 구리 이온 용액에 암모니아 용액을 넣으면 암모니아와 착화합물을 만들고 색깔이 진한 남색으로 더 진해진다(식 5).

$$Cu^{2+}(aq) + 4NH_3(aq) \longrightarrow [Cu(NH_3)_4]^{2+}(aq) \quad (5)$$

또 다른 구리 이온 확인 방법은 위에서 만든 암모니아 착화합물에 $K_4[Fe(CN)_6]$ 용액을 넣으면 갈색 침전이 생기는 것으로 확인할 수 있다(식 6).

$$2[Cu(NH_3)_4]^{2+}(aq) + [Fe(CN)_6]^{4-}(aq) \longrightarrow Cu_2[Fe(CN)_6](s) + 8NH_3(aq) \quad (6)$$

(6) Fe^{3+}, Zn^{2+}, Ni^{2+}, Al^{3+} 이온의 확인

이 4가지 이온들은 강한 염기 용액 중에서 Ni^{2+}와 Fe^{3+} 이온은 수산화 젤을 형성하지만, Al^{3+}와 Zn^{2+} 이온은 젤을 형성했다가 다시 녹는다(식 7과 식 8).

$$Al^{3+}(aq) + 4OH^-(aq) \rightleftharpoons [Al(OH)_4]^-(aq) \quad (7)$$

$$Zn^{2+}(aq) + 4OH^-(aq) \rightleftharpoons [Zn(OH)_4]^{2-}(aq) \quad (8)$$

Ni^{2+}와 Fe^{3+} 이온의 분리와 확인 -

과량의 암모니아 용액과 반응하면 Ni^{2+} 이온은 푸른색을 띈 착물을 형성하고 Fe^{3+} 이온은 황색 수산화철 침전이 된다(식 9와 식 10).

$$Ni^{2+}(aq) + 6NH_3(aq) \rightleftharpoons [Ni(NH_3)_6]^{2+}(aq) \quad (9)$$

$$Fe^{3+}(aq) + 3NH_3(aq) + 3H_2O(l) \longrightarrow Fe(OH)_3(s) + 3NH_4^+(aq) \quad (10)$$

니켈 이온은 다이메틸글리옥심(dimethylglyoxime)과 반응해서 분홍색 또는 벽돌색의 착화합물 침전을 만들므로 니켈 이온을 확인할 수 있다.

$$[Ni(NH_3)_6]^{2+}(aq) + 2H_2DMG(aq) \longrightarrow Ni(HDMG)_2(s) + 2NH_4^+(aq) + 4NH_3(aq) \quad (11)$$

식 10에서 얻은 $Fe(OH)_3$는 산성 용액 중에 녹는다. Fe^{3+} 는 산성 용액 중에서 싸이오시아네이트 이온, SCN^- 과 반응하면 선홍색의 착화합물을 만들므로 철 이온의 확인할 수 있다(식 12).

$$Fe^{3+}(aq) + SCN^-(aq) \longrightarrow [FeSCN]^{2+}(aq) \quad (12)$$

Al^{3+}, Zn^{2+} 이온의 분리 및 확인

식 7과 식 8에서 얻은 용액에 산을 넣고 그 다음 암모나아 용액을 넣으면 알루미늄은 불투명한 젤 형태의 수산화물로 침전하고(식 14), 아연 이온은 착화합물을 만들면서 용액 상태로 존재한다(식 16). 젤 형태의 수산화 알루미늄의 확인은 분홍색 염료인 알루미논(aluminon) 시약을 넣어서 다시 재침전시켜서 착색되는 것으로 확인할 수 있다.

$$[Al(OH)_4]^-(aq) + 4H^+(aq) \longrightarrow Al^{3+}(aq) + 4H_2O(l) \quad (13)$$

$$Al^{3+}(aq) + 4H_2O(l) + 3NH_3(aq) \longrightarrow Al(OH)_3(s) + 3NH_4^+(aq) + H_2O(l) \quad (14)$$

$$[Zn(OH)_4]^{2-}(aq) + 4H^+(aq) \longrightarrow Zn^{2+}(aq) + 4H_2O(l) \quad (15)$$

$$Zn^{2+}(aq) + 4H_2O(l) + 4NH_3(aq) \longrightarrow [Zn(NH_3)_4]^{2+}(aq) \quad (16)$$

식 16의 $[Zn(NH_3)_4]^{2+}$ 용액을 산성화하고 $K_4[Fe(CN)_6]$ 용액을 넣으면 밝은 초록색 침전, $K_2Zn_3[Fe(CN)_6]_2$이 생기는 것을 확인하면 아연 이온을 확인할 수 있다.

$$3[Zn(NH_3)_4]^{2+}(aq) + 4H^+(aq) \longrightarrow 3Zn^{2+}(aq) + 4NH_4^+(aq) \quad (17)$$

$$3Zn^{2+}(aq) + 2K_4[Fe(CN)_6](aq) \longrightarrow K_2Zn_3[Fe(CN)_6]_2(s) + 6K^+(aq) \quad (18)$$

2. 실험 기구 및 시약

A. 실험 기구

시험관 10 mL
시험관 스탠드(test tube rack)
스포이드(dropper) 1 mL
원심분리관(centrifuge tube) 10 mL
원심분리기(centrifuge)
pH 종이
증발 접시(evaporating dish)

B. 시약

각종 이온 용액 및 혼합 용액, NH_4^+, Na^+, K^+, Mg^{2+}, Ca^{2+}, Fe^{3+}, Ni^{2+}, Cu^{2+}, Ag^+, Zn^{2+}, Al^{3+}
진한 NaOH 용액
진한 NH_4OH
진한 HNO_3
1 M $K_2C_2O_4$
증류수
6M HCl

$6M\ NH_4OH$

고체 $(NH_4)_2C_2O_4$

고체 $(NH_4)_2CO_3$

$1\ M\ K_2C_2O_4$

$6\ M\ HNO_3$

$6\ M\ CH_3COOH$

$0.2\ M\ K_4[Fe(CN)_6]$

$1\ M\ Na_2HPO_4$

$4\ M\ NH_4Cl$

6 M NaOH

3. 실험 방법

A. 양이온의 분리 : 1족 이온의 분리

(1) 이온들이 들어 있는 용액 3 mL를 취해서 원심분리관에 넣는다.

(2) 6 M HCl 용액을 방울 방울 넣으면서 침전이 생기는지 관찰한다. 침전이 생기면 원심분리해 침전을 별도로 모으고 상층액(supernatant)에 6 M HCl 용액을 방울 방울 떨어뜨려 침전이 생기지 않을 때까지 넣는다. 원심분리하여 침전과 상층액을 따로 모은다.

(3) 침전이 생기지 않은 경우는 1족 이온이 존재하지 않는 것을 의미한다.

B. NH_4^+, Na^+, K^+, Mg^{2+}, Ca^{2+}, Cu^{2+}의 확인

(1) NH_4^+, Na^+, K^+, Mg^{2+}, Ca^{2+}, Cu^{2+} 이온만 들어있는 용액을 준비한다.

(2) **Na^+, K^+의 확인** : 증발 접시에 이온들이 들어있는 시료 용액 2 mL를 옮기고 고체 $(NH_4)_2C_2O_4$ 를 용액이 염기성이 될 때까지 조금씩 넣는다. pH 종이로 검사한다. 그다음 고체 $(NH_4)_2CO_3$ 을 소량 넣는다. 후드 속에서 용액을 가열해서 증발시켜서 거의 건조시킨다. 증류수 1 mL를 더한다.

(3) 불꽃 시험을 통해서 Na^+과 K^+의 존재를 확인한다. 알려진 이온 용액과 비교 실험을 해본다.

(4) **NH_4^+의 확인** : 증발 접시에 5 mL의 시료 용액을 넣고 증발시킨다(바닥이 마르게 하지는 말 것). 식은 다음 증류수 1 mL를 넣는다.

(5) 6 M NaOH 용액을 방울방울 떨어뜨린다. pH 종이 또는 리트머스 종이로 시험한다. 또는 암모니아 냄새가 나는가 본다.

(6) **Cu^{2+}의 확인** : 시험관에 5 mL 미지 시료 용액을 넣고 진한 암모니아수를 방울방

을 넣어본다. 진한 남색이 나타나는가 관찰한다. 다른 시험관에 5 mL 미지 시료 용액을 넣고 6 M CH_3COOH를 방울방울 넣어서 산성으로 만든다. 0.2 M $K_4[Fe(CN)_6]$ 3방울을 넣는다. 붉은 갈색 침전이 생기는가 관찰한다.

(7) **Ca^{2+}의 확인 :** 미지 시료 용액에 6 M NH_4OH 용액을 넣고 pH 종이로 검사하면서 염기 용액이 되도록 한다(과량을 넣지 않는다). 2~3 방울의 1 M $K_2C_2O_4$ 를 넣는다. 침전이 생기는지 관찰한다. 침전을 원심분리한다.

(8) **Mg^{2+}의 확인 :** 위의 실험 7에서 얻은 상층액에 1 M Na_2HPO_4 용액을 2~3 방울을 떨어뜨린다. 물중탕에서 가열하고 침전이 생기는지 관찰한다. Mg^{2+}가 존재하면 흰색 침전이 생긴다.

4. 주의 및 참고 사항

1) 각 이온들을 각각 한 종류씩 별도로 시험한다.
2) 혼합 용액을 시험한다.
3) 미지 시료를 시험한다.

5. 실험 결과 처리

1) 각 반응을 관찰하고 기록한다.

6. 생각해볼 사항

1) NH_4^+, Na^+, K^+, Ca^{2+} 가 들어 있는 화합물을 정성 분석하는 계통표를 만들어 보아라.
2) Cu^{2+}, Na^{+}, Ag^+ 가 들어있는 화합물의 분석 방법을 고안해보아라.
3) NH^{2+}, Fe^{3+}, Al^{3+}, Zn^{2+}가 들어 있는 용액에서 이온들을 분리하고 확인하는 실험 계통표를 만들어 보아라.
4) 이온의 정성 분석뿐만 아니라 여러가지 혼합물의 정성 분석도 용해도 차이, 색깔 변화, 간단한 화학 반응 등을 이용해서 고려해 볼 수 있다. 예를 들면, 설탕, 소금, 식초, 글루타민소다, 녹말 등이 녹아 있는 용액에서 각 성분을 분리하고 확인하는 방법을 고안해보아라.

7. 실험 결과

1) 시료 용액의 색깔 및 상태를 기록한다.

2) 각 이온에 대한 실험을 기록한다.

3) 미지 시료를 분석하고 이온의 존재 유무를 확인한다.

실험 29 킬레이트 화합물의 합성

Synthesis of Chelate Complex

■ 목표 : 두자리 킬레이트 리간드인 아세틸아세토네이트 음이온을 이용해서 정팔면체 킬레이트 화합물을 합성하고 배위 화합물의 기하학적 구조를 이해한다.

■ 핵심 개념 : 전이 금속(transition metal), 리간드(ligand), 배위 화합물(coordination compound), 킬레이트(chelate), 착화합물(complex), 배위수(coordination number)

■ 관련 개념 : 배위 공유 결합(coordinate covalent bond), 공명 구조(resonance structure), 두자리(bidentate), 루이스 염기(Lewis base)

1. 서론

전이 금속은 전자쌍 주개인 루이스 염기와 배위 결합을 형성하면서 다양한 기하학적인 구조를 만든다. 전이 금속에 배위 결합을 할 수 있는 루이스 염기를 리간드(ligand)라고 하며, CO, CO_2, NH_3, H_2O, SCN^-, OH^- 등과 같이 C, N, O, S 등의 원소를 포함한 작은 분자 또는 이온이거나 F^-, Cl^-, Br^-, I^-과 같은 할로젠화 이온이 흔히 리간드의 역할을 한다.

리간드는 그 특성에 따라서 여러 방법으로 구분한다. 리간드가 전이 금속과 한 개의 배위 결합을 형성하는 경우에는 한자리 리간드(monodentate ligand)라고 하고, 전이 금속 원자와 두 개 또는 세 개의 배위 결합을 형성하는 경우에는 두자리(bidentate) 또는 세자리(tridentate) 리간드라고 한다. 앞에서 예로 든 리간드는 모두 한자리 리간드이고, 두자리 리간드로는 다음과 같은 것이 있다.

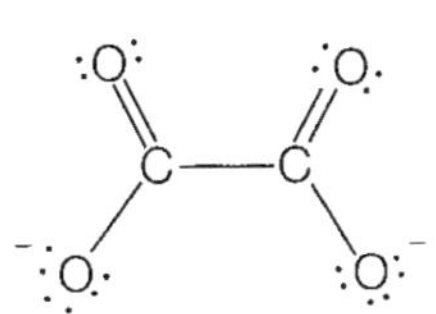

옥살산 이온

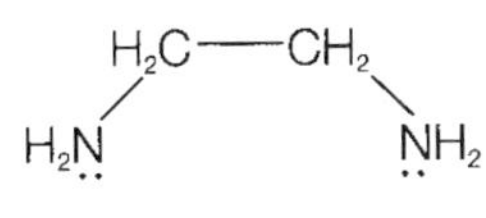

에틸렌다이아민(en)

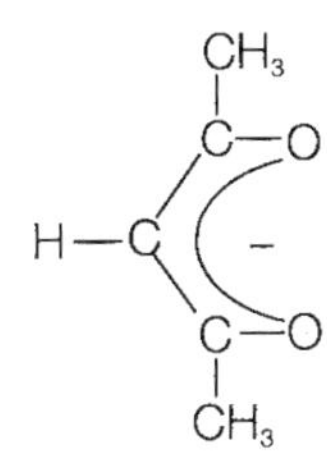

아세틸아세토네이트

전이 금속 원자에 두자리 이상의 배위 결합을 하는 리간드가 결합되어 만들어진 배위 화합물을 특별히 킬레이트 화합물이라고 부른다. 이런 분자의 모양이 리간드가 집게와 같은 모양으로 중앙의 전이 금속을 붙잡고 있는 모양을 하고 있다고 해서 집게를 의미하는 그리스어의 "chela"를 이용해서 붙여진 이름이다. 하나의 리간드가 여섯 자리의 배위 결합을 형성하는 EDTA(실험 16)가 전이 금속과 결합해서 만들어지는 배위 화합물이 대표적인 킬레이트 화합물이다. 킬레이트 화합물은 매우 안정한 경우가 많아서 전이 금속 이온의 분리를 포함하여 다양한 목적으로 활용된다.

이 실험에서는 두자리 리간드 중에서 에틸렌다이아민(ethylenediamine, en)과 함께 아세틸아세톤(acetylacetone, acacH)이라고 부르는 2,4-펜테인다이온(2,4-pentane dione)을 이용해서 킬레이트 화합물인 $[Cr(en)_3]Cl_3$와 $Cr(acac)_3$를 합성한다.

아세틸아세톤(acacH)에서 카보닐기(C=O)의 산소는 전자를 심하게 끌어당기기 때문에 카보닐기 옆의 α위치에 결합된 수소는 약한 산성을 나타낸다. 그래서 아세틸아세톤은 염기성 용액에서 쉽게 양성자를 잃고 음이온인 아세틸아세토네이트 이온 acac이 된다.

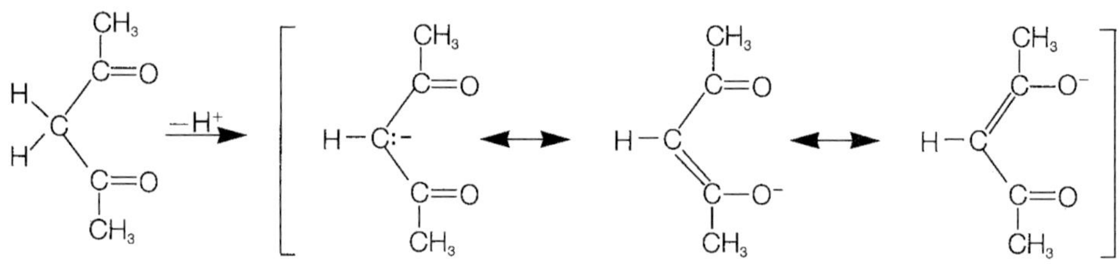

acac 음이온은 위와 같이 3가지 공명 구조로 나타낼 수 있기 때문에 매우 안정하다. 이 실험에서는 요소가 분해되어 생기는 암모니아를 이용해서 acacH의 수소를 제거하여 acac를 얻는다.

$$(NH_2)_2C = O + H_2O \rightarrow 2NH_3 + CO_2$$

acac는 카보닐기의 산소 두 개를 통해서 중심 금속과 배위 결합을 할 수 있는 두자리 리간드이다. 따라서 배위수가 6인 팔면체 배위 화합물을 형성하기 위해서는 세 개의 acac 리간드가 필요하다.

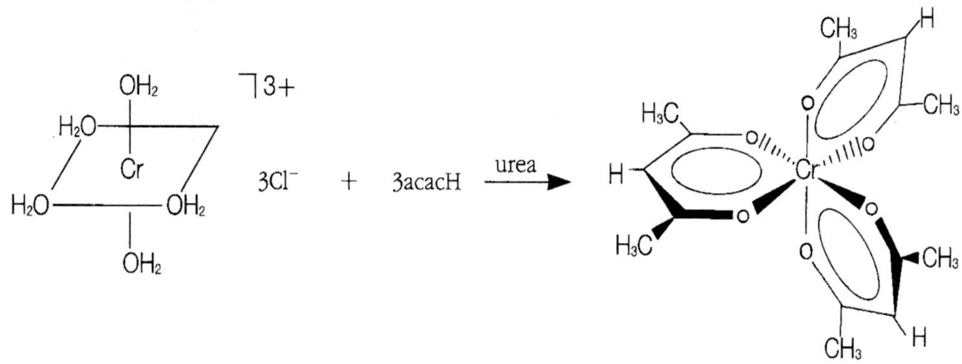

이 배위 화합물은 소수성(疏水性)을 나타내는 유기 분자가 금속 원자를 둘러싸고 있기 때문에 극성이 큰 물에는 잘 녹지 않지만 무극성의 유기 용매에는 잘 녹는 특성을 나타낸다.

2. 실험 기구 및 시약

A. 실험 기구

가열판(hot plate)
삼각 플라스크(Erlenmeyer flask)
피펫(pipet)
비커(beaker)
깔때기(funnel)
거름 종이(filter paper)
파스퇴르 피펫(Pasteur pipette)
둥근 바닥 플라스크(round-bottom flask)
자석 젓게(magnetic stirring bar)
분광광도계(spectrophotometer)
적외선 분광광도계(infrared spectrophotometer)

B. 시약

$CrCl_3 \cdot 6H_2O$(chromium(III) chloride)
아세틸아세톤(acetylacetone, $CH_3COCH_2COCH_3$, 2,4-펜테인다이온)

요소(urea, NH_2CONH_2)
에틸렌다이아민(ethylenediamine)
증류수(distilled water)

3. 실험 방법

실험 A. $Cr(acac)_3$ 의 합성

1) 증류수 20 mL를 100 mL 삼각 플라스크에 넣고 0.15 g의 $CrCl_3 \cdot 6H_2O$를 녹인다.
2) $CrCl_3 \cdot 6H_2O$가 완전히 녹은 후에 0.5 g의 요소를 넣고 피펫을 사용해서 0.5 mL의 아세틸아세톤을 넣는다. 이때 사용한 아세틸아세톤의 양은 $CrCl_3$의 3당량보다 과량을 사용하면 반응을 완결시키는 데 도움이 된다.
3) 반응 물질이 혼합된 삼각 플라스크를 스탠드에 고정시키고 가열판 위에 물중탕을 장치한 후에, 자석 젓게나 유리 막대로 반응 물질을 잘 저어주면서 서서히 가열한다.
4) 반응이 진행되면서 요소가 암모니아와 이산화탄소로 분해되면서 용액이 염기성으로 바뀌고 짙은 자주색이 된다. 약 20~30분간 가열하면서 반응이 완결되도록 기다린다.
5) 반응 용액을 천천히 식히면 삼각 플라스크 안에 짙은 보라색의 결정이 생긴다.
6) 용액을 거름 종이와 깔때기로 걸러서 결정을 분리한다. 파스퇴르 피펫을 이용해서 1~2 mL의 증류수로 결정을 조심스럽게 씻는다. 이때 결정이 거름 종이 밖으로 튀어나가지 않도록 조심한다. 이러한 과정을 두세 번 반복하여 불순물을 완전히 제거한다.
7) 분리한 결정을 공기 중에서 잘 말려 무게를 잰 후 수득률을 계산하고, 녹는점을 측정해서 화합물의 종류를 확인한다.
8) 여건이 되면 아세틸아세톤과 $Cr(acac)_3$의 뉴졸 반죽(Nujol mull) 또는 KBr 펠렛을 만들어서 적외선 흡수 스펙트럼을 찍어서 차이점을 비교한다.

실험 B. $[Cr(en)_3]Cl_3$의 합성

1) 10 mL 둥근바닥 플라스크에 0.27 g의 $CrCl_3 \cdot 6H_2O$와 약 0.5 g의 Zn 고체를 넣는다. (Zn 표면에 생긴 산화물(ZnO)을 6 M HCl로 씻어서 제거한 후에 사용한다.)
2) 에틸렌다이아민 1 mL를 넣은 후에 메탄올 1 mL를 넣는다.
3) 반응 플라스크에 냉각기를 장치하고 물중탕이 장치된 가열판 위에 고정한다. (둥근 바닥 플라스크에 자석 젓게를 미리 넣어두어야 한다.)
4) 물중탕을 사용하여 반응 플라스크의 용액을 약 30분간 가열한다.

5) 반응 용액을 상온으로 냉각시키면 노란색 결정이 생성된다. 감압 여과하여 생성물을 분리한다.
6) 에틸렌다이아민이 10% 포함된 메탄올 용액 0.5 mL로 씻어서 여분의 에틸렌다이아민을 제거하고 분리 건조하여 생성물의 무게를 잰다.
7) 약간의 $[Cr(en)_3]Cl_3$을 물에 녹인 후에 분광광도계를 사용하여 500~800 nm 영역에서 20 nm 간격 범위로 흡광도를 측정하여 최대 흡광도 파장을 구하여라.

4. 주의 및 참고 사항

1) acacH는 반드시 후드 안에서 사용한다.
2) 생성되는 암모니아는 리트머스 종이로 확인할 수 있다.
3) 가열기를 사용할 때 화상에 주의한다.
4) 반응 후 용액은 폐수통에 버린다.
5) 2시간에 실험을 마쳐야 할 경우에는 실험 A와 B 중 하나만 하는 것이 좋다.

5. 실험 결과 처리

1) 합성 반응의 한계 시약(limiting reagent)이 어떤 것인지를 계산을 통하여 밝혀라.
2) 이론적 수득률을 구하고 실험적 수득률을 %로 계산하여라.
3) $Cr(acac)_3$ 의 녹는점은 얼마인가?
4) $[Cr(en)_3]Cl_3$ 수용액의 흡광도와 파장의 관계를 그래프로 그린 후 최대 흡광도 파장이 얼마인지 계산해본다.

6. 생각해볼 사항

1) 실험적 수득률은 항상 이론적 수득률보다 적은 이유는 무엇인가?
2) 요소의 역할은 무엇인지 생각해보자.
3) 대부분의 경우 킬레이트 배위 화합물이 안정한 이유를 생각해보자.
4) 배위 화합물이 다양한 색깔을 띠는 이유는 무엇인가?
5) $Cr(acac)_3$은 물에 잘 녹지 않는 반면에 $[Cr(en)_3]Cl_3$은 물에 녹는 이유는 무엇인가?

7. 실험 결과

실험 A. $Cr(acac)_3$의 합성

$CrCl_3 \cdot 6H_2O$의 질량 ______________ g

요소의 질량 ______________ g

아세틸아세톤의 부피 ______________ mL

반응이 진행되는 상황을 관찰하여 적는다.

결정의 질량 ______________ g

수득률 ______________ g

적외선 스펙트럼

실험 B. $[Cr(en)_3]Cl_3$의 합성

$CrCl_3 \cdot 6H_2O$의 질량 ______________ g

Zn의 질량 ______________ g

에틸렌다이아민의 부피 ______________ mL

반응이 진행되는 상황을 관찰하여 적는다.

결정의 질량 ______________ g

수득률 ______________ g

가시광선 스펙트럼

읽을거리

중금속 중독과 해독제

중금속 이온은 인체에 치명적인 독성을 나타내는 위험한 환경오염 원인이 되고 있다. 일반적으로 중금속은 물에 잘 녹지 않기 때문에 인체에 피해를 주지는 않지만, 전자를 잃어버린 양이온 상태의 중금속 이온은 인체의 화합물들과 복잡한 배위 결합을 형성함으로써 인체에서 일어나는 화학 반응을 방해하는 역할을 한다.

비소(As)는 중금속 중에서 인체에 미치는 독성이 매우 강한 것으로 알려져 있다. 비소가 독성을 나타내는 화학적인 이유는 인체에서 중요한 화학 작용을 하는 효소 중에서 -SH기를 가지고 있는 효소와 강한 결합을 형성하기 때문이다. 예를 들어서 대부분은 근육조직 세포에 들어있는 글루탐산과 시스테인, 글리신으로 구성된 글루타싸이온은 적혈구를 유지하도록 하는 기능을 가지고 있다. AsO_4^{3-}나 AsO_3^{3-}와 같은 비소 화합물이 인체에 들어가면 근육 조직 세포의 글루타싸이온에 노출되어 있는 -SH기와 강한 결합을 해서 글루타싸이온의 기능을 마비시키기 때문에 독성이 나타나게 된다.

인체에서 비소의 화학적 작용에 대한 정보는 비소의 해독제를 개발할 수 있는 실마리가 되었다. 비소의 해독제로는 BAL(British anti-Lewisite, dimercaprol)라고 부르는 $HOCH_2CH(SH)CH_2SH$라는 두자리 리간드가 개발되었다. BAL이 가지고 있는 두 개의 -SH기가 비소 이온과 강하게 킬레이트 결합을 형성함으로써 비소가 글루타싸이온과 결합하는 것을 막아줌으로써 독성을 나타내지 못하게 만든다. BAL은 1차 세계대전 중에 사용되었던 비소 화합물을 이용한 독가스인 루이사이트(Lewisite)의 해독제로 개발되었지만, 지금은 병원의 응급실에서 중금속의 해독제로 널리 사용되고 있다.

실험 30 옥살레이트-철 착화합물의 합성과 광화학 반응

Synthesis of Oxalate-Iron Complex and It's Photochemical Reaction

■ 목표 : 철 착화합물을 합성하고 이의 광화학 반응을 이용해서 청사진을 만든다.

■ 핵심 개념 : 전이 금속(transition metal), 리간드(ligand), 착화합물(complex), 광화학 반응(photochemical reaction), 광량계(actinometer)

■ 관련 개념 : 양자 수율(quantum efficiency), 흡광도(absorbance)

1. 서론

전자 구름에 의하여 화학 결합을 형성하고 있는 분자들은 가시광선이나 자외선의 에너지를 흡수하면 전자 구름의 모양이 바뀌면서 불안정하게 되어 화학 결합이 끊어지면서 분해되거나 다른 화합물과 쉽게 반응하게 된다. 빛을 받아서 일어나는 화학 반응을 광화학 반응이라고 하고, 녹색 식물의 엽록소에서 일어나는 광합성 반응도 광화학 반응의 하나이다.

전이 금속 이온의 주위에 여분의 전자쌍을 가진 리간드가 배위하여 만들어지는 착화합물들도 다양한 광화학 반응을 일으킨다. 이 실험에서는 복사기가 대량으로 보급되기 전에 많이 사용하던 청사진에 이용되었던 철의 옥살레이트 착화합물을 합성하고, 착화합물의 광화학 반응을 살펴본다.

$[Fe(C_2O_4)_3]^{3-}$는 253~577 nm의 넓은 파장 범위에서 빛에 아주 민감한 반응을 보인다. 이 착이온은 $K_3[Fe(C_2O_4)_3]\cdot 3H_2O$를 물에 녹이면 해리되어 만들어진다.

$K_3[Fe(C_2O_4)_3]\cdot 3H_2O$는 다음과 같은 두 가지 방법으로 쉽게 합성할 수 있다.

(방법 1)

$$FeCl_3\cdot 3H_2O + 3K_2C_2O_4\cdot H_2O \rightarrow K_3[Fe(C_2O_4)_3]\cdot 3H_2O + 3KCl + 3H_2O$$

(방법 2)

$$Fe(NH_4)_2(SO_4)_2 \cdot 6H_2O + H_2C_2O_4 \rightarrow FeC_2O_4 \cdot 2H_2O + (NH_4)_2SO_4 + H_2SO_4 + 4H_2O$$

$$2FeC_2O_4 \cdot 2H_2O + H_2C_2O_4 + H_2O_2 + 3K_2C_2O_4 \cdot H_2O \rightarrow 2K_3[Fe(C_2O_4)_3] \cdot 3H_2O + 3H_2O$$

방법 1에서는 Fe(III) 화합물을 출발 물질로 사용해서 한 단계로 합성하지만, 방법 2에서는 Fe(II) 화합물을 이용해서 $FeC_2O_4 \cdot 2H_2O$를 먼저 만들고 다음에 과산화수소로 산화시키면서 두 개의 옥살레이트를 도입시키는 두 단계 과정의 합성이다.

$[Fe(C_2O_4)_3]^{3-}$는 빛을 흡수하면 분자내 전자 전달 과정을 거쳐 다음과 같이 변환된다.

$$[Fe(III)(C_2O_4)_3]^{3-} \xrightarrow{h\nu} [Fe(II)(C_2O_4)_2]^{2-} + [C_2O_4]^{-}$$

$$[Fe(III)(C_2O_4)_3]^{3-} + [C_2O_4]^{-} \rightarrow [Fe(III)(C_2O_4)_3]^{2-} + C_2O_4^{2-}$$

$$[Fe(III)(C_2O_4)_3]^{2-} \rightarrow [Fe(II)(C_2O_4)_2]^{2-} + 2CO_2$$

전체 반응은 다음과 같다.

$$2[Fe(III)(C_2O_4)_3]^{3-} \xrightarrow{h\nu} 2[Fe(II)(C_2O_4)_2]^{2-} + 2CO_2 + C_2O_4^{2-}$$

이렇게 만들어진 $[Fe(II)(C_2O_4)_2]^{2-}$는 Fe^{2+}와 $[C_2O_4]^{2-}$로 쉽게 해리되고, 가시광선 영역의 빛은 흡수하지 않는다. 파장에 따른 $[Fe(III)(C_2O_4)_3]^{3-}$의 흡광도와 이 광화학 반응의 양자 수율은 잘 알려져 있기 때문에 빛을 쪼여서 생성된 Fe^{2+}의 양을 정확히 측정하면 쪼여지는 빛의 양을 구할 수 있다. 이 방법은 빛의 양을 측정하는 광량계(actinometer)로 실험실에서 많이 이용된다.

광화학 반응에 의해 생성된 Fe^{2+}의 양은 1,10-페난트롤린(1,10-phenanthroline) 착물의 붉은색을 이용한 분광광도법이나 또는 $[Fe(CN)_6]^{3-}$와 반응하여 진한 청색의 턴불블루(Turnbull's blue)를 형성하는 것으로 쉽게 알 수 있다. 이 반응이 바로 청사진을 만드는 반응이다.

$$K_3[Fe(CN)_6] + Fe^{2+} \rightarrow KFe(II)Fe(III)(CN)_6\text{(턴불블루)} + 2K^{+}$$

2. 실험 기구 및 시약

실험 A와 B

A. 실험 기구

저울(balance)
가열판(hot plate)
오븐(oven)
비커(beaker) 100 mL, 200 mL
눈금 실린더(graduated cylinder) 10 mL, 50 mL
유리 막대(glass rod)
온도계(thermometer)
뷰흐너 깔때기(Büchner funnel), 감압 플라스크 (suction flask) (또는 깔때기와 삼각 플라스크) (or funnel and Erlenmeyer flask)
얼음 중탕 또는 물중탕(ice bath or water bath)
거름 종이(filter paper)

B. 시약

$K_2C_2O_4 \cdot H_2O$(potassium oxalate)
$FeCl_3 \cdot 3H_2O$(iron(III) chloride)
아세톤(acetone)

실험 C와 D

A. 실험 기구

삼각 플라스크(Erlenmeyer flask) 250 mL
눈금 피펫(graduated pipet) 10 mL
시계 접시(watch glass)
시험관(test tube)
전등(100 W) (lamp)

B. 시약

2 M H_2SO_4(sulfuric acid)
0.1 M $K_3Fe(CN)_6$(potassium iron(III) cyanide)

0.001 M $FeSO_4$(0.1 M H_2SO_4 포함)-2주 실험의 경우(iron(II) sulfate)

실험 E

A. 실험 기구

저울(chemical balance)
마이크로웨이브 오븐 (또는 오븐)(microwave oven)
비커(beaker) 10 mL
눈금 실린더(graduated cylinder)
시계 접시(watch glass)
삼각 플라스크(Erlenmeyer flask) 250 mL
뷰렛 및 뷰렛 스탠드(buret and buret stand)
물중탕(water bath)
온도계(thermometer)

B. 시약

0.04 M 표준 $KMnO_4$(standard potassium permanganate)
아연 아말감(zinc amalgam)
1 M H_2SO_4(sulfuric acid)

3. 실험 방법

실험 A. $K_3[Fe(C_2O_4)_3] \cdot 3H_2O$의 합성

1) 9.0 g의 $K_2C_2O_4 \cdot H_2O$의 무게를 재어서 30 mL의 증류수에 녹이고 가열한다. 용액을 끓을 정도로 가열해서는 안 된다.
2) 다른 비커에 4.4 g의 $FeCl_3 \cdot 3H_3O$의 무게를 재어서 넣고 10~15 mL의 찬 증류수를 넣어 녹인다.
3) $FeCl_3 \cdot 3H_2O$ 용액에 뜨거운 $FeCl_3 \cdot 3H_2O$로 가하고 유리 막대로 저어 준다.
4) 강한 햇빛을 차단하고 얼음물(또는 찬물)에 비커를 두어 결정이 생길 때까지 기다린다.
5) 결정화된 생성물을 거르고 (실험실에 감압 장치가 있으면 사용한다), 침전을 10 mL 아세톤으로 씻어서 말리고, 무게를 잰다.

실험 B. 생성된 $K_3[Fe(C_2O_4)_3] \cdot 3H_2O$의 재결정

1) 실험 A에서 얻은 생성물 $K_3[Fe(C_2O_4)_3] \cdot 3H_2O$ 5 g을 작은 비커에 넣고 13 mL의 증류수를 가한다.
2) 용액의 온도를 높이고 고체가 모두 녹을 때까지 기다린다.
3) 뜨거운 용액을 감압 장치로 빨리 거르고, 2 mL 이하의 뜨거운 증류수로 씻어준다.
4) 뜨거운 거른 용액을 깨끗한 비커에 옮기고 얼음 수조에 넣어 식혀서 결정이 생기도록 한다.
5) 차가운 상태로 거르고 5 mL의 차가운 증류수로 씻은 후 50 ℃ 오븐에서 약 30분 정도 말린다.
6) 순수한 생성물의 무게를 재고, 실험 A의 반응 수득률을 계산한다. (실험 A에서 한계 시약은 $K_2C_2O_4 \cdot H_2O$이다. 따라서 사용된 $K_2C_2O_4 \cdot H_2O$의 양에서 계산된 생성물의 양과 실제 얻어진 양의 백분율이 수득률이다. 실험 B에서는 실험 A의 생성물 모두를 사용하지 않은 점을 유의하여 수득률을 계산한다.)

실험 C. $K_3[Fe(C_2O_4)_3] \cdot 3H_2O$의 광반응

1) 0.7 g의 $K_3[Fe(C_2O_4)_3] \cdot 3H_2O$(실험 A에서 얻은 재결정하지 않은 것도 좋음)을 삼각 플라스크에 넣고 100 mL 증류수와 3 mL의 2 M H_2SO_4를 첨가하고 잘 섞는다.
2) 세 개의 시험관에 '가', '나', '다'로 표식을 붙이고, 위 용액 10 mL씩을 넣는다.
3) '가' 시험관은 알루미늄박으로 빛을 차단하고, '나' 시험관은 1분간, '다' 시험관은 5분간 빛을 쪼인 후에 알루미늄박으로 빛을 차단한다.
4) 각 시험관에 1 mL씩의 0.1 M $K_3Fe(CN)_6$ 용액을 가하고 변화를 관찰한다. (실험을 1회에 마치는 경우에는 여기까지 할 수 있다.)
5) 다섯 개의 시험관에 0.001 M $FeSO_4$ (0.1 M H_2SO_4 포함)을 0, 2, 4, 6, 8 mL 씩 넣고 증류수를 넣어 전체 부피가 10 mL가 되게 한다. (예를 들어서 2 mL $FeSO_4$가 든 시험관에는 8 mL 증류수를 넣는다.)
6) 각 시험관에 1 mL씩의 0.1 M $K_3Fe(CN)_6$ 용액을 가하고 4)의 시험관의 색깔과 비교하여 4)의 시험관에서 환원된 Fe^{2+}의 농도를 추정한다.

실험 D. 청사진 만들기

1) 실험 C에서 만든 $K_3[Fe(C_2O_4)_3] \cdot 3H_2O$ 용액 25 mL를 시계 접시에 붓고, 이 용액에 여과지를 적신다.
2) 여과지를 어두운 곳에서 말린다.
3) 건조된 여과지 위에 열쇠 등 빛을 차단하는 물체를 두고 위에서 빛을 쪼인다. (전등을 가급적 가까이 두면 빛을 쪼이는 시간을 단축할 수 있다.)
4) 몇 분이 지난 후에 여과지를 0.1 M $K_3Fe(CN)_6$ 용액을 담아둔 시계 접시 위에 넣

어 이 용액으로 적신 후 증류수로 씻는다.

5) 관찰 결과를 기록하고 설명하여라.

실험 E. $K_3[Fe(C_2O_4)_3] \cdot 3H_2O$의 분석

1) 물 함량 분석 :

깨끗하게 말린 작은 시계 접시를 100 ℃ 오븐에서 10분간 말린 후 식혀서 무게를 잰다. 약 1.0 g의 재결정한 시료의 무게를 정확하게 재어서 시계 접시에 놓고 오븐에서 30분간 말린 후에 식혀서 무게를 잰다. 이 과정을 일정한 무게에 도달할 때까지 반복한다. 무게가 줄어드는 것은 결정 격자 내의 물이 제거되기 때문이다. 이 물의 양을 계산하여라. (일반 오븐 대신 마이크로웨이브 오븐을 사용하면 시계 접시를 말리는 데는 1분, 시료를 말리는 데는 5분이면 된다.)

2) 옥살레이트 정량 :

옥살레이트 양은 $KMnO_4$ 적정으로 구한다. $KMnO_4$ 용액의 제조와 이의 표준화는 실험 15를 참조한다.

$$5[Fe(C_2O_4)_3]^{3-} + 6MnO_4^- + 48H^+ \rightarrow 5Fe^{3+} + 6Mn^{2+} + 30CO_2 + 24H_2O$$

약 0.40 g의 재결정한 시료의 무게를 정확히 재어서 100 mL 삼각 플라스크에 넣고 25 mL의 1 M 황산에 녹인다. 이 용액의 온도를 약 60 ℃로 높이고 표준화된 0.04 M $KMnO_4$ 용액으로 적정하여 옥살레이트를 정량한다. (이 실험 후 다음에 있는 철을 정량할 경우에는 종말점을 지나서 적정하면 안 된다.)

3) 철의 정량 :

위의 적정 용액을 식혀서 아연 아말감이 담겨있는 용기에 정량적으로 옮기고 약 2분 동안 흔든 다음 환원된 용액을 조심스럽게 250 mL 삼각 플라스크에 따른다. 아말감을 30 mL 황산 용액(증류수와 1 M 황산을 1:1로 혼합하여 만듬)으로 3번 씻어 삼각 플라스크에 따른다. 이 용액을 실온에서 표준 $KMnO_4$ 용액으로 적정한다. 적정 결과에서 철의 함량을 계산하여라.

4. 주의 및 참고 사항

1) 이 실험은 학교의 사정에 따라 1~3 주(1주 2시간 기준)간 수행할 수 있도록 구성되어 있다. 권장하는 실험은 다음과 같다.
   1주 실험 : 실험 A 및 실험 C (또는 실험 D)를 수행하나, 실험 C에서 5)이후 생략
   2주 실험 : 제1주에 실험 A와 B, 제2주에 실험 C와 D.
   3주 실험 : 처음 2주는 2주 실험과 동일, 제3주는 실험 E.
2) 실험 C와 D는 실험 B에서 재결정하지 않은 $K_3[Fe(C_2O_4)_3]\cdot 3H_2O$를 사용해도 된다.
3) 제1주에 합성된 화합물을 다음에 사용하기 위해서는 화합물에 빛이 닿지 않도록 보관해야 한다. 알루미늄박으로 싼 후 어두운 곳에 보관한다.
4) 실험 E에서 물의 함량을 측정하기 위해 오븐에서 말리는 동안 다른 실험을 수행하는 하는 것이 실험 시간을 단축시킨다.
5) 실험 E에서 Fe^{3+}는 아연 아말감에 의해 Fe^{2+}로 환원된다. 환원된 Fe^{2+}는 $KMnO_4$로 적정하여 정량한다.

$$2Fe^{3+} + Zn(Hg) \rightarrow 2Fe^{2+} + Zn^{2+} + Hg$$
$$5Fe^{2+} + MnO_4^- + 8H^+ \rightarrow 5Fe^{3+} + Mn^{2+} + 4H_2O$$

5. 실험 결과 처리

1) 실험 A의 합성 실험에서 사용된 시약의 몰수를 구하고 대략적 수득률을 계산한다. 계산에 필요한 몰질량은 $K_2C_2O_4\cdot H_2O$는 184, $FeCl_3\cdot 3H_2O$는 181, 그리고 $K_3[Fe(C_2O_4)_3]\cdot 3H_2O$는 491이다.
2) [1)의 무게] × [재결정 후 무게]/[재결정에 사용한 무게]가 실험 A의 반응 시료를 모두 재결정하였을 때에 예상되는 무게이다. 이 값을 이론치와 비교하여 재결정 후의 수득률을 구한다.
3) 이론적 함량은 화학식에서 계산되는 함량이다. 물의 함량은 (줄어든 무게)/(시료의 무게) × (몰질량)으로 계산된다. 사용된 시료 중의 옥살레이트 함량(g)은 [$KMnO_4$ 몰농도] × [$KMnO_4$의 부피 (mL)] × 2.5 × 84/1000이다. 이 값을 사용한 시료의 무게로 나누면 시료 중의 옥살레이트 함량이 얻어진다. 시료 중의 이론적 함량은 252/491 × 100(%)이다. 사용한 시료 중의 철의 함량(g)은 [$KMnO_4$ 몰농도] × [$KMnO_4$의 부피(mL)] × 5 × 55.8/1000이다. 이 값을 사용한 시료의 무게로 나누면 시료 중 철의 함량이 얻어진다. 시료 중의 이론적 함량은 55.8/491 × 100(%)이다.

6. 생각해볼 사항

1) 재결정 과정(실험 B)에서 뜨거운 용액을 여과하는 이유는 무엇인가?
2) $[Fe(C_2O_4)_3]^{3-}$의 광화학 반응 이외에 턴불 블루의 어떤 성질을 청사진 제조에 이용하는가?
3) $[Fe(C_2O_4)_3]^{3-}$의 철의 광환원 반응의 양자 수율은 약 1.0이다. 1.0×10^{-5} 몰의 Fe^{2+}을 얻기 위해서는 100 W 전등에서 나오는 빛을 얼마간 쪼여야 하는가? 단, 전등의 빛 중 5%가 용액에 쪼여지고, 용액에 쪼인 빛은 모두 흡수된다고 가정한다.

7. 실험 결과

실험 A

사용한 $K_2C_2O_4 \cdot H_2O$ 양 : ______ g: _______ 몰

사용한 $FeCl_3 \cdot 3H_2O$ 양 : ______ g: _______ 몰

얻어진 화합물의 무게 : ______ g: ________몰; 대략적 수득률 : _______ %

관찰 :

실험 B

재결정에 사용한 시료의 무게 : _________ g

재결정 후 얻어진 무게 : _________ g

재결정 후 과정 1의 수득률 : _________ %

실험 C

시험관	'가'	'나'	'다'
빛 쪼인 시간	______________	______________	______________
관찰 결과			

5) 이후를 실험한 경우

시험관	'가'	'나'	'다'
추정 Fe^{2+} 농도	______________	______________	______________

실험 D

각자 얻어진 청사진을 조교에게 보일 것

실험 E

(물의 함량)

용기의 무게 : ________ g

용기와 시료의 무게 : _________ g

시료의 무게 : ________ g

	말린 후 용기 + 시료 무게		감소된 시료의 무게
1회	_______________ g		____________ g
2회	_______________ g		____________ g
3회	_______________ g		____________ g
이론적 물 함량 :	_______________ g;	구해진 물 함량 :	____________ g

(옥살레이트 함량)

사용한 시료의 무게 : _______ g

적정에 사용한 $KMnO_4$의 농도 : __________ M

소모된 $KMnO_4$의 부피 : ________ mL

이론적 옥살레이트 함량 _________ %; 구해진 옥살레이트 함량 : _______ %

(Fe^{3+} 함량)

소모된 $KMnO_4$의 부피 : ________ mL

이론적 Fe^{3+} 함량 ________ %; 구해진 Fe^{3+} 함량 : __________ %

읽을거리

빛과 화학

빛(광)을 이용하여 화학 반응을 일으키고 이에 대한 연구를 하는 화학의 한 분야를 광화학이라고 한다. 그러나 빛은 광화학자들 뿐만 아니라 거의 모든 화학자들의 연구에 좋은 도구가 되고 있다. 사실상 빛은 공기 중의 산소 생성의 원천이며, 식물이나 광합성 박테리아의 광합성 과정과 생물의 먹이사슬로 이어지는 생명계를 유지하게 만드는 근원이기도 하다. 무기물을 제외한 먹거리에서 광합성에서 출발하지 않는 것은 거의 없다. 광합성은 이 실험의 화합물에서 본 것과 같은 빛을 흡수해서 일어나는 전자 전달에 의한 산화-환원 반응에서 비롯된다. 빛은 원자 스펙트럼에서 본 것과 같이 원자나 분자의 구조를 탐구하는데 필수적으로 사용된다. 또한 흡수되는 빛의 파장과 흡수되는 정도에서 물질을 확인하고 정량한다. 최근에는 단일 파장의 센 빛을 얻을 수 있는 레이저의 출현과 이의 펄스화로 극히 짧은 시간에 존재하는 화학종의 특성이나 화학 변화도 연구할 수 있게 되었다. 현재의 기술은 펨토초 (1×10^{-15}초; 빛이 1 cm을 가는데 3,000 펨토초가 걸린다) 펄스를 이용하여 분자의 회전이나 진동, 반응 등을 추적할 수 있다. 그리고 식물의 광합성을 모방하여 빛에너지를 화학 에너지나 전기 에너지를 전환시키는 연구와 우리의 시각처럼 빛을 이용한 정보 전달과 저장에 관한 연구가 많은 화학자들에 의해 아주 활발하게 진행되고 있다.

청사진

인간은 말과 글을 사용하여서 다른 짐승과 구별이 된다. 우리의 생각을 말로 표현하고 그것을 글로 남길 수 있는 능력은 인류 문명의 발달에 핵심적인 역할을 해왔다. 처음에는 손으로 글자를 쓰는 것으로 만족할 수밖에 없었지만, 그 후에 글자를 목판이나 금속 활자에 새겨서 책을 대량으로 제작할 수 있는 인쇄술이 발달함으로써 본격적인 인류 문명의 발달이 가능하게 되었다. 그 후 20세기에 들어서면서 인쇄술은 더욱 발달해서 1950년부터 현재 우리가 사용하는 복사 기술이 완성되어 정보의 전달이 더욱 편리하게 되었다.

건물이나 기계의 설계도와 같이 글자가 아닌 형태로 그려진 복잡한 문서를 옮기는 기술 중에서 청사진(blueprint)은 비교적 오랫동안 사용되어 오던 것이다. 청사진을 만들기 위해서는 우선 반투명한 얇은 헝겊이나 종이에 원본을 그린다. 원본을 ferric ammonium citrate와 potassium ferricyanide 혼합물을 바른 종이 위에 놓고 빛을 쪼여주면, potassium ferricyanide의 3가의 철이 2가의 철로 환원되면서 푸른색을 가진 프러시안 블루(prussian blue)라는 물에 녹지 않는 화합물로 바뀐다. 이 종이를 물로 씻어서 반응하지 않고 남아있는 철 화합물을 씻어내면 원본의 검은 부분은 바탕의 종이색이 되고, 빛이 쪼여진 부분은 청색을 띠게 된다.

실험 31 무기 안료의 합성

Synthesis of Inorganic Pigments

■ 목표 : 안료로 사용되는 무기 화합물을 합성하여 그 특성과 응용에 대하여 알아본다.
■ 핵심 개념 : 무기 안료(inorganic pigment), 색(color), 카세인(casein)
■ 관련 개념 : 결합제(binder), 착화합물(complex compound)

1. 서론

색깔이 짙은 무기 화합물은 페인트나 물감의 색깔을 나타내는 무기 안료(inorganic pigment)로 많이 사용된다. 안료는 액체 또는 고체 결합제(binder)와 혼합하여 사용함으로써, 안료를 사용하는 재질의 색깔을 바꾸어주거나 보호해주는 역할을 한다.

안료로 사용되는 화합물이 빛을 흡수하면 보색(補色)에 해당하는 색깔이 나타나게 된다. 또한 안료와 결합제의 굴절률의 차이 때문에 나타나는 산란 현상으로 외부에서 쪼여지는 빛이 안료를 칠한 재질에 닿지 않게 되어서 재질을 보호하는 역할도 하게 된다.

안료는 자연에 존재하는 원료를 곱게 갈아서 만든 광물성 안료와 화학적인 처리를 거쳐서 만들어진 화학 안료로 구분하기도 하고, 색깔에 따라서 분류하기도 한다. 주로 금속 원소의 화합물인 무기물이 주로 안료로 사용되어 왔지만, 최근에는 탄소를 포함하는 유기 안료도 다양하게 개발되어 사용되고 있다.

백색 안료로는 탄산 납, 황산 납 또는 산화 납 등의 납 화합물이 많이 사용되었지만, 최근에는 납의 유해성 때문에 산화 아연, 황화 아연 또는 이산화 타이타늄(TiO_2)이 많이 사용되고 있다. 검정색 안료로는 주로 카본 블랙(carbon black)이 사용된다. 그 밖의 색깔을 나타내는 유색 안료로 사용되는 화합물들은 표 31-1과 같다.

표 31-1 유색 무기 안료

색깔	화합물
적색	산화 철(Ⅲ)(Fe_2O_3), 사산화 삼납(Pb_3O_4), 황화 수은(HgS)
황색	크롬산 납($PbCrO_4$), 크롬산 아연($ZnCrO_4$), 황화 카드뮴-황화 아연(CdS-ZnS)
녹색	산화 크롬(Ⅲ)(Cr_2O_3), 수산화 크롬(Ⅲ)($Cr_2O(OH)_4$), 염기성 아세트산구리($Cu(C_2H_3O_2)-2Cu(OH)_2$), 코발트크롬 그린($Cr_2O_3-Al_2O_3-CoO$)
청색	감청($Fe_4[Fe(CN)_6]_3$, 코발트 블루($CoO-Al_2O_3$), 군청($Na_{8-10}(Al_6Si_6O_{24})S_{2-4}$)

안료와 함께 사용되는 결합제는 안료가 재질에 단단히 달라붙도록 해주는 역할 이외에도 재질의 부식 등을 막아주는 역할도 한다. 페인트와 같은 경우에는 재질의 표면에 단단한 필름을 형성하는 고분자 물질을 용매에 녹인 결합제를 사용한다. 최근에는 표 31-2와 같이 다양한 기능을 가진 결합제와 첨가제를 사용한 기능성 도료(paint)도 개발되고 있다.

표 31-2 기능성 도료

기능	종류
광학적 기능	형광, 광선택 흡수, 자외선 차단, 레이저용, 액정 표시
전기적 기능	절연, 대전 방지, 전파 흡수, IC용
열적 기능	발열, 내열, 방화, 저온
환경 보존과 안전 기능	결빙·착상 방지, 미끄럼 방지, 방사선 차단, 방음, 누출 탐지
생물적 기능	곰팡이 방지, 살충·방충, 선박 오염 방지

안료를 그림 물감 등에 사용할 때에는 우유나 치즈에서 분리한 카세인(casein)을 결합제로 사용하기도 한다. 카세인은 락토알부민과 락토글로부린과 같은 단백질을 포함하고 있는 몇 가지 인단백질(phosphoprotein)의 혼합물로 우유에서는 방사 모양으로 뭉쳐진 고분자 마이셀(micelle)의 형태로 존재한다. 카세인은 우유에 아세트산과 같은 산을 넣으면 침전으로 분리된다.

이 실험에서는 안료로 사용되는 착화합물을 몇 가지 합성하고, 이들을 우유에서 분리한 카세인과 함께 혼합해서 그림 물감을 만들어 본다.

2. 실험 기구 및 시약

A. 실험 기구

비커(beaker) 100 mL, 400 mL
거름 종이(filter paper)
깔때기(funnel)
가열판(hot plate)
막자 사발(mortar and pestle)
증발 접시(evaporating dish)
유리 막대(glass rod)
우유(milk)
식초(vineger)

B. 시약

산화철(Fe_2O_3) (iron(III) oxide)
사산화 삼납(Pb_3O_4) (lead(II, IV) oxide)
황화 수은(HgS) (mercury(II) sulfide)
크롬산 납($PbCrO_4$) (lead(II) chromate)
크롬산 아연($ZnCrO_4$) (zinc(II) chromate)
산화 크롬(Cr_2O_3) (chromium(III) oxide)
수산화 산화 크롬($Cr_2O(OH)_4$) (green viridian or hydrated chrome(II) oxide)
염기성 초산구리($Cu(C_2H_3O_2)-2Cu(OH)_2$) (verdigris)
코발트크롬 그린($Cr_2O_3-Al_2O_3-CoO$) (cobalt chrome green)
황화 카드뮴-황화 아연(CdS-ZnS) (cadmium sulfide-zinc sulfide)
감청($Fe_4[Fe(CN)_6]_3$) (prussian blue)
코발트 블루($CoO-Al_2O_3$) (cobalt blue)
군청($Na_{8-10}Al_6Si_6O_{24}S_{2-4}$) (ultramarine blue)
염화 칼슘($CaCl_2$) (calcium chloride)
탄산 나트륨(Na_2CO_3) (sodium carbonate)
헥사사이아노철(Ⅱ)산 칼륨($K_4[Fe(CN)_6]$) (potassium hexacyanoferrate(Ⅱ))
염화 코발트($CoCl_2$) (cobalt(Ⅱ) chloride)
황산철(Ⅲ)산 암모늄-물(⅓)($NH_4Fe(SO_4)_2 \cdot 3H_2O$) (ammonium iron(Ⅲ)sulfate trihydrate)
규산 나트륨(Na_2SiO_3) (sodium silicate)

3. 실험 방법

실험 A. 안료 합성

1) 두 개의 시험관에 더운 물을 반 정도 채운 뒤 표 31-3의 A와 B를 각각 넣어서 녹인 후에 두 용액을 100 mL 비커에 넣어 섞으면 침전이 만들어진다.
2) 거름 종이로 침전을 걸러서 말린다.

실험 B. 카세인 분리

1) 400 mL 비커에 우유 200 mL와 식초 10~20 mL를 함께 넣고 서서히 저어준다.
2) 용액이 끓지 않을 정도로 서서히 가열하면 침전이 형성된다.
3) 실온까지 냉각시킨 후에 거름 종이로 침전을 거르고, 부드럽게 짜서 물기를 제거한다.
4) 카세인을 건조시킨 후에 막자 사발로 분쇄하고 무게를 측정한다.

실험 C. 그림 물감 제조

1) 증발 접시에 소량의 카세인을 넣고 물을 넣어서 걸쭉한 반죽을 만든다.
2) 카세인과 같은 양의 색소를 넣고 잘 섞어준다.

표 31-3 안료의 합성

반응 물질	침전 물질	침전물 색깔
A : 0.3 g $CaCl_2$ B : 0.3 g Na_2CO_3	$CaCO_3$	흰색
A : 0.3 g $K_4[Fe(CN)_6]$ B : 0.2 g $CoCl_2$	$CoFe(CN)_6$	회녹색
A : 0.2 g $NH_4Fe(SO_4)_2 \cdot 3H_2O$ B : 0.2 g Na_2CO_3	$Fe(OH)_3$	갈색
A : 0.2 g $NH_4Fe(SO_4)_2 \cdot 3H_2O$ B : 0.2 g $K_4[Fe(CN)_6]$	$KFe_2(CN)_6$	파란색
A : 0.2 g $CoCl_2$ B : 1.0 mL Na_2SiO_3	$CoSiO_3$	보라색
A : 0.2 g $CoCl_2$ B : 0.2 g Na_2CO_3	$CoCO_3$	연보라색

4. 주의 및 참고 사항

1) 염화 코발트는 독성이 있으므로 손에 묻지 않도록 한다.
2) 카세인을 효율적으로 얻기 위해서는 충분히 높은 온도에서 아세트산을 넣어주는 것이 좋다. 카세인을 거를 때는 거름 종이 대신 가제를 사용해도 좋다.
3) 표 31-3의 안료를 각 조별로 나누어서 합성해도 된다.

5. 실험 결과

실험 A. 안료의 합성

표 31-3의 안료를 합성할 때 반응 과정과 침전의 모양을 관찰하여 기록한다.

실험 B. 카세인의 분리

카세인이 침전되는 과정을 관찰하여 기록한다.

실험 C. 그림 물감 제조

제조한 그림 물감으로 그림을 그려본다.

읽을거리

후손에게도 숨긴 코발트 안료의 비법

코발트(Co) 화합물은 고대로부터 아시아의 여러 지역에서 푸른색의 코발트 유리와 도자기용 안료로 사용되어 왔다. 우리 나라에서는 15세기 이후 자기를 만들 때 아라비아에서 수입한 "회회청" 이라는 청색 안료를 사용했다. 회회청이라는 이름은 회교국 사람들이 쓰던 청색이라는 뜻에서 붙인 것으로 대단히 귀하고 비싼 안료였다. 1464년에는 전라도 강진에서 회회청과 같은 물질을 발견하여 값싸게 이용할 수 있게 되었다.

중세 유럽에서는 코발트 안료를 합성하는 방법을 엄격하게 비밀로 붙여두었다가 그 비법이 전수되지 않고 없어져 버렸다. 그 후 코발트 유리를 만드는 방법은 1540년에 다시 개발되었고 1679년에서야 코발트 안료의 제법이 다시 개발되었다. 당시 코발트 안료의 값은 금값의 2.5배에 이르렀다고 한다.

코발트 원소의 정체가 밝혀진 것은 1735년 스웨덴의 화학자 브란트(Georg Brandt)에 의해서였다. 그가 1742년에 발표한 자료에 의하면 코발트 원소는 장밋빛이 나는 회색이며, 녹는점이 매우 높고, 푸른색의 안료를 만들 수 있다고 하였다.

실험 32 고체 전해질의 합성

Synthesis of Solid Electrolyte

■ 목표 : Cu_2HgI_4(dicupriotetraiodomercury 또는 cuprous mercury iodide)를 합성하고 온도 변화에 따라 색깔이나 전기 전도도가 변하는 것을 관찰한다.

■ 핵심 개념 : 열변색 현상(thermochroism), 고체 전해질(solid electrolyte), 상전이(phase transition), 전기 전도도(electrical conductivity), 전기 저항(electric resistance), 빈자리(vacancy)

■ 관련 개념 : 결정 구조(crystal structure), 결정 격자(crystal lattice), 단위 세포(unit cell)

1. 서론

Cu_2HgI_4는 열변색 현상(thermochroism)을 보이는 물질이다. 즉, 이 물질은 온도에 따라 색깔이 가역적으로 변한다. 낮은 온도에서는 붉은색을 띠고 높은 온도에서는 짙은 갈색을 띤다. 낮은 온도에서는 그림 32-1과 같이 I^- 이온층 사이에 Cu^+와 Hg^{2+} 이온이 번갈아가며 규칙적으로 배열되어 있는 형태를 띤다. 그러나 높은 온도에서는 I^-는 같은 위치를 차지하고 있으나 금속 이온들은 아무렇게나 자리를 차지하게 된다(그림 32-2). 하나의 결정 구조에서 다른 결정 구조로의 전이는 특정 온도에서 상당히 급격하게 일어난다.

높은 온도에서는 하나의 금속 이온이 들어갈 수 있는 자리가 여러 개 존재하므로 금속 이온은 결정 격자의 빈자리(vacancy)를 이용해서 마음대로 움직일 수 있다. 즉, 금속 이온은 수용액에서 움직이는 것과 같이 결정 내에서 마음대로 움직일 수 있다. 간단한 장치를 사용하여 높은 온도에서의 전기 전도도가 낮은 온도에서 보다 훨씬 크다는 것을 관찰 할 수 있다.

Cu_2HgI_4는 황산구리(II)와 요오드화 칼륨(KI)을 반응시킨 뒤 요오드화 수은을 가하여 합성한다. 구리(II) 이온은 요오드화 이온에 의해서 환원되어 고체 CuI를 생성한다. 과량의 I^- 이온 존재 하에서 요오드는 삼요오드화 이온을 생성한다. 따라서 전체 반응식은 다음과 같다.

$$2Cu^{2+}(aq) + 4I^-(aq) \rightleftarrows 2CuI(s) + I_2(aq)$$

$$I_2(aq) + I^-(aq) \rightleftarrows I_3^-(aq)$$

$$2Cu^{2+}(aq) + 5I^-(aq) \rightleftarrows 2CuI(s) + I_3^-(aq)$$

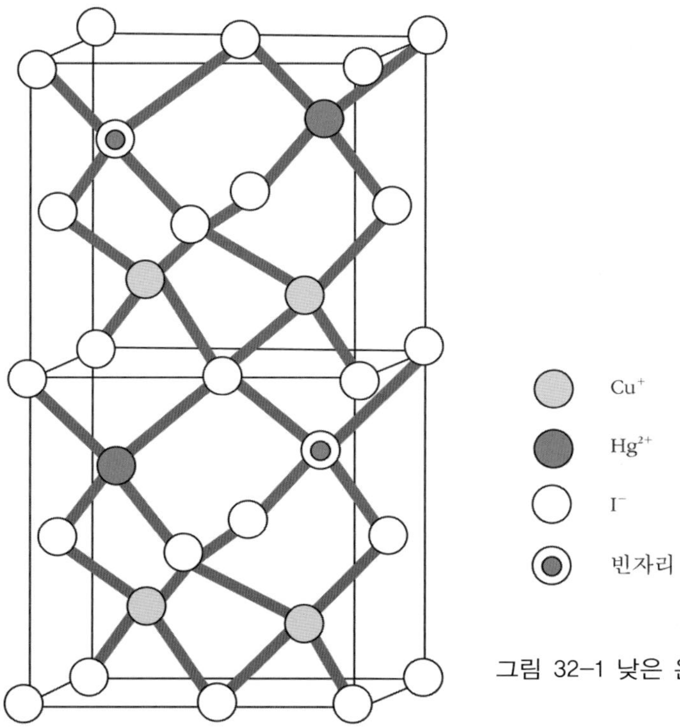

그림 32-1 낮은 온도에서 Cu_2HgI_4의 구조

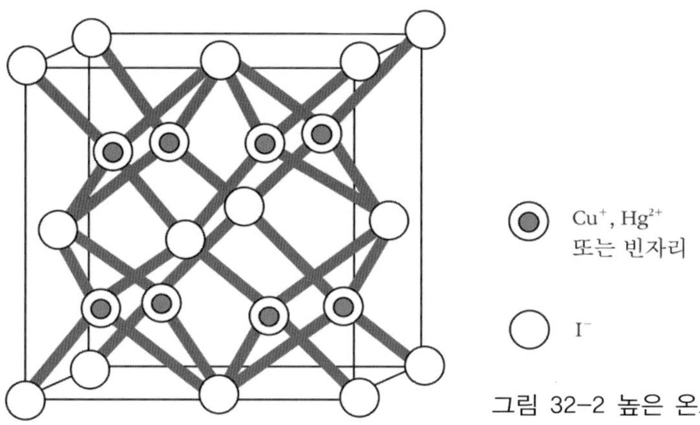

그림 32-2 높은 온도에서 Cu_2HgI_4의 구조

아황산 나트륨을 이 혼합물에 가하여 삼요오드화 이온을 다시 요오드화 이온으로 환원시킨다.

$$I_3^-(aq) + SO_3^{2-}(aq) + 3H_2O \rightarrow 3I^-(aq) + SO_4^{2-}(aq) + 2H_3O^+$$

고체 요오드화 구리(I)는 윗 층의 액체를 따라 내어 쉽게 분리할 수 있다.
요오드화 수은(II)은 질산 수은과 요오드화 칼륨을 반응시켜 얻을 수 있다.

$$Hg^{2+}(aq) + 2I^-(aq) \rightleftarrows HgI_2(s)$$

마지막으로 고체 요오드화 구리(I)와 요오드화 수은(II)을 반응시킴으로써 Cu_2HgI_4를 합성한다.

2. 실험 기구 및 시약

A. 실험 기구

교반 가열판(hot plate with magnetic stirrer)
뷰흐너 깔때기(Büchner funnel)
거름 종이(filter paper)
감압 플라스크(suction flask)
아스피레이터(aspirator)
한 쪽이 막힌 유리 모세관(glass capillary sealed at one end)
(내경 1.2 mm × 100 mm)
유리 모세관(glass capillary tube)
(내경 1.2 mm × 100 mm)
구리선(copper wire)
전기 저항계(ohmmeter) 또는 디지털 전압계(digital voltmeter)
드라이기(heat gun)
고무줄(rubber band)

B. 시약

증류수(distilled water)
0.5 M 황산구리(II)(copper(II) sulfate)
1.0 M 요오드화 칼륨(potassium iodide)

6 M 아세트산(acetic acid)
아황산 나트륨(Na_2SO_3)(sodium sulfite)
0.05 M 질산 수은(II)(mercury(II) nitrate)

3. 실험 방법

실험 A. Cu_2HgI_4의 합성

1) 150 mL 비커에 50 mL의 증류수를 넣은 뒤 5 mL의 0.5 M $CuSO_4$, 6 mL의 1 M KI, 그리고 6 M 아세트산을 몇 방울 가한다. 침전이 생성될 것이다.
2) 0.2 g의 Na_2SO_3를 10 mL의 증류수에 녹인 뒤 CuI 침전이 있는 비커에 저어주면서 가한다.
3) 요오드화 구리(I) 침전을 몇 분간 가만히 놓아 둔 뒤, 윗 층의 액체를 최대한 제거한다. 침전이 몇 퍼센트 이상 같이 제거되지 않게 조심해야 한다.
4) 250 mL 비커에 100 mL의 증류수와 0.05 M $Hg(NO_3)_2$ 25 mL, 그리고 1 M KI 3 mL를 가한 뒤 방금 합성한 요오드화 구리(I)를 가한다. 이 때 증류수통의 증류수를 이용해서 비커에 요오드화 구리(I)가 남아있지 않게 한다.
5) 자석 젓게로 저어주면서 CuI와 HgI_2 혼합 용액을 가열판 위에서 20분간 끓는점까지 가열한다. 반응시키는 동안 짙은 갈색 고체가 형성될 것이다. 이 뜨거운 용액을 감압 거름한다. 침전물을 아세톤으로 씻는다.
6) 고체를 10분 동안 공기 중에서 잘 말린 뒤 수득률을 계산한다.

실험 B. 고체 상전이 온도의 결정

Cu_2HgI_4의 고체 상전이 온도는 40 ℃와 90 ℃ 사이에 존재하므로 물중탕을 이용하여 편리하게 고체 상전이 온도를 결정할 수 있다. Cu_2HgI_4 시료의 온도가 낮아짐에 따라 색깔이 변하는 온도가 상전이 온도이다.

1) 소량의 Cu_2HgI_4를 여과지의 표면에 바른 후 일정 온도의 물이 담겨있는 비커에 놓는다.
2) 뜨거운 물이 담긴 비커에 찬물을 조금씩 가하면서 상전이 온도에 접근하는 것이 편리할 것이다. 측정된 상전이 온도를 기록한다. 상전이 온도를 측정하는 또 다른 방법은 한쪽 끝이 막힌 모세관에 건조된 소량의 Cu_2HgI_4를 채워 넣은 뒤 작은 시험관처럼 물중탕에 넣는 것이다. 첫 번째 방법과 마찬가지로 찬물을 조금씩 가해서 온도를 낮추면서 색깔 변화를 관찰한다.

실험 C. 온도에 따른 전기 전도도의 비교

1) 적당한 굵기의 구리선을 모세관에 넣는다(그림 32-3). 구리선은 되도록 모세관에 딱 맞아야 한다.
2) 관의 다른 한쪽으로 Cu_2HgI_4를 소량 넣은 뒤 관을 거꾸로 하여 구리선 쪽을 바닥에 쳐서 Cu_2HgI_4가 촘촘히 채워지게 한다. 이러한 과정을 되풀이 하여 적어도 1 cm 정도의 고체를 유리관에 채운다.
3) 마지막으로 또 다른 구리선을 모세관의 다른 쪽에 넣어 Cu_2HgI_4가 두 구리 전극 사이에 채워져 있게 한다. 꽉 채워진 상태를 유지하기 위해 두 구리 전극을 구부린 뒤 고무줄로 두 전극을 묶는다.

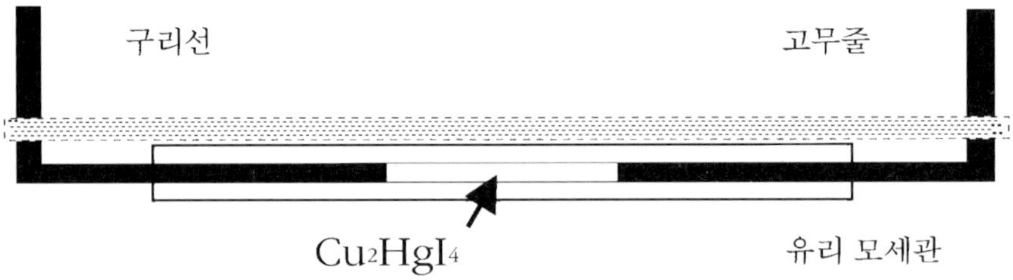

그림 32-3 전기 전도도를 측정하기 위한 간단한 장치

4) 전기 저항계(ohmmeter)를 이용해서 두 전극 사이에 있는 Cu_2HgI_4 시료의 전기 저항을 측정해보아라(전기 저항계의 측정 범위를 1 ~ 10 MΩ 범위로 하라).
5) 모세관을 드라이기(heat gun)로 가열하면서 전기 저항을 측정해보아라. 색깔이 변하면서 전기 전도도가 어떻게 변하는가?
6) 측정을 끝낸 Cu_2HgI_4는 일반 쓰레기통이 아닌 실험실에 있는 폐기물통에 버려야 한다.

4. 주의 및 참고 사항

1. 수은을 포함하는 화합물 가루를 코로 들이마시거나 눈이나 피부와 접촉하는 일도 없도록 주의하여야 한다. 화합물을 다룬 뒤 반드시 물로 손을 깨끗이 씻어야 한다.
2. 아세톤은 인화성이 있으므로 근방에 불꽃이 없도록 주의하여야 한다.

5. 실험 결과 처리

1) 사용한 시약들의 양으로부터 CuI와 HgI_2의 이론적 수득량을 구한다. 이때 한계 반응물이 무엇인지 정확히 알고 있어야 한다.
2) 위에서 구한 이론적 수득량으로부터 Cu_2HgI_4의 이론적 수득량을 구한다. 공기 중에서 건조한 Cu_2HgI_4의 무게를 측정한 뒤 대략적 수득률을 구한다.
3) 두 가지 다른 방법으로 고체 상전이 온도를 측정하여 비교해본다.
4) 온도에 따른 전기 전도도의 변화를 측정해본다.

6. 생각해볼 사항

1) Cu_2HgI_4의 실험식이 그림 32-1의 단위 세포의 구조와 일치하는가?
2) Cu_2HgI_4의 단위 세포의 크기가 낮은 온도와 높은 온도에서 다른 이유는 무엇인가?
3) 구리 이온이나 수은 이온이 결정 내를 돌아다닐 때 가까이에 비어 있는 정사면체 hole로 옮겨갈 수 있는 두 가지 방법이 있다. 즉, 직접 정사면체 hole로 가는 방법과 먼저 정팔면체 hole로 옮겨간 다음 정사면체 hole로 가는 방법이다. 요오드 격자의 뒤틀림을 최소화하는 방법은 둘 중 어느 것인가?
4) 요오드화 이온은 Cu(II)를 환원시키기에 충분한 환원력을 가지고 있는가?

7. 실험 결과

실험 A. Cu_2HgI_4의 합성

사용한 $CuSO_4$의 양 : ________________ 몰

사용한 KI의 양 : ________________ 몰

CuI의 이론적 수득량 : ________________ 몰

사용한 $Hg(NO_3)_2$의 양 : ________________ 몰

사용한 KI의 양 : ________________ 몰

HgI_2의 이론적 수득량 : ________________ 몰

Cu_2HgI_4의 이론적 수득량 : ________________ 몰

얻어진 Cu_2HgI_4의 양 : ________________ 몰

대략적 수득률 : ________________ %

실험 B. 고체 상전이 온도의 결정

측정된 상전이 온도 : ________________ ℃

실험 C. 온도에 따른 전기 전도도의 비교

실온에서 측정한 전기 저항 : ________________ Ω

가열한 뒤 측정한 전기 저항 : ________________ Ω

읽을거리

Cu_2HgI_4의 결정 구조 …… 좀더 깊게 생각해 봅시다.

실온에서 Cu_2HgI_4는 a = b = 6.09 Å 그리고 c = 12.24 Å인 정방(tetragonal) 단위 세포 구조로 결정화된다. 모든 각도는 90° 이다. 여기서 c 축의 길이가 a축이나 b축의 길이의 두 배임을 유의하라(그림 32-1). 이는 정육면체 2개를 쌓아놓은 것처럼 보면 된다.

Cu_2HgI_4를 상전이 온도 이상으로 가열하면 요오드화 이온은 그대로 있지만 Cu^+ 이온과 Hg^{2+} 이온은 정사면체 hole과 정사면체 hole을 건너 뛰며 고체 격자 내를 돌아다니게 된다. 평균적으로 보면 각 정사면체 hole은 1/4 개의 Cu+ 이온과 1/8 개의 Hg^{2+} 이온이 차지하게 된다. 결정의 X-ray 구조는 수많은 단위세포의 평균값이므로 a = b = c = 6.10 Å인 정육면체 구조로 보인다.

구리 이온이나 수은 이온이 결정 내를 돌아다닐 때 가까이에 비어 있는 정사면체 hole로 옮겨갈 수 있는 두 가지 방법이 있다. 즉, 직접 정사면체 hole로 가는 방법과 먼저 정팔면체 hole로 옮겨간 다음 정사면체 hole로 가는 방법이다. 두 번째 방법이 요오드 격자의 뒤틀림(distortion)을 최소화하는 방법이다.

읽을거리

Cu(I) 화합물의 안정성

Cu_2HgI_4의 합성을 자세히 살펴 보면 재미있는 현상을 관찰할 수 있다. 황산구리(II) 수용액과 요오드화 칼륨을 반응시키면 침전이 생성된다. 그러나 생성된 침전은 예상된 요오드화 구리(II)가 아닌 요오드화 구리(I), CuI이다. 즉, Cu(II)가 Cu(I)로 환원되었고 일부 요오드화 이온(I^-)이 I_2로 산화되었다.

수용액 중에서 어떤 원소가 2개 이상의 산화 상태로 존재할 수 있을 때, 각 산화 상태는 열역학적으로 다른 안정성을 가진다. 수용액에서 두 산화 상태의 상대적 안정성은 다음 식으로 표현된다.

$$M^{a+} + (a-b)e^- \rightleftarrows M^{b+} \qquad b < a$$

$$E = E^\circ - (RT/nF)\ln([M^{b+}]/[M^{a+}])$$

여기서 n은 반응에 관여하는 전자수, F는 패러데이(Faraday) 상수(96,480 C/mol), E는 용액의 전압, E° 는 표준 전압, $[M^{2+}]$는 용액 중 M^{2+} 이온의 농도, $[M^{b+}]$는 용액 중 M^{b+} 이온의 농도, R은 기체 상수, 그리고 T는 절대 온도이다.

따라서 용액에 가해지는 물질이 M^{a+}나 M^{b+}의 농도를 감소시키면 $[M^{b+}]/[M^{a+}]$비가 변하게 되고 전압도 같이 변하게 됨에 따라 M^{a+}와 M^{b+}의 상대적 안정성도 변하게 된다.

$[M^{a+}]$가 감소하면 전압이 낮아지고 높은 산화 상태가 안정화되고 $[M^{b+}]$가 감소하면 전압이 높아지므로 낮은 산화 상태가 안정화된다.

요오드화 구리(I)는 난용염(K_{sp} = 5.1 × 10^{-12})이므로 요오드화 이온을 구리(I) 용액에 가하면 Cu^+ 이온 농도가 감소하게 되고 Cu^{2+}가 Cu^+로 환원되는 것이 쉬워진다. 요오드화 이온을 함유하는 용액에서 Cu^+ 이온 농도는 매우 낮아서 요오드화 이온과 같이 환원력이 약한 물질도 쉽게 Cu^{2+} 이온을 환원할 수 있다.

실험 33 은 나노입자 만들기

Synthesis of Silver Nanoparticle

■ 목표 : 은 나노입자를 합성하고 그 물리적 성질의 변화를 관찰한다.

■ 핵심 개념 : 나노입자(nanoparticle), 물리적 성질(physical property), 수화솔(hydrosol), 콜로이드(colloid)

■ 관련 개념 : 광학 성질(optical property), 분광광도계(spectrophotometer), 유화제(emulsifier), 핵형성(nucleation)

1. 서론

최근 나노미터 (1 nm = 10^{-9} m) 크기의 아주 미세한 물질들은 여러 분야에서 많은 관심을 끌고 있다. '나노'의 어원은 '난쟁이'라는 뜻을 가진 그리스어, '나노스(nanos)'에서 유래되었다. 보통 1—100 nm 크기의 나노입자(nanoparticle)라고 불리는 이들 물질들이 벌크(bulk) 상태에서와는 다른 물리, 화학적 성질과 광학적 성질을 보이므로 나노입자들을 합성하거나 가지런히 모으는 방법에 대해서 많은 연구를 하고 있다. 이 중에서 원하는 크기와 모양, 화학적 성분을 가지는 나노입자를 합성하는 방법에 대한 연구는 가장 중요하다. 오늘날 금, 은 등 무기 물질과 유기 물질들 등 다양한 물질에 대해서 나노미터 크기의 공 모양, 막대기 모양, 삼각형 모양, 별 모양, 프리즘 모양 등 여러 모양을 가진 나노 입자가 실험실에서도 쉽게 만들어지고 있다.

나노입자는 분자 하나와 벌크의 중간 성질을 가지고, 입자의 크기를 바꾸면 그 성질도 바뀐다. 나노입자의 밝은 색깔은 입자의 표면 전자가 빛과 상호 작용하여 진동하는 것으로 설명할 수 있다. Mie와 Drude 식에 따르면, 나노입자의 크기가 커지면 표면 플라스몬(surface plasmon)의 흡수 파장은 길어진다. 또 나노입자의 모양이나 매질의 굴절률도 흡수 파장에 영향을 끼친다. 예를 들어 금 나노막대의 경우, 흡수띠가 근적외선 영역까지 이동하는 것이 보고되기도 하였다. 표면 플라스몬 흡수 파장은 나노입자 사이의 거리에도 의존한다. 나노입자가 모여 있으면 상호 작용에 의해 각각의 진동의 합이 되는 진동을 하게 되고, 흡수 파장의 위치도 변하게 된다. 나노입자의 환경에 따른 민감한 색깔 변화는 나노입자를 센서 분야에서 활용하는 데 응용할 수 있는 가능성을 열어주고 있다.

예로부터 은(Ag)은 동서양을 막론하고 항균 및 탈취 효과가 인정되어 음식을 보관하는 용기나 취사도구 등으로 이용되고 있다. 우리 나라에서도 그릇, 수저와 같은 취사도구와 음식 보관용기로 사용되어 왔으며, 의약적으로도 은침과 같은 의료기구로 사용되었고, 동의보감이나 본초 강목과 같은 의학서적에도 인체에 매우 유익한 광물로서 기록되어 있음을 알 수 있다. 이와 같은 은의 유익함은 막연하게 알려져 왔지만 최근에 많은 실험을 통해 그 유익함이 입증되어가고 있고 이로 인해 다양한 생활용품에 적용되어 바닥재, 침구, 위생용품 등에 널리 적용되고 있다. 근래에는 나노기술의 발전으로 이러한 은을 나노입자화해서 침구나 의류등과 같은 생활용품에 적용하여 향균 효과를 보고 있으며 적외선, 자외선 차폐용 유리, 자성페인트 등의 공업용에도 널리 사용하고 있다. 이와 같이 활용도가 높아져가는 은 나노 입자의 합성 방법은 화학적 입자 합성 방법, 기계적 합성 방법, 전기적 합성 방법이 있다. 나노입자는 크기가 너무 작아서 맨 눈이나 광학 현미경으로는 관찰할 수 없다. 색깔의 변화 또는 분광학적 관찰로 나노입자의 생성을 확인할 수 있다. 전자 현미경으로는 입자를 관찰할 수 있다.

2. 실험 기구 및 시약

A. 실험 기구

눈금 실린더(graduated cylinder)
10 mL 피펫(pipet)
10 mL 바이알(vial)
가열판(hot plate)
막대 자석(stirring magnetic bar)
비커(beaker) 500 mL
부피 플라스크(volumetric flask) 500 mL
UV-vis spectrophotometer

B. 시약

이차 증류수(double distilled water)
$AgNO_3$(silver nitrate)
계면 활성제, polysolbate 20
$NaBH_4$(sodium borohydride)
1 M NaOH(sodium hydroxide)

3. 실험 방법

실험 A.

1) 증류수로 깨끗하게 씻어 건조한 유리 기구를 준비한다.
2) 500 mL 플라스크에 증류수를 넣고 0.85 g의 $AgNO_3$를 넣고 녹인다.
3) $AgNO_3$가 들어있는 플라스크에 1 g의 계면활성제, polysolbate 20을 넣고 녹을 때까지 잘 저어준다.
4) 상기 용액을 10 mL 분취하여 10 mL 바이알에 넣어준다.
5) 5 mg의 $NaBH_4$를 $AgNO_3$가 들어있는 바이알에 넣고 색변화를 관찰한다.
6) 일반적으로 나노입자는 용매에 잘 녹지 않으므로 침전이 될 수 있다. 그럴 경우, 60 ℃에서 약 30분간 가열하면서 초음파 처리를 한다.

실험 B.

1) 실험 A에서 만든 은 나노콜로이드를 증류수와 1:9 비율로 희석시킨다.
2) UV-vis 분광광도계를 사용해서 스펙트럼을 얻는다. 분광광도계의 사용법은 책 뒤의 부록을 참고한다.
3) 용액의 380 nm ~ 450 nm 범위에서 흡수의 최대값이 되는 파장을 조사한다.

4. 주의 및 참고 사항

1. 나노입자 합성은 실험 기구의 불순물에 의해서 방해받을 수 있다. 이를 위해 실험 기구는 이차 증류수로 씻어서 말린 깨끗한 것을 사용하는 것이 좋다.
2. $AgNO_3$는 독성이 강하므로 눈이나 피부에 닿지 않도록 한다.

5. 실험 결과 처리

1) $NaBH_4$를 넣기 전후의 용액의 색깔 변화를 관찰한다.
2) UV-vis 분광광도계를 이용하여 흡수띠의 봉우리 위치를 확인한다.

6. 생각해볼 사항

1) 우리 주변의 실생활에서 나노입자를 활용하는 것이 무엇이 있는지 조사해보자.
2) 역사적으로 나노입자와 관련이 있는 장소나 물건이 있는지 조사해보자.
3) 이 실험에서 계면활성제의 역할에 대해서 생각해보자.
4) 벌크 상태와 나노 상태일 때의 금속입자의 차이점에 대해서 생각해보자
5) 나노입자의 크기를 작게 만드는 것 못지 않게 입자들의 크기 분포를 좁게 하는 것도 중요하다. 대략 입자의 크기 분포가 평균값에서 5~10 % 이내가 되어야 산업적으로 유용하게 쓸모있다고 한다. 나노입자의 크기를 실험적으로 어떻게 확인할 수 있을지 알아보자. 또, 나노입자들의 크기 분포를 좁게 만들기 위해서는 어떤 과정이 필요할까 생각해보자.
6) 이론적 모델을 이용하여 흡수띠 간격에서 나노입자의 크기를 예측할 수 있다. 이론적 모델은 여러 가지가 제안되어 있으며, 대부분 나노입자의 크기가 감소하면 양자 가둠 효과가 커지면서 흡수띠 간격이 커지는 쪽으로 예측하고 있다.
7) 나노입자의 크기를 예측하면, 같은 양의 은 벌크에 비해서 나노입자의 표면적이 몇 배나 늘어났는지도 알 수 있다.

7. 실험 결과

실험 A. $NaBH_4$을 이용한 은 나노입자의 합성

	$NaBH_4$ 섞기 전	$NaBH_4$ 섞은 후
용액의 색깔		

실험 B. 은 나노입자의 물리적 성질

UV-vis 스펙트럼

흡수 스펙트럼의 봉우리 위치 ______________ nm

읽을거리

마이클 패러데이와 금 콜로이드

M.Faraday

R.A.Zsigmondy

금 콜로이드의 역사는 매우 길다. 유럽의 연금술사들은 불로장생약이라고 생각되었던 "마실 수 있는 금"을 만들었고, 빨간색 유리를 만들기 위해서 사용되었던 "카시어스의 자주빛(purple of Cassius)" 등의 이름으로 불리던 금 콜로이드를 사용했다는 기록이 있다. 금 콜로이드에 대한 체계적인 연구는 1856년 영국의 마이클 패러데이 (Michael Faraday)에 의해서 최초로 시작되었다. 패러데이는 금 염화물 수용액을 인산으로 환원시켜 금 입자가 분산된 콜로이드 용액을 만들었다. 그는 화학적 시험 방법을 통해서 이 용액 속에서 금이 이온 상태가 아닌 금속 상태로 존재한다는 것을 증명했고, 녹아있는 금속 금을 제거하면 콜로이드의 색이 없어진다는 것을 보였다. 그는 용액에 금이 매우 작은 형태로 나누어져 존재한다고 생각하였다. 콜로이드는 투명할지라도 용액에 밝은 빛을 통과시켰을 때 백청색의 빛이 나서 그 진로를 보여주었기 때문이다(이 현상은 나중에 틴달(Tyndall)이 계속 연구하여 틴달 효과라고 알려지게 되었다).

패러데이는 다양한 양의 염을 금 콜로이드에 더하면 콜로이드 용액의 붉은 색깔이 변하고, 푸른 색깔의 콜로이드는 고체 침전이 생기는 경향이 있다는 것도 발견하였다. 다양한 실험을 통해서 패러데이는 붉은 빛에서 푸른빛으로 색깔이 변하는 것은 입자의 크기가 증가하기 때문이라고 결론내렸다. 금 콜로이드의 붉은 빛에 대해서 그는 "입자들이 서로 반발할지 모르지만 금 입자(그 당시에는 " 분자 "라는 단어가 없었다)들은 물 속에서 모여들었고, 그들은 염이나 다른 물질을 가했을 때 그 상호작용이 다르기 때문에 떨어지거나 서로 뭉치는 것" 이라고 설명하였다.

패러데이는 콜로이드 분산의 다른 중요한 성질을 보여주는 실험을 하였다. 빛의 산란, 콜로이드의 침전, 염에 의한 응고 등이다. 그는 조건을 바꿈으로 해서 달라지는 이런 현상들이 "금 자체의 변화가 아니라 입자 표면과 그 주변 매질의 관계의 변화" 라고 생각하였다. 페러데이 이후 많은 과학자들이 금 콜로이드의 빛깔에 대해서 연구하였지만, 오스트리아의 화학자였던 리차드 시그몬디 (Richard Adolf Zsigmondy)가 "카시어스의 자주빛" 용액이 눈에는 보이지 않지만 금의 콜로이드라고 해석하였고, 콜로이드 용액에 대한 여러 연구로 1925년 노벨 화학상을 받았다.

읽을거리

나노입자 만들기

학생 실험에서 금 나노입자 실험 대신 은 나노입자를 만드는 실험을 했는데, 주된 이유는 금 화합물이 비싸기 때문이다. 그러나 은 나노입자와 마찬가지로 금 나노입자도 금 이온을 환원하여 만든다. 여기서 금 나노입자와 구리 나노입자를 만든 방법을 소개한다.

A. 금(gold) 나노입자 만들기

실험실에서 $HAuCl_4$ 를 사용해서 trisodium citrate로 환원하거나 $NaBH_4$로 환원해서 금 나노입자도 만들 수 있다. 다음은 trisodium citrate로 환원해서 금 나노입자를 방법이다.

(1) 만드는 증류수로 깨끗하게 씻어 건조한 유리 기구를 준비한다.

(2) 10.3 mL의 1%(w/w) $HAuCl_4 \cdot 3H_2O$용액을 500 mL 플라스크에 옮긴다.
이때 1% (w/w) $HAuCl_4 \cdot 3H_2O$ 용액은 미리 준비된 것을 사용해도 된다.

(3) $HAuCl_4 \cdot 3H_2O$ 수용액이 들어있는 플라스크에 240 mL의 증류수를 더하고 잘 흔들어준다.

(4) 젓게로 저어주면서 활발하게 끓을 때까지 끓인다.

(5) 여기에 25 mL의 38.8 mM trisodium citrate을 재빨리 섞는다.

(6) 용액의 색깔 변화가 있는지 눈으로 관찰한다.

(7) 15분 동안 용액을 젓개로 저어주면서 활발하게 끓인다.

(8) 플라스크를 가열판에서 떼어내어 용액을 상온에서 식힌다.

일반적으로 나노입자는 용매에 잘 녹지 않으므로 침전이 될 수 있다. 그럴 경우, 60 ℃에서 약 30 분간 가열하면서 초음파 처리를 한다.

(Note: $NaBH_4$를 사용해서도 금 나노입자를 만들 수 있다. 궁리해보고 실험해 보는 것도 좋다.)

B. 구리(copper) 나노입자 만들기

(1) 0.010 M $CuSO_4$ 용액을 1 mL 준비한다.

(2) 50 mL 비커에 glucose 0.5 g을 넣고 증류수 10 mL로 녹인다.

(3) gluclose 용액에 0.1 M NaOH 용액 한 방울을 넣는다.

(4) glucose 용액을 가열판 위에서 막대 자석으로 저으면서 50 ℃로 데운다.

(5) 위 gluclose 용액에 0.010 M $CuSO_4$ 용액을 방울 방울 천천히 떨어뜨린다.
색깔의 변화를 관찰하며 용액이 노란색을 띨 때까지 황산 구리 용액을 넣는다.

(6) 용액을 식힌다. 동 나노입지를 포함한 용액이 만들어졌다.

실험 34

비누 만들기

Making Soap (Saponification)

■ 목표 : 동물성과 식물성 기름을 이용해서 비누를 만든다.

■ 핵심 개념 : 계면활성제(surfactant), 비누화(saponification), 비누화 값(saponification value), 염석 효과(salting-out effect)

■ 관련 개념 : 극성(polarity), 소수성(hydrophobic), 친수성(hydrophilic), 유화제(emulsifier), 비누(detergent), 분산제(dispersant), 센물(hard water)

1. 서론

액체 상태의 화합물들이 서로 잘 섞이는가를 결정하는 가장 중요한 특성은 분자의 극성이다. 양전하를 가진 원자핵의 주위에 구름처럼 분포하고 있는 전자를 가지고 있는 분자에서는 원자핵의 종류와 상대적인 위치에 따라서 전자의 분포가 분자의 한 쪽으로 치우쳐 있는 경우가 있다.

물(H_2O) 분자의 경우에는 2개의 수소 원자가 중심에 있는 산소 원자의 양쪽에 104.5°의 각도로 결합하고 있어서, 전자를 잘 잡아당기는 성질을 가진 산소 원자 주위에 전자의 분포가 집중되어 있다. 따라서 물 분자는 산소 원자 부근은 약간의 음전하를 나타내고 수소 원자 부근은 약간의 양전하를 나타내는 극성 분자이다. 이와는 달리 메탄(CH_4)의 경우에는 탄소 원자를 중심으로 4개의 수소 원자가 구형 대칭에 가깝게 위치하기 때문에 전자의 분포도 구형에 가깝게 대칭적인 비극성 분자이다.

일반적으로 액체 상태에서 극성 분자는 극성 분자들과 잘 섞이고, 비극성 분자는 비극성 분자들과 잘 섞인다. 그렇기 때문에 극성 분자인 물에는 비극성의 성질인 유기 분자들이 잘 녹지 않는다. 유기 물질인 기름이 물에 잘 녹지 않는 것이 바로 그런 예이다.

여러 개의 탄소 원자들이 사슬 모양으로 연결된 탄화수소는 비극성의 특성을 가지고 있어서 물에 잘 녹지 않기 때문에 소수성(疏水性, hydrophobic) 분자라고 한다. 그리고 탄화수소 끝에 결합된 카복실기(-COOH), 아미노기($-NH_2$) 등은 물 분자와 잘 섞이는 친수성(親水性, hydrophilic)을 나타낸다. 이러한 소수성과 친수성의 특성을 가진 원자단을 모두 가지고 있는 분자를 계면활성제라고 하며 이를 이용하면 물에 잘 녹지 않는 기름과 같은 비극성의 유기 물질을 물에 녹일 수 있다. 계면활성제의 소수성 탄화수소 사슬이 비극성의 유기 분자 쪽을 향하면서 유기 분자를 둘러싸게 되면 친수성 부분이 극성의 물 쪽에 노출되어서 전체적으로 커다란 극성 분자처럼 보이는 상태가 되는데 이를 에멀젼(emulsion)이라고 부르며, 비누와 합성 세제가 대표적인 계면활성제이다(실험 37 참조).

비누는 동물성 지방(fat)이나 식물성 기름(oil)을 수산화 나트륨과 반응하여 생긴 지방산(fatty acid)의 알칼리 염(鹽)이다. 비누의 역사는 기원전 2500년경에 중동의 사마리아인에게까지 올라간다. 현대 화학이 발달하기 전에는 지방이나 기름에 나무의 잖을 태운 재에서 얻은 잿물을 넣어 비누를 만들어서 사용했다. 잿물에는 탄산나트륨과 탄산칼륨이 들어있다.

지방이나 기름은 글리세롤(glycerol)과 지방산(fatty acid)의 반응에서 생기는 트라이글리세라이드(triglyceride) 종류의 에스터이다.

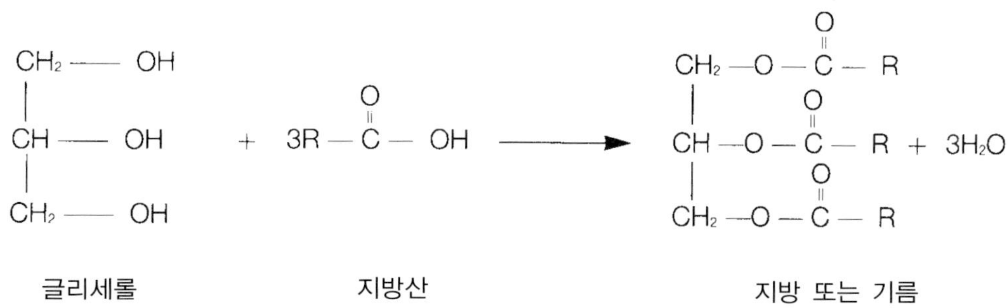

지방이나 기름을 형성하는 지방산으로는 스테아르산($CH_3(CH_2)_{16}COOH$)이나 팔미트산($CH_3(CH_2)_{14}COOH$)과 같이 10개 이상의 탄소가 단일 결합으로 연결된 포화 지방산과 올레산($CH_3(CH_2)_7CH=CH(CH_2)_7COOH$)이나 리놀산($CH_3(CH_2)_4CH=CHCH_2CH=CH(CH_2)_7COOH$)과 같이 이중 결합을 가진 불포화 지방산 등이 있다. 일반적으로 포화 지방산의 알킬기는 직선형의 긴 사슬 모양이기 때문에 서로 잘 겹쳐지지만, 불포화 지방산의 알킬기는 구부러진 모양이다. 따라서 일반적으로 포화 지방산에서 만들어진 트라이글리세라이드는 상온에서 고체의 "지방"이 되고, 불포화 지방산에서 만들어진 트라이글리세라이드는 액체의 "기름"인 경우가 많다.

지방이나 기름을 센염기와 반응시키면 카복실기가 떨어져 나오면서 지방산의 염(鹽)과 함께 글리세롤이 생성된다.

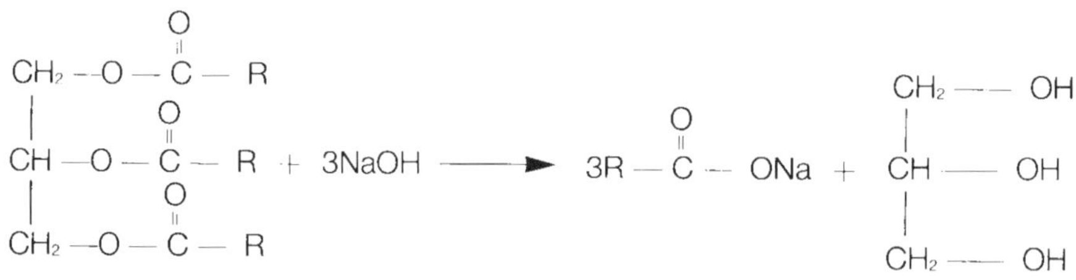

이때 만들어진 지방산의 염이 비누이다. 비누 분자에서 긴 사슬 모양의 알킬기가 소수성을 나타내고, 카복실기가 친수성을 나타내기 때문에 계면활성제로 작용하게 된다.

비누를 만들 때는 수산화 나트륨이나 지방이 남아있지 않도록 하는 것이 좋다. 지방 1 g을 비누화시키는 데 필요한 수산화 나트륨의 양을 비누화 값(saponification value)이라고 한다(산업계에서는 수산화 칼륨의 양을 사용한다). 지방에 들어있는 알킬기가 길수록 비누화 값이 작아진다.

용액 중에서 만들어진 비누를 분리하기 위해서는 염화 나트륨과 같은 전해질을 용액에 넣어준다. 전해질은 물 속에서 모두 해리하기 때문에 전해질의 이온보다 극성이 작은 비누 분자들은 서로 엉키게 된다. 이런 현상을 염석 효과(salting-out effect)라고 한다.

이 실험에서는 동물성 (또는 식물성) 지방을 이용해서 비누를 만들고, 비누의 대체 물질로 널리 사용되고 있는 합성 세제를 합성해본다.

2. 실험 기구 및 시약

A. 실험 기구

비커(beaker) 100 mL

눈금 실린더(graduated cylinder)

시험관(test tube)

가열판(hot plate)

젓게(stirring rod)

B. 시약

유지(fats and fatty oils)
올리브유(olive oil)
1-도데칸올($C_{12}H_{25}OH$)(1-dodecanol)
포화 NaOH(saturated sodium hydroxide)
6 M NaOH(6 M sodium hydroxide)
진한 황산(concentrated sulfuric acid)
소금(NaCl)(sodium chloride)
에탄올(ethanol)
페놀프탈레인(phenolphthalein)

3. 실험 방법

비누 만들기

1) 유지 20 g과 올리브유 2 g을 비커에 넣고 나무 젓가락으로 저어주면서 35 ℃까지 가열한다.
2) 포화 NaOH 용액 6 mL를 넣고 일정한 온도를 유지하도록 계속 가열한다. 가열하는 동안 비커의 용액을 잘 저어주어야 한다.
3) 다시 포화 NaOH 2 mL를 넣어주고 용액이 투명하게 될 때까지 약 20분 동안 저어주면서 가열한다.
4) 다음과 같은 방법으로 비누화 반응이 완결되었는가를 확인한다.
   가) 손 끝으로 문지르면 미끈미끈하면서 엷은 비늘 모양이 된다.
   나) 나무 젓가락 끝에 묻혀서 들어올리면 끈기가 있다.
   다) 투명하고 균일한 풀 모양의 용액이 된다.
   라) 손에 묻힐 때 기름기나 물방울이 느껴지지 않는다.
   마) 용액 전체가 반투명하고 거품이 있는 상태이다.
   바) 소량의 알코올을 넣으면 완전히 녹는다.
5) 비누화 반응이 끝난 용액에 포화 NaCl 용액 3 mL를 여러 번에 나누어 넣고 그때마다 5~6분씩 가열한다. 용액이 불투명하게 되어야 한다.
6) 향료나 염료를 첨가하고, 단단한 종이로 만든 틀에 부어 건조시킨다.

4. 주의 및 참고 사항

1) 이 실험에서 만든 비누를 화장지에 얇게 펴서 건조시키면 종이비누가 된다.
2) 이 실험에서 만든 비누 20 g에 에탄올 15 mL, 글리세린 25 mL, 물 15 mL를 넣어주면 용액이 투명하게 된다. 전체 부피가 절반 정도로 줄어들 때까지 가열해서 용매를 증발시키면 투명비누를 만들 수 있다.
3) 비누를 회수하고 남은 용액을 염산으로 중화시키고 불순물을 걸러낸 다음 에탄올 20 mL를 넣고 잘 저어준 후에 증발시키면 글리세롤(글리세린)을 회수할 수 있다.

5. 실험 결과 처리

실험 비누 만들기

1) 비누가 만들어지는 반응은 속도가 느리기 때문에 충분히 오랫동안 저어주면서 가열해야 한다.
2) NaCl 용액을 너무 많이 넣으면 비누 입자가 커져서 비누의 품질이 떨어진다.
3) 비누에 NaOH가 너무 많이 남아서 pH가 8.5 이상이면 사용할 수 없다.

6. 생각해볼 사항

1) 비누와 합성 세제는 어떤 점에 차이가 있는가?
2) 생분해성 세제는 어떤 것을 말하는가?
3) 음이온, 양이온, 비이온성 세제의 차이와 특성은 무엇일까?
4) 하수구 청소제(수산화 나트륨)가 어떻게 하수구의 기름때를 벗겨낼까?

7. 실험 결과

비누 만들기

1. 비누가 만들어지는 과정을 관찰하여 적는다.

2. 만든 비누를 물에 녹여서 pH를 측정하여 적는다.

읽을거리

센물

물 속에 Ca^{2+}, Mg^{2+}, Fe^{2+}와 같은 이온("광물질" 또는 "미네랄" 이라고도 함)이 녹아있는 물을 "센물" (hard water)이라고 부른다. 비누 분자는 센물에 들어있는 +2가의 전하를 가진 이온과 결합하면 물에 잘 녹지 않는 염을 만들기 때문에 비누가 물에 녹지 않는 것처럼 보이고 거품도 생기지 않으며 세척력도 떨어진다. 센물로 비누를 사용하면 물에 녹지 않는 지방산의 염이 바닥이나 세탁물에 뭉쳐서 얼룩을 만들기도 한다. 목욕탕의 욕조에 생기는 얼룩은 $Ca(RCOO)_2$와 같은 지방산의 칼슘염인 경우가 많다.

센물은 비누의 세척 작용을 방해할 뿐만 아니라 다른 문제도 일으킨다. 양이온과 함께 탄산수소 음이온(HCO_3^-)이 녹아있는 센물을 가열하면 탄산수소 음이온이 분해되면서 이산화탄소(CO_2)와 탄산 음이온(CO_3^{2-})이 만들어진다.

$$2HCO_3^-(aq) \rightarrow CO_3^{2-}(aq) + H_2O(l) + CO_2(g)$$

이때 생기는 CO_3^{2-}이 센물에 녹아있는 +2가의 양이온과 물에 녹지않는 탄산염을 만들어서 침전이 되기도 한다. 센물을 사용하는 주전자나 보일러의 배관에 생기는 스케일(scale)이 바로 이렇게 만들어진 것이다.

센물에 들어있는 +2가의 양이온은 이온 교환 수지(ion exchange resin)를 사용하거나 EDTA와 같은 강력한 킬레이트제를 사용해서 제거할 수 있다.

읽을거리

합성 세제

비누가 물에 녹아있는 Ca^{2+} 이온에 의해서 세척력을 잃게 되는 문제를 해결한 것이 바로 합성 세제(synthetic detergent)이다. 더욱이 비누 제조에 필요한 천연 지방이나 기름은 이미 1930년경부터 자원이 고갈되기 시작하였기 때문에 이때부터 천연 자원을 대체하기 위해서 합성 세제의 개발에 힘쓰게 되었다.

합성 세제의 주성분은 지방산과는 달리 Ca^{2+}과 결합하여 불용성의 침전을 만들지 않는 친수성기를 가진 계면활성제이다. 2차대전 이후에는 ABS(alkylbenzene sulfonate) 계열의 세제가 본격적으로 사용되었다. 그러나 탄화수소 사슬에 가지가 많아서 자연에서 생분해가 되지 않기 때문에 지금은 비누와 같이 미생물에 의해서 생분해되는 특징을 가진 LAS(linear alkylbenzene sulfonate)로 대체되었다.

한편 ABS나 LAS와 같은 음이온계 합성 세제가 세탁물에 남아있게 되면 세탁물이 뻣뻣하게 느껴지는 단점이 있다. 물론 과량의 물로 충분히 헹구어주면 문제가 해결되기도 하지만, 또 다른 방법으로는 할로젠화 암모늄(R_4NX) 형태의 양이온계 계면활성제를 소량 넣어주면 남아있는 음이온계 합성 세제와 반응해서 침전을 만들기 때문에 쉽게 씻어낼 수 있다. 합성 세제를 사용한 세탁물을 헹굴 때 사용하는 섬유 유연제(softner)가 바로 이런 양이온계 계면활성제이다.

샴푸와 린스도 음이온계와 양이온계의 계면활성제를 주성분으로 하지만, 그 성분은 세제보다 훨씬 더 복잡하다.

또한, 할로젠화 암모늄 형태의 계면활성제는 이밖에도 살균 효과가 있어서 화장실의 세척제 등으로 사용되기도 한다.

한편 합성 세제에는 계면활성제 이외에도 그 성능을 향상시키기 위하여 다른 화합물을 혼합하여 사용한다. 그러나 센물에서의 세척력을 더욱 향상시키기 위해서 넣어주는 인화합물이 강이나 호수의 부영양화를 촉진한다는 사실이 밝혀진 이후에는 많은 나라에서 인을 포함한 합성 세제의 사용이 금지되었다.

실험 35 의약품 합성 - 아스피린
Drug Synthesis - Aspirin

■ 목표 : 가장 성공적인 의약품의 하나인 아스피린을 합성하여 유기 합성의 의미를 배운다.

■ 핵심 개념 : 유기 합성(organic synthesis), 정제(purification), 광학 이성질체(optical isomer)

■ 관련 개념 : 작용기(functional group), 에스터화 반응(esterification), 무수물(anhydride), 재결정(recrystalization), 비대칭 중심(chiral center)

1. 서론

탄소 화합물을 중심으로 하는 유기 화합물의 인공적인 합성은 현대 화학의 핵심이며, 합성 의약품의 눈부신 발전을 가능하게 함으로써 인류의 건강 증진에 핵심적인 기여를 하였다. 특히 유기 합성은 1971년 미국의 화학자 우드워드(R. B. Woodward, 1917~1979)가 비타민 B_{12}의 인공적인 합성에 성공함으로써 새로운 물질을 창조하는 "예술"의 경지에 이르게 되었다.

탄소를 비롯한 원소들을 원하는 위치에 결합시키는 유기 합성에서는 원자들의 상대적인 결합뿐만 아니라 3차원적인 구조까지 조절해야 하는 매우 복잡한 과정이다. 원자의 크기가 10^{-8} cm에 지나지 않고, 10^{23}개라는 엄청난 수의 분자들이 모두 똑같은 화학 반응을 일으키도록 하는 실험은 다른 어떤 것과도 비교할 수 없는 어려운 일임에 틀림이 없다. 유기 합성에서 어쩔 수 없이 만들어지는 불순물은 유기 합성의 효율을 떨어뜨릴 뿐만 아니라, 유기 합성으로 합성한 물질을 실용적으로 이용할 수 없도록 만들기도 하기 때문에 반응의 효율을 높여서 불순물이 생기지 않도록 하거나 불순물을 완전히 제거하는 기술도 중요하다. 특히 의약품 합성의 경우에는 서로 거울상에 해당하는 광학 이성질체들이 서로 전혀 다른 생물 화학적 특성을 나타내기 때문에 탄소를 중심으로 하는 비대칭 중심(chiral center)도 정확하게 조절해서 원하는 이성질체만을 선택적으로 합성해야 하는 어려움도 극복하고 있다.

현대 화학에서는 유기 합성으로 수백 개의 탄소가 결합된 복잡한 구조의 화합물도 비교적 쉽게 합성할 수 있는 단계에 있으며, 이제는 생체에서 생물학적 활성을 나타내는 지극히 복잡한 유기 화합물의 합성을 시도하고 있다.

아스피린

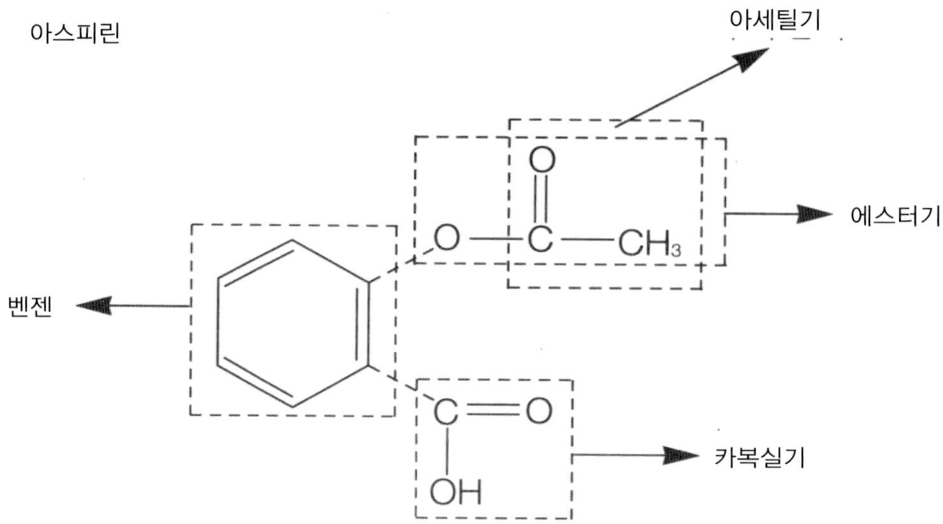

대부분의 유기 합성은 시작 물질(starting material)로부터 시작하여 여러 단계의 합성 과정을 거쳐서 이루어진다. 합성의 각 단계마다 중간 생성 물질을 여러 가지 물리화학적 방법으로 확인하고 분리하여 다음 합성 단계로 넘어가게 된다. 복잡한 경우에는 몇 년 동안에 수십 단계의 합성 단계를 거치기도 한다.

합성 의약품 중에서 가장 성공적인 것으로 알려진 아스피린(aspirin)은 위에서 보여준 것과 같은 구조를 가진 아세틸살리실산(acetylsalicylic acid)이라는 화합물로 방향족 벤젠 분자에 카복실기와 에스터기가 결합된 비교적 간단한 구조로 되어 있다.

아스피린은 유기산의 일종으로 값이 싼 화합물인 살리실산에 결합되어 있는 작용기(functional group) −OH를 에스터화 반응(esterification)으로 변환시켜서 합성할 수 있다. 에스터화 반응은 카복실산과 알코올이 반응하여 에스터가 생성되는 반응으로 산성 용액에서 매우 빠르게 일어난다. 카복실산 대신 카복실 무수물(carboxyl anhydride)을 이용하기도 한다.

esterification

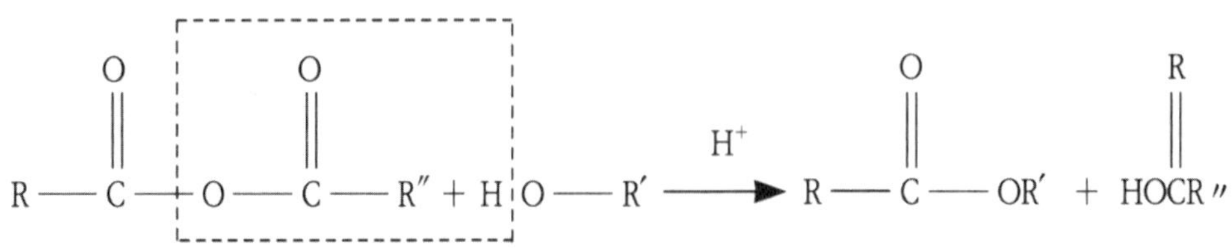

아스피린의 합성에서는 카복실 무수물로 아세트산 무수물을 이용하고, 촉매로 소량의 인산을 사용한다. 아스피린의 합성은 다음과 같이 나타낼 수 있다.

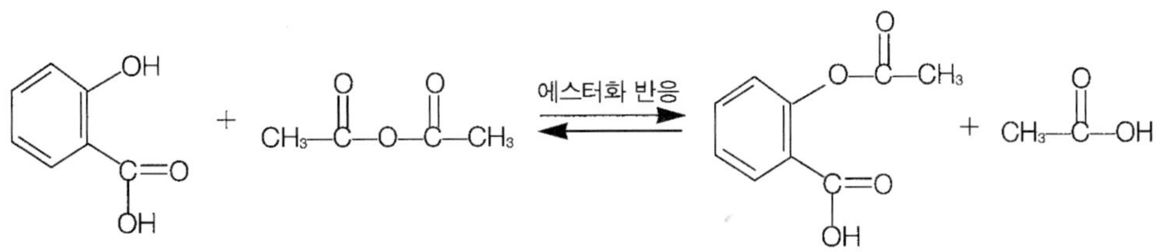

이 실험에서 합성한 아스피린은 불순물을 포함하고 있기 때문에 그대로 의약품으로 사용할 수는 없고 재결정의 방법으로 정제해야 한다. 순수한 아스피린의 녹는점은 135 ℃이다.

2. 실험 기구 및 시약

A. 실험 기구

물중탕(water bath)
가열판(hot plate)
저울(chemical balance)
삼각 플라스크(Erlenmeyer flask) 50 mL
비커(beaker)
유리 막대(glass rod)
스탠드(stand)
클램프(clamp)
눈금 실린더(graduated cylinder)
감압 거름장치(뷰흐너 깔대기, 감압 플라스크){suction filtration apparatus (Büchner funnel, suction flask)}
녹는점 측정장치(melting point apparatus)
온도계(0~150 ℃)(lab thermometer)
거름 종이(filter paper)

B. 시약

살리실산(salicylic acid)

아세트산 무수물(acetic anhydride)

85% 인산(phosphoric acid)

석유 에터(petroleum ether, 끓는점 30~60 ℃)

얼음(ice)

에틸 에터(ethyl ether)

3. 실험 방법

1) 살리실산 2.5 g을 50 mL 삼각 플라스크에 넣고 아세트산 무수물 3 mL를 넣는다. 이때 용기 벽에 묻은 살리실산을 모두 씻어낼 수 있도록 용기 벽을 따라 무수물이 흘러내리도록 하는 것이 좋다.
2) 그림 35-1과 같은 물중탕 장치를 준비하여 삼각 플라스크를 고정시킨다.
3) 85% 인산 3~4 방울을 촉매로 넣어 주고 70~85 ℃로 유지하여 10분간 가열하면 반응이 완결된다.

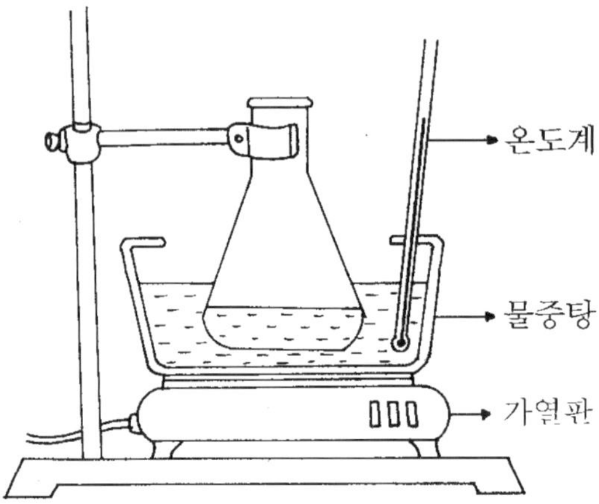

그림 35-1 아스피린 합성 장치

4) 이 용액에 증류수 2 mL를 조심스럽게 넣어서 반응하지 않고 남아있는 아세트산 무수물을 분해시킨다. 아세트산 무수물이 분해되는 동안에 아세트산 증기가 발생하므로 실험실의 환기가 잘되도록 한다.
5) 아세트산 증기가 더 이상 발생하지 않으면 삼각 플라스크를 물중탕에서 꺼내 증류수 20 mL를 넣어주고 실온까지 냉각시킨다.
6) 아스피린 결정이 생성되지 않을 경우 삼각 플라스크를 얼음물로 냉각시키고 유리

막대로 삼각 플라스크 안쪽을 긁어준다.

7) 생성된 결정을 감압 여과기로 걸러낸 후 5 mL의 얼음물로 씻고, 다른 거름 종이로 옮겨 공기 중에서 10~20분 동안 말려서 무게를 잰다.
8) 아스피린 1.0 g 정도를 덜어서 삼각 플라스크에 넣고 5 mL 에틸 에터를 넣어서 물중탕으로 가열하여 녹인다. 녹지 않은 물질이 있을 경우 거름 종이로 걸러 제거한다.
9) 여과된 용액에 석유 에터(끓는점 30~60 ℃) 15 mL를 가한 후에 용액을 젓지 말고 얼음물에 담가 두어 침전이 생기도록 한다.
10) 생성된 침전을 거르고 소량의 석유 에터로 씻은 후에 다른 거름 종이에 옮겨 말린다.

4. 주의 및 참고 사항

1) 에틸 에터와 석유 에터는 아주 예민한 인화성 물질이기 때문에 가열판 근처에서 절대로 취급하지 않아야 한다. 화학실험실 화재사고가 이러한 에터로 가끔 일어나므로 아주 조심할 것.
2) 아세트산 무수물은 식초 냄새가 나고 과량의 아세트산 무수물에 물을 가하여 분해시키면 뜨거운 증기가 발생하므로 조심해야 한다.
3) 이 실험에서 합성한 아스피린은 순수하지 않으므로 절대 복용하지 말아야 한다.

5. 실험 결과 처리

1) 재결정하기 전의 아스피린의 무게를 달아 수득률을 계산하고 녹는점을 측정하여 순도를 알아본다.
2) 재결정한 아스피린의 녹는점을 측정하고 재결정을 하기 전의 아스피린의 녹는점과 비교한다.

6. 생각해볼 사항

1) 이 실험에서 아세트산 무수물 이외에 같은 목적으로 사용할 수 있는 화합물은 어떤 것이 있겠는가?

7. 실험 결과

1. 아스피린의 합성

사용한 살리실산의 무게 ________________ g
사용한 아세트산 무수물의 부피 ________________ mL
사용한 아세트산 무수물의 무게(밀도 = 1.08 g/mL) ________________ g
얻은 아스피린의 무게 ________________ g
아스피린의 이론적 수득량 ________________ g
수득률(%) ________________ %

2. 아스피린의 녹는점 측정

녹는점(℃)

불순한 아스피린 ________________
재결정한 아스피린 ________________
문헌값 ________________

3. 살리실산 1.4 g과 아세트산 무수물 3.1 g을 사용하였다면 몇 g의 아스피린을 얻겠는가?

4. 아스피린을 가수분해하면 살리실산과 아세트산이 된다. 이 반응을 반응식으로 써라.

5. 실험 중에 물을 넣어서 남은 아세트산 무수물을 분해시키는 과정이 있다. 이 때 일어나는 변화를 반응식으로 써라.

6. 아세트산 무수물과 무수 아세트산과의 차이점이 무엇인지 설명하여라.

7. 불순한 아스피린 1.5 g을 0.10 M NaOH를 사용하여 적정하였더니 종말점에서 0.10 M NaOH 용액 70 mL가 소비되었다. 중화 반응의 반응식을 쓰고 아스피린의 순도(%)를 계산하여라.

읽을거리

우드워드 : 현대 유기 합성의 아버지

Robert
B.Woodward

미국의 화학자인 우드워드(R. B. Woodward,1917~1979)는 키니네(quinine,1994), 콜레스테롤과 코티손(cortisone,1951), 클로로필(1960), 비타민B_{12}(1971) 등의 수많은 천연 유기 물질을 인공적으로 합성한 공로로 1965년 노벨상을 수상한 현대 유기 합성의 아버지로 알려져 있다.

19세에 MIT를 졸업하고, 20세가 되던 해에 이학박사를 받은 우드워드는 곧바로 하바드 대학교의 교수가 되어 자외선 흡수 스펙트럼 등의 분광학적인 방법으로 복잡한 천연물의 구조를 정확하게 밝힐 수 있음을 인식하고, 1945년 그동안 화학적인 방법으로 그 구조를 밝힐 수 없었던 페니실린의 구조를 분광학적인 방법으로 정확하게 밝히는 데에 성공하였다.

스테로이드 화합물에 관심을 가지고 있던 그는 화학 반응의 메커니즘을 이해함으로써 새로운 화합물의 합성 방법을 찾을 수 있다고 주장하면서 1944년 당시에 가장 합성하기 어려운 천연 물질로 알려져 있던 키니네의 인공적인 합성에 성공하였고, 1971년에는 100여 단계에 이르는 복잡한 합성을 거쳐서 코발트를 포함하고 있으면서 적혈구의 생성을 도와주는 필수 비타민인 비타민 B_{12}(사이아노코발아민)을 처음으로 인공 합성하였다.

1960년대에는 로알드 호프만(R. Hoffmann)과 함께 양자화학적 정보로부터 유기화학 반응의 결과를 예측하는 우드워드-호프만규칙(Woodward-Hoffmann rule)을 정립하여 1960년대 이후의 눈부신 유기 합성 분야의 발전에 기초를 마련하였다. 호프만은 그 공로로 1981년 노벨 화학상을 수상하였다. 우드워드가 1981년 살아있었다면, 우드워드도 생거(Sanger)와 같이 두 번의 노벨 화학상을 수상할 수 있었을 것이다. 생거는 1958년에 인슐린의 구조를 밝힌 공로로 노벨 화학상을 받았고, 1980년에 핵산의 염기 서열을 결정하는 방법을 개발하여 두 번째 노벨 화학상을 수상하였다.

읽을거리

아스피린

1890년에 처음 합성되어 사용되기 시작한 아스피린은 가장 오래된 합성 의약품으로 지금까지도 가장 널리 사용되고 있는 해열진통제이다. 사람에 따라서는 아스피린에 대한 알러지 현상을 보이거나 소화불량 등의 부작용이 있으며, 2~16세의 어린이에게는 심각한 간 질환이나 중추신경계 이상을 일으키는 것으로 알려졌다. 그러나 최근에는 진통 효과 이외에도 혈전을 만들어내는 프로스타그란딘(prostaglandin)의 생성을 막아주는 효과가 있는 것으로 밝혀져서 뇌졸중과 심장 질환의 예방 및 치료제로 다시 관심을 모으고 있다.

영국의 외과 의사였던 조셉 리스터(Joseph Lister, 1872~1912)가 처음으로 페놀(C_6H_5OH)을 외과용 살균제로 사용하였다. 그 후 1870년대에 처음으로 합성된 살리실산을 복용하면 체내에서 살균력이 있는 페놀로 변환된다는 사실이 알려졌다. 그러나 살리실산은 내복용 살균제로는 효과가 없었고, 오히려 해열 효과가 있다는 사실이 밝혀졌다. 더욱이 살리실산은 대부분의 경우에 심한 구역질을 일으켜서 의약품으로 사용할 수가 없었다.

마침내 독일의 제약회사 바이엘의 화학자 페릭스 호프만(Felix Hoffmann)이 살리실산의 아세틸 유도체를 합성하고, 해열과 관절염 통증 억제에 뛰어난 효능이 있다는 사실을 알아냄으로써 아스피린이 상용화되기 시작하였다. "아스피린" 이라는 이름은 조팝나무과(spiraea)의 식물에서 살리실산을 얻었기 때문에 붙여졌다. 대부분의 나라에서 "아스피린(Aspirin)"은 등록 상표명이고 아세틸살리실산(acetylsalicylic acid)이 화합물 이름이다.

실험 36 합성 섬유-나일론 끈 Synthetic Fiber-Nylon

■ 목표 : 나일론의 합성을 통하여 고분자의 특성을 이해한다.
■ 핵심 개념 : 중합 반응(polymerization), 고분자 합성(polymer synthesis)
■ 관련 개념 : 작용기(functional group), 단위체(monomer), 중합체(polymer), 계면 화학(interfacial chemistry)

1. 서론

일반적으로 많은 수의 단위체(monomer)인 소단위체들이 반복적으로 결합된 분자를 고분자(polymer) 또는 거대분자(macromolecule)라고 한다. 보통 수백 개에서 수십만 개의 원자들이 공유 결합으로 연결된 복잡한 구조의 분자를 말한다.

이런 고분자는 자연에도 다양한 형태로 존재한다. 식물 세포의 벽은 셀룰로오스(cellulose)라고 하는 3,000개 이상의 글루코오스(glucose)라는 탄수화물이 복잡하게 연결된 분자로 되어 있고, 단백질은 수천 또는 수만 개의 아미노산이 연결된 것이다. 유전 정보를 전달해주는 DNA도 염기 분자들 사이의 수소 결합으로 이중 나선 구조라는 독특한 모양을 유지하는 고분자이다.

인공적으로 합성된 고분자가 본격적으로 개발되기 시작한 것은 1930년대부터였다. 고분자는 분자의 양끝에 다른 분자와 공유 결합을 할 수 있는 작용기(functional group)를 가진 단위체(monomer)들을 반복적으로 결합시키는 중합 반응으로 만들어지는 중합체이다. 효소에 의해 철저하게 조절되는 생체 반응에서 만들어지는 천연 고분자와는 달리 인공적으로 합성된 고분자들은 분자의 크기와 모양이 일정하지 않고 상당한 분포를 갖는 경우가 많다. 따라서 합성 과정을 조절해서 몰질량과 모양이 일정한 고분자를 만들어내는 것이 고분자 합성의 핵심이 된다.

지금까지의 합성 고분자는 탄소를 중심으로 하는 유기 고분자가 대부분이었다. 나일론과 같은 합성 섬유와 "비닐"이라고 흔히 부르는 폴리에틸렌 등이 모두 그런 유기 고분자의 예이다. 유기 고분자의 탄소 수가 많아지면 일반적으로 고분자가 딱딱해지는 경향이 있어서 가공이 힘들어진다. 그런 경우에는 소량의 가소제(plasticizer)를 첨가하여 가공을 위한 고분자의 물리적 특성을 향상시키기도 한다.

최근에는 실리콘과 같은 원소를 이용한 무기 고분자들도 많이 개발되고 있다. 건축이나 실내 장식 등에 많이 사용되는 실리콘 고무나 실리콘 접착제, 또는 고급 윤활유로 사용되는 실리콘 오일 등이 무기 고분자의 예가 된다.

한편 지금까지의 일반적인 용도에서 벗어나서 강철과 비슷한 정도의 강도를 갖거나, 전기 전도도를 나타내거나, 생체에 의한 거부 반응이 없어서 인공뼈나 인공 장기 등에 사용할 수 있는 등의 특수 목적에 사용할 수 있는 "기능성 고분자"(functional polymer)의 개발도 활발하게 이루어지고 있다.

최초의 인공 합성 섬유로 개발되었던 나일론 66은 $\left[NH(CH_2)_6NHCO(CH_2)_4CO\right]$ 이 반복적으로 연결된 폴리아마이드 구조를 가지고 있다. 우리 나라에서는 한 분자에 아민기와 카복실기를 모두 가지고 있는 단량체인 ε-카프로락탐(ε-caprolactam)을 중합하여 값싸게 대량으로 합성하고 있다.

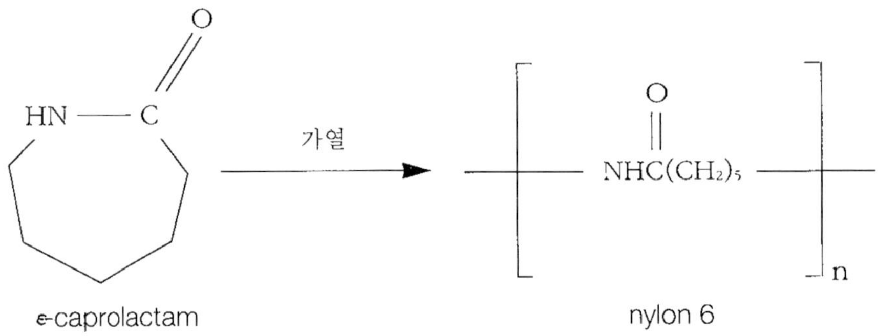

이 실험에서는 나일론 610(nylon 610)을 합성한다. 나일론 610은 다이카복실산 또는 다이카복실산의 염화물을 다이아민과 연속적으로 반응시켜서 합성할 수 있다. 나일론 610에서 6은 다이아민 화합물에 포함된 탄소의 숫자이고, 10은 다이카복실산 또는 다이카복실산의 염화물에 포함된 탄소의 숫자를 나타낸다. 헥사메틸렌다이아민(hexamethylenediamine)을 녹인 물층과 염화 세바코일(sebacoyl chloride)을 녹인 유기 용매층을 섞어주면 계면에서 나일론 610이 합성되는 것을 관찰할 수 있다.

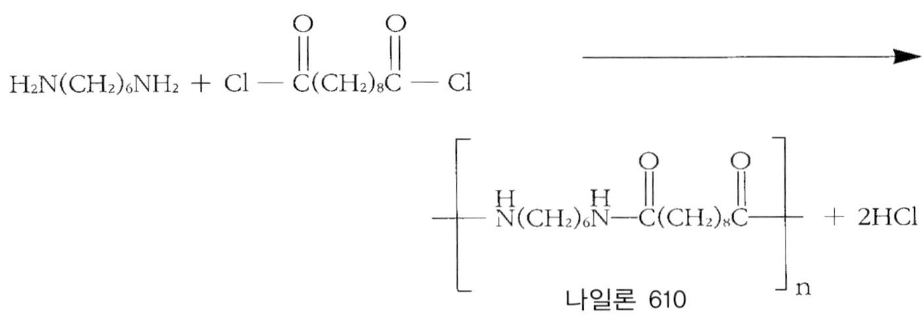

헥사메틸렌다이아민은 물에는 잘 녹지만 다이클로로메탄과 같은 유기 용매에는 잘 녹지 않는다. 한편 염화 세바코일은 물에는 잘 녹지 않고 유기 용매에 잘 녹는 특성을 가지고 있다. 따라서 수산화 나트륨을 촉매로 포함하는 수용액과 유기 용액 사이의 계면에서 중합 반응이 진행되어 나일론 610이 생성된다. 물이나 유기 용매에 잘 녹는 발광 물질을 첨가하면 색이 있는 나일론을 만들 수도 있다.

2. 실험 기구 및 시약

A. 실험 기구

비커(beaker) 250 mL
눈금 피펫(graduated pipet) 5 mL
핀셋(tweezers)
유리 막대(젓게)(glass stirring rod)
오븐(oven)
저울(chemical balance)

B. 시약

헥사메틸렌다이아민(hexamethylenediamine)
염화 세바코일(sebacoyl chloride)
다이클로로메탄(dichloromethane)
페놀프탈레인(phenolphthalein)
메탄올 또는 아세톤(methanol or acetone)
수산화 나트륨(sodium hydroxide)

3. 실험 방법

1) 염화 세바코일 1 mL를 눈금 피펫으로 취하여 다이클로로메탄 50 mL가 들어 있는 250 mL 비커에 녹인다.

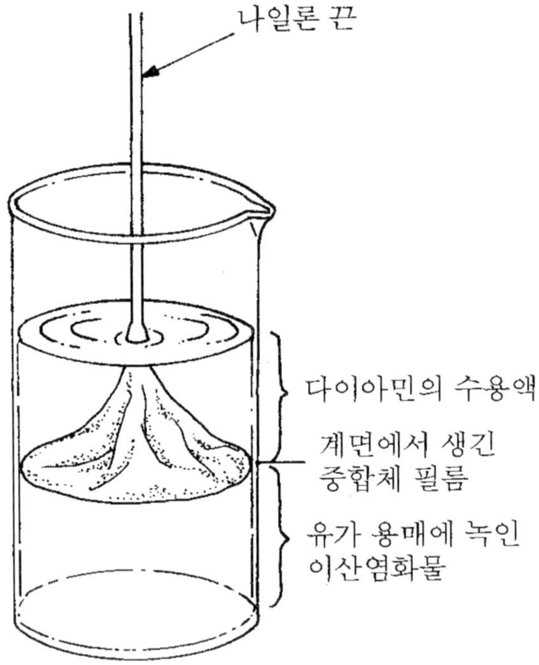

그림 36-1 나일론의 합성

2) 100 mL 눈금 실린더에서 헥사메틸렌다이아민 2.3 g과 수산화 나트륨 0.4 g 그리고 2~3 방울의 페놀프탈레인 용액(또는 식용 색소 용액)을 50 mL의 증류수에 녹인 후, 이 용액을 염화 세바코일 용액이 담긴 비커의 벽을 따라 서서히 부어 넣으면 두 용액의 계면에서 나일론 필름이 생성된다.
3) 생성된 나일론 필름을 그림 36-1처럼 핀셋으로 조심스럽게 끌어올려 유리 막대에 감는다. 계면에서 나일론 필름이 더 이상 만들어지지 않을 때까지 유리 막대로 나일론 끈을 감아 올린다. 이때 필름을 손으로 만지지 않도록 한다.
4) 합성된 나일론을 메탄올 또는 아세톤과 물을 1:1로 혼합한 용액으로 씻은 후에 다시 물로 충분히 씻어서 100 ℃ 이하의 오븐에서 말린다.

4. 주의 및 참고 사항

1) 메틸렌클로라이드, 메탄올, 염화 세바코일, 수산화 나트륨은 자극적이며 독성이 있으므로 피부에 직접 닿거나 증기를 흡입하지 않도록 조심한다. 특히 합성된 나일론을 충분히 씻기 전에는 맨손으로 만지지 않도록 주의한다.
2) 합성한 나일론이나 반응 후에 남은 용액은 반드시 회수해서 적절하게 처리해야 한다.
3) 페놀프탈레인 용액 대신 브로모티몰블루나 식용 색소를 사용해도 좋다.

5. 실험 결과 처리

1) 얻어진 나일론의 무게를 측정하여 수득률을 계산한다.
2) 얻어진 나일론 610의 녹는점을 측정하여 문헌값과 비교한다.

6. 생각해볼 사항

1) 나일론 6 또는 나일론 610의 구조를 써보아라.
2) 어떤 경우에 계면 중합 반응을 촉진시킬 수 있겠는가?

7. 실험 결과

1. 중합 반응

헥사메틸렌다이아민	______ g	______ 몰
염화 세바코일	______ g	______ 몰
수산화 나트륨	______ g	______ 몰

나일론의 이론적 생성량 ______ g
실험에서의 수득량 ______ g
수득률 ______ %

나일론의 녹는점 ______ ℃
문헌값 ______ ℃

2. 헥사메틸렌다이아민 수용액에 수산화 나트륨을 넣은 이유는 무엇인가?

읽을거리

나일론

W.H.Carothers

나일론은 미국의 화학회사 듀퐁의 화학자 월러스 카로더스(Wallace H. Carothers)에 의하여 처음 합성되어 1939년 뉴욕 박람회에서 처음으로 공개되었다.

물질량이 큰 폴리아마이드 화합물인 나일론은 합성에 사용하는 다이아민과 다이카복실산의 종류에 따라서 단위체의 탄소 수가 달라져서 단단하게 만들 수도 있고 연하고 탄성이 크게 만들 수도 있다. 질기고 탄성이 좋으며 방수성이 우수한 나일론은 낮은 온도에서 섬유로 만들 수 있으며, 녹은 상태의 나일론은 점성도가 그리 높지 않은 상태로 잘 흐르기 때문에 사출 성형 등에 많이 사용된다.

나일론이 처음 개발된 후 70여 년이 지났지만 나일론은 아직도 낙하산이나 로프, 섬유, 공학 플라스틱 등의 제조에 널리 사용되고 있다.

읽을거리

고분자 시대

현대의 생활은 합성 섬유, 플라스틱, 고무 그리고 접착제와 같이 화학 반응으로 만들어진 합성 재료에 의하여 바뀌게 되었다. 이런 새로운 물질은 나무나 철, 시멘트와 같은 천연 재료보다 강도, 수명, 가공성, 염색성, 접착력, 응고력 등이 뛰어날 뿐만 아니라 값싸게 대량 생산이 가능하기 때문에 다양한 분야에서 우수한 소재로 활용되고 있다. 최근 합성 고분자의 생산량이 금속, 목재, 또는 천연 섬유의 생산량을 훨씬 능가하고 있다는 사실에서 현대가 "고분자 시대" 임을 느낄 수 있다.

20세기에 개발되기 시작한 폴리에틸렌은 목재 생산량을 능가할 정도로 엄청난 양이 생산되고 있다. 폴리에틸렌은 값싼 "비닐하우스" 를 이용한 농업을 가능하게 함으로써 농업 생산성을 획기적으로 향상시켰을 뿐만 아니라, 농작물의 계절 의존성을 제거하였고, 밭작물의 경우에는 제초제의 사용량을 줄이는 데에도 크게 기여하였다. 폴리에틸렌은 식품의 포장재로도 유명해서 현대의 식생활 개선에도 기여하였다.

최근에는 고분자를 더욱 개량하여 기존의 소재에서는 상상도 할 수 없는 기능을 가진 기능성 고분자도 합성되고 있다. 금속과 같이 전기를 전도하는 전도성 고분자, 압력을 가하면 전기를 발생하는 압전성 고분자, 전류를 흘려주면 빛을 발생하는 발광성 고분자, 인공 뼈와 인공 혈관 등의 인조 장기와 병균의 전염을 걱정할 필요가 없도록 해주는 일회용 주사기 등에 사용할 수 있는 의료용 고분자 등이 활발하게 개발되고 있다. 이런 고분자들은 물론 새로운 기억 소자 또는 표시 소자 등으로 컴퓨터를 비롯한 첨단 기기에 사용된다. 또한 실리콘 등의 무기 원소를 이용한 무기(無機) 고분자들도 다양하게 개발되어 스포츠 용품 등은 물론 상온에서 무한히 많은 전류를 흘릴 수 있는 고온 초전도체와 같은 첨단 소재로도 널리 사용되고 있다.

우수한 특성을 가진 고분자의 사용량이 증가함에 따라 문제점도 나타나고 있다. 최근에는 대량 생산으로 사용량이 급증하였고 이제는 이들의 폐기에 따른 자연 환경의 파괴가 문제로 대두되고 있다. 고분자의 생산에는 많은 양의 원료와 에너지가 소모되기 때문에 고분자의 효율적인 활용은 물론 재활용 방안을 모색하는 데에도 적극적으로 관심을 가져야 한다. 합성된 고분자들이 환경 오염의 주요 원인이 된다고 걱정이지만, 전 세계의 60억 인구가 [천연] 물질에만 의존할 경우에 생태계에 미칠 심각한 영향을 고려한다면 합성 물질을 무조건 배척하는 것만이 환경 보호의 길이 아님도 인식하여야 한다. 가볍고 튼튼해서 오래 사용할 수 있는 고분자 개발은 에너지와 물질의 절약에 기여하여 자연 보존에도 도움이 된다. 종이를 대체하는 고분자의 개발이 그런 예라고 할 수 있다. 합성 모피의 생산으로 야생 동물의 보존에도 기여한다.

환경 오염을 해결하는 데에도 고분자가 이용되기도 한다. 비닐로 만든 쓰레기봉투가 가장 쉽게 볼 수 있는 예이고, 바다에 기름이 유출되었을 때 사용하는 차단막이나 흡유포도 고분자로 만들어진다.

실험 37 계면활성제와 에멀젼

Surfactant and Emulsion

■ 목표 : 계면활성제의 콜로이드 형성과 서로 섞이지 않는 두 개의 액체를 균일하게 혼합시키는 에멀젼 형성의 원리를 이해한다.

■ 핵심 개념 : 계면활성제(surfactant), 마이셀(micelle), 에멀젼(emulsion), 표면 장력(surface tension), 임계 마이셀 농도(critical micelle concentration), 혼탁도(turbidity)

■ 관련 개념 : 친수성(hydrophilic), 소수성(hydrophobic), 역마이셀(inverse micelle), 유화제(emulsifier), 빛산란(light scattering)

1. 서론

계면활성제는 하나의 분자에 친수성의 머리 부분과 소수성의 꼬리 부분을 함께 가지고 있는 양쪽성 분자이다. 친수성 부분은 설페이트($-SO_4^-$), 설포네이트($-SO_3^-$), 카복실기($-COO^-$)와 같은 음이온 원자단이나 암모늄 이온($-R_1R_2R_3N^+$)과 같은 양이온 원자단, 또는 하이드록시기(-OH)와 같은 중성 원자단이다. 비극성인 소수성 꼬리 부분은 주로 긴 알킬 사슬인 경우가 많다.

실험 4의 아보가드로 수의 결정에 사용된 스테아르산의 경우와 같이 소수성 꼬리 부분의 알킬사슬이 아주 길고 친수성 머리 부분의 친수성이 크지 않은 분자들은 물에 거의 녹지 않고 물과 공기의 계면에서 단층막을 형성한다. 또한 지질(lipid)에서와 같이 한 개의 머리 부분에 2~3 개의 긴 소수성 꼬리가 결합된 분자들은 표면이 이중막(bilayer)이고 닫힌 공간을 갖는 베시클(vesicle)을 형성한다. 세포는 단일 구획을 갖는 베시클의 좋은 예이다.

친수성과 소수성이 적절한 조화를 이룬 경우 계면활성제를 물에 넣으면 일부는 물-공기 계면에 흡착되며 물의 표면 장력을 감소시키고 나머지의 대부분은 물에 용해된다. 계면에 흡착되어 물의 표면 장력을 감소시키는 특성 때문에 이런 분자를 "계면활성제"라고 부른다. 계면활성제의 농도가 어느 정도 이상이 되면 계면활성제 분자들은 자발적으로 회합하여 구와 같은 모양을 갖는 마이셀(micelle)을 형성한다. 마이셀을 형성하는 계면활성제의 최저 농도를 임계 마이셀 농도(critical micelle concentration, CMC)라 한다. 정상 마이셀(normal micelle)은 계면활성제를 물에 첨가할 때 형성되는 것으로 소수성 꼬리가 구의 내부로 모이고 친수성 머리 부분이 구의 표면을 이루고 있다. 반면에 계면활성제를 유기 용매에 넣으면 친수성 머리 부분이 구의 내부로 모이고 소수성 꼬리가 밖을 이루는 역마이셀(reverse micelle)이 형성된다.

물에서 형성된 정상 마이셀의 내부는 소수성이기 때문에 그 속에 물에 녹지 않은 유기 물질이 용해되고, 유기 용매에서 형성된 역마이셀의 내부는 친수성으로 물이 녹아 들어가서 물 웅덩이를 만든다. 그래서 계면활성제는 물에 유기 물질을 녹이거나 유기 용매에 물을 혼합시키는 성질이 있으며 여러 분야에서 실용적으로 활용되고 있고 생체계의 구조와 반응 및 이의 모방 연구 등에도 널리 이용되고 있다.

단일 계면활성제만으로 구성된 마이셀의 내부는 공간이 좁기 때문에 정상 마이셀에 녹아들 수 있는 유기 물질의 양과 역마이셀에 녹아드는 물의 양은 상대적으로 적다. 그러나 정상 마이셀 용액에 소수성 부분의 크기가 작은 보조 계면활성제를 함께 넣어주면 마이셀의 표면에 끼어 들어가서 내부 공간을 넓히고 보다 많은 유기 물질이 용해되게 한다. 이와 유사하게 보조 계면활성제를 역마이셀 용액에 첨가하면 내부 친수성 부분에 끼어 들어가서 마이셀의 내부 공간이 넓어지게 된다.

이와 같은 메커니즘에 의해 물에 잘 녹지 않는 "기름"이 물에 분산된 용액을 에멀젼(emulsion)이라고 한다. 에멀젼은 콜로이드성 입자의 크기가 작아서 빛을 거의 산란시키지 않아서 용액이 투명한 상태와 콜로이드성 입자가 충분히 커서 빛을 강하게 산란시켜 혼탁하게 보이는 상태가 있다. 투명한 상태의 에멀젼을 혼탁한 상태의 것과 구분하기 위해 마이크로에멀젼(microemulsion)이라고 부르기도 한다.

에멀젼은 물이 균일상인 정상 마이셀에 유기물질(기름)이 녹은(물에 기름이 분산된) oil-in-water (o/w) 에멀젼과 기름이 균일상인 역마이셀에 물이 녹은(기름에 물이 분산된) water-in-oil (w/o) 에멀젼으로 구분된다. 에멀젼화는 물에 녹지 않은 의약품 등을 녹이거나 물과 기름 성분을 혼합시킨 여러 종류의 식품을 만드는데 많이 이용되고 있다. 버터는 w/o 에멀젼의 한 형태이고 마요네즈는 o/w 에멀젼의 한 형태이다. 또한 비누의 작용도 기름이나 그리스가 비누를 주성분인 계면활성제와 o/w 에멀젼 형성하여 물에 분산되게 하는 것이다.

계면활성제를 사용하지 않고도 물과 유기용매를 에멀젼 상태로 만들 수 있다. 이때에는 물과 유기 용매에 혼합되는 2-프로판올과 같은 용매를 사용한다.

이 실험에서는 물과 톨루엔을 전형적인 양이온성 계면활성제인 브롬화 세틸트라이메틸암모늄(cetyltrimethylammonium bromide, $CH_3^-(CH_2)_{15}N(CH_3)_3^+Br^-$, CTAB)과 2-프로판올을 사용하여 균일하게 혼합시켜 보고, 물-톨루엔-2-프로판올의 '계면활성제 없는' 에멀젼 형성을 확인한다.

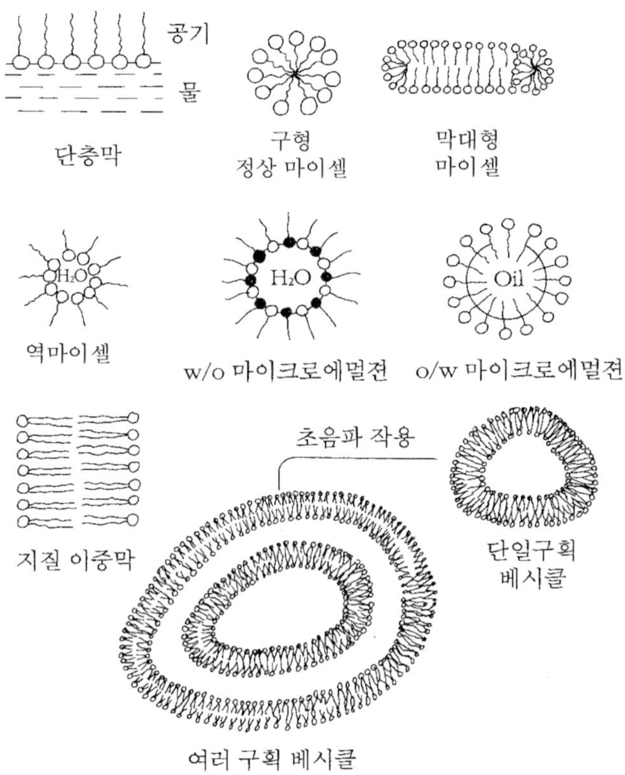

그림 37 계면활성제와 지질로 만들어지는 회합체의 대략적인 모형. 원으로 표현된 부분은 친수성 머리를 그리고 사슬은 소수성 꼬리를 나타낸다. 보조 계면활성제는 머리 부분을 채워진 원으로 나타내었다.

2. 실험 기구 및 시약

A. 실험 기구

눈금 실린더(graduated cylinder) 10 mL

눈금 피펫(graduated pipet) 1 mL

눈금 피펫(graduated pipet) 5 mL

B. 시약

증류수(distilled water)

5% CTAB 수용액(5 wt% cetyltrimethylammonium bromide aqueous solution)

톨루엔(toluene)

2-프로판올(2-propanol)

3. 실험 방법

실험 A. CTAB-물-톨루엔-2-프로판올 에멀젼

1) 10 mL 실린더에 5 wt% CTAB 수용액 3 mL와 톨루엔 1 mL를 넣는다. 물과 유기층이 확실하게 구분되면, 각 층의 부피와 혼탁 정도를 기록한다.
2) 실린더에 2-프로판올 0.1 mL를 넣고 잘 흔들어주면 2분 정도 기다린 후 물과 유기층이 분리되면 각 층의 부피와 용액의 혼탁도를 기록한다. 만약 층이 명확하게 구분되지 않으면 3분 정도 더 기다리고 관찰사항을 기록한다.
3) 2-프로판올 0.1 mL를 더 첨가하고 다시 잘 혼합하고 관찰사항을 기록한다.
4) 실험 결과에 지시한 것과 같이 2-프로판올을 첨가하면서 관찰사항을 기록하고, 각 물음에 대해 답한다.

실험 B. 계면활성제가 없는 에멀젼 : 물-톨루엔-2-프로판올 에멀젼

1) 10 mL 실린더에 물 3 mL와 톨루엔 1 mL를 넣는다. 물과 유기층이 확실하게 구분되면, 각 층의 부피와 혼탁 정도를 기록한다.
2) 실린더에 2-프로판올을 1 mL를 가하고 잘 흔들어주어 2분 정도 기다린 후 물과 유기층이 구분되면 각 층의 부피와 용액의 혼탁도를 기록한다. 만약 층이 명확하게 구분되지 않으면 3분 정도 더 기다리고 관찰사항을 기록한다.
3) 2-프로판올 0.5 mL를 더 첨가하고 다시 잘 혼합하고 각 층의 부피와 혼탁도를 기록한다.
4) 3)의 과정을 전체 액체가 완전히 혼합되고 많은 용액이 될 때까지 반복한다. 그러나 첨가된 2-프로판올의 전체 부피를 6 mL가 넘으면 실험을 중단한다.
5) 실험 결과의 각 물음에 대해 답한다.

4. 주의 및 참고 사항

1) 실험 시간이 부족하면 실험 A만 시행해도 된다.
2) 두 용액층의 구분이 명확하지 않을 때는 충분한 시간을 기다린다. 그러나 5분 이상을 기다려도 두 층이 분리되지 않으면 실험을 중단한다.
3) 5 wt% CTAB 용액은 10 g의 CTAB를 물에 녹여 200 mL로 만들면 된다. 이 양은 30명의 학생이 반복 실험을 하는데 충분하다.
4) 시판되는 CTAB는 아주 순수하지 않으나, 이 실험을 위해서는 정제할 필요가 없다.

5. 실험 결과 처리

실험 결과에 첨가된 2-프로판올의 부피와 관찰사항, 그리고 물음에 답한다.

6. 생각해볼 사항

1) 계면활성제 분자들이 자발적으로 회합하여 마이셀을 형성하는 것은 물과 기름이 섞이지 않는 것과 같은 이치이다. 그 이유는 무엇인가?
2) 어떤 경우가 가시광선을 강하게 산란하는가?
3) 집에서 사용하는 화장수, 물약, 커피크림 등에는 어떤 계면활성제를 사용하였으며, 계면활성제는 어떤 작용을 하는가?
4) 생명계에서 계면활성제 역할을 하는 분자들은 어떤 것들이 있는가?

7. 실험 결과

실험 A. CTAB-물-톨루엔-2-프로판올 에멀젼

첨가된 2-프로판올 양 (전체 양)	물 층		톨루엔 층	
	부피(mL)	혼탁도	부피(mL)	혼탁도
0.0 mL				
0.1 mL (0.1 mL)				
0.1 mL (0.2 mL)				
0.1 mL (0.3 mL)				
0.2 mL (0.5 mL)				
0.3 mL (0.8 mL)				
0.5 mL (1.3 mL)				
1.0 mL (2.3 mL)				
0.5 mL (2.8 mL)				

0.5 mL (3.3 mL)				
0.5 mL (3.8 mL)				

* 혼탁도는 맑음, 아주 혼탁, 약간 혼탁으로 구분한다.

** 두 층이 구분되지 않는 경우에는 부피란에 '층 구분 안 됨'으로 기입한다.

물음 1. 5 wt% CTAB 수용액 2 mL와 톨루엔 1 mL 혼합액을 에멀젼으로 만드는데 필요한 2-프로판올의 부피 범위를 적어라.

__________ ~ __________ mL

물음 2. 위 혼합액을 마이크로에멀젼화하는데 필요한 2-프로판올의 부피는 얼마 이상인가?

____________________ mL

물음 3. 2-프로판올의 양에 따른 물층(층이 분리되지 않은 경우는 용액 전체)에 존재하는 콜로이드 입자의 대략적인 변화 양상을 그림으로 보여라.

실험 B. 계면활성제가 없는 에멀젼 : 물-톨루엔-2-프로판올 에멀젼

첨가된 2-프로판올 양 (전체 양)	물 층		톨루엔 층	
	부피(mL)	혼탁도	부피(mL)	혼탁도
0.0 mL				
0.1 mL (1.0 mL)				
0.5 mL (2.0 mL)				
0.5 mL (2.5 mL)				
0.5 mL (3.0 mL)				
0.5 mL (3.5 mL)				
0.5 mL (4.0 mL)				
0.5 mL (5.0 mL)				
0.5 mL (5.5 mL)				
0.5 mL (6.0 mL)				

* 용액 전체가 한 개의 맑은 상이 되면 실험을 중지해도 무방함

물음 1. 2-프로판올은 물과 톨루엔 중 어느 용매에 더 잘 녹는가?

물음 2. 물과 톨루엔이 부피비로 3:1 일 때 전체 용액이 마이크로에멀젼이 되는 2-프로판올의 부피는 전체 용액의 몇 % 이상이 되어야 하는가?

____________________ %

물음 3. (1)과 (2)의 실험 결과를 비교할 때 CTAB가 물층에 대한 톨루엔의 용해도에 어떤 영향을 미치는지 적어라.

읽을거리

우리 주변의 에멀젼

에멀젼은 아주 다양한 용도로 직접 또는 간접으로 사용되고 있다. 여성들이 많이 사용하는 화장용 크림도 에멀젼의 일종인데 기름 성분의 함량에 따라 바니싱 크림계와 콜드 크림계로 나눈다. 기초화장 또는 피부 보호를 목적으로 사용하는 바니싱 크림은 기름을 대략 30% 정도 함유하고 있으며, 피부 청결과 마사지를 하거나 피부에 기름 성분을 공급하기 위해 사용되는 콜드(또는 크린싱) 크림의 기름 함량은 대략 50~70% 정도이다.

버터와 마요네즈도 에멀젼이다. 특히 마요네즈는 가정에서도 쉽게 만들 수 있는 에멀젼 제품이다. 달걀노른자에 있는 레시틴(lecithin)이 유화제(에멀젼을 만드는 계면활성제의 역할을 하는 물질)로 작용하여 잘 섞이지 않는 식용유와 식초를 혼합시킨다. 식초에 있는 아세트산은 보조 계면활성제의 역할을 한다. 그리고 우유는 물에 분산된 버터 지방 방울들의 에멀젼 용액이다. 단백질인 카세인이 유화제로 작용하여 지방을 분산시킨다.

쓸개에서 분비되는 담즙에 들어있는 담즙산은 생체 계면활성제로 좋은 유화제이며, 소장에서 지방을 에멀젼 상태로 분산시켜 흡수되도록 하여, 콜레스테롤을 녹이는 역할을 한다. 담즙산 분비가 적으면 콜레스테롤이 결정으로 침전되어 자라게 되는데 이것이 담석의 한 요인이다. 곰의 담즙에는 우루소데옥시콜린산이라는 담즙산이 들어있는데, 이것이 시판되는 '우루사'의 주성분이다.

실험 38 결정 구조

Crystal Structure

■ 목표 : 결정 구조를 나타내는 모형을 통해서 고체의 구조를 이해한다.

■ 핵심 개념 : 결정형 고체(crystalline solid), 단위 세포(unit cell), 결정계(crystal system), 브라베 격자(Bravais lattice), 원시 격자(primitive lattice), 체심 격자(body-centered lattice), 면심 격자(face-centered lattice), 조밀쌓음 구조(close-packing structure)

1. 서론

결정형 고체는 구성 원소들의 독특한 배열로 만들어지는 명백한 기하학적인 구조를 가지고 있다. 결정은 단위 세포(unit cell)가 3차원으로 반복되어 만들어지는 격자(lattice)로 이루어진다.

자연에 존재하는 결정은 표 38-1과 그림 38-1에 주어진 7개의 결정계(crystal system)로 구분할 수 있으며, 결정 구조의 대칭성과 외부 형태는 단위 세포의 결정계에 의해서 결정된다. 이 표에서 a, b, c는 단위 세포의 세 변의 길이이고, α, β, γ는 단위 세포의 두 변 사이의 각도를 나타낸다.

표 38-1 결정계

결정계	축	각도	예
삼사정계	$a \neq b \neq c$	$\alpha \neq \beta \neq \gamma$	$K_2Cr_2O_7$, $CuSO_4$
단사정계	$a \neq b \neq c$	$\alpha = \beta = 90° \neq \gamma$	$PbCrO_4$
사방정계	$a \neq b \neq c$	$\alpha = \beta = \gamma = 90°$	$BaSO_4$
마름모정계	$a = b = c$	$\alpha = \beta = \gamma \neq 90°$	HgS, $CaCO_3$(calcite)
육방정계	$a = b \neq c$	$\alpha = \beta = 90°$, $\gamma = 120°$	흑연, ZnO
정방정계	$a = b \neq c$	$\alpha = \beta = \gamma = 90°$	TiO_2(rutile)
입방정계	$a = b = c$	$\alpha = \beta = \gamma = 90°$	NaCl

또한 결정의 격자를 구성하는 단위 세포는 14개의 브라베 격자(Bravais lattice)로

구분할 수 있으며, 이들은 그림 38-2와 같이 단위 세포의 꼭지점에만 원소가 위치하는 원시 격자(primitive lattice), 단위 세포의 중심에 원소가 위치하는 체심 격자(body-centered lattice), 그리고 단위 세포 옆면의 중심에 원소가 위치하는 면심 격자(face-centered lattice)로 구분할 수 있다.

이 실험에서는 몇 가지 단위 세포의 모형을 만들고, 단위 세포 중에서 빈 공간으로 남아있는 부분의 부피를 계산해본다.

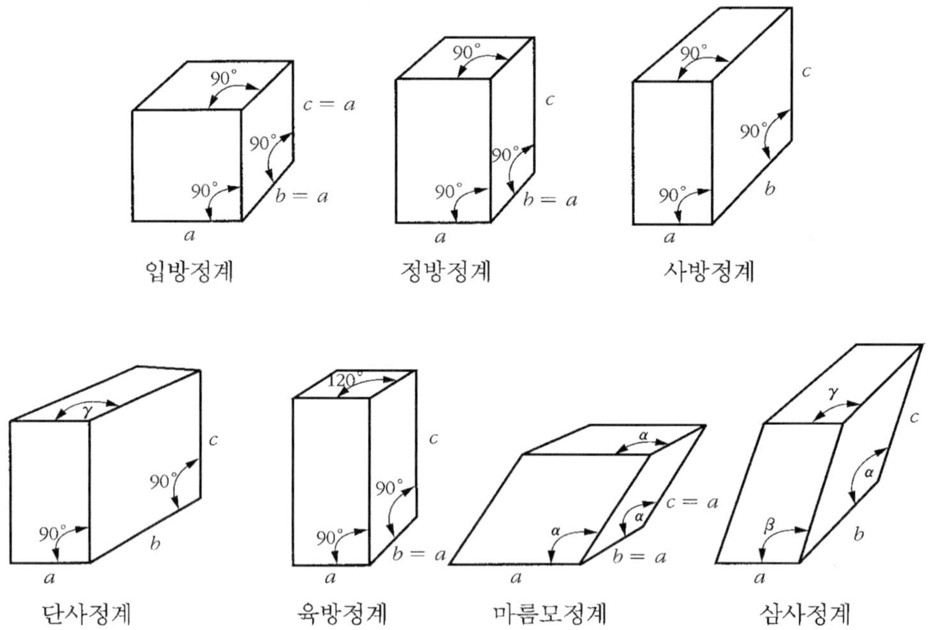

그림 38-1 결정계

그림 38-2 대표적인 단위 세포의 구조

2. 실험 기구

A. 실험 기구

스티로폼 공(styrofoam ball) 직경 1.5 cm와 2 cm
나무 막대기(이쑤시개를 사용할 수 있음)(wooden stick)

3. 실험 방법

1) 8개의 스티로폼 공들이 서로 닿도록 나무 막대기로 연결해서 그림 38-2의 입방정계의 원시 격자를 만든다.
2) 4개의 공을 더 사용해서 두 개의 단위 세포 구조를 만든다. 중간층에 있는 공 4개는 두 단위 세포에 겹쳐있는 것을 살펴본다.
3) 27개의 공을 사용해서 a, b, c 방향으로 8개의 단위 세포가 연결된 구조를 만든다.
4) 단위 세포의 변의 길이를 측정해서 단위 세포의 부피를 계산하고, 공이 차지하고 있는 부피와 비어있는 공간의 부피를 계산한다. 중앙에 위치한 공은 몇 개의 단위 세포에 겹쳐있는가를 관찰한다.
5) 체심 격자의 단위 세포를 만든다. 단위 세포의 대각선 방향으로는 공들이 서로 맞닿고 있지만, 모서리 방향에서는 공들이 서로 닿지 않고 있음을 관찰한다. 4)에서와 같이 단위 세포의 부피, 공이 차지하고 있는 공간과 비어있는 공간의 부피를 계산한다.
6) 면심 격자의 단위 세포를 만든다. 이번에는 단위 세포 옆면의 대각선 방향으로는 공들이 서로 맞닿고 있음을 관찰한다. 4)와 마찬가지로 단위 세포의 부피, 공이 차지하고 있는 공간과 비어있는 공간의 부피를 계산한다.
7) 큰 공을 염화 음이온이라고 생각하고, 작은 공을 나트륨 양이온이라고 생각하여 NaCl의 격자 모형을 만든다. 큰 공 주위에 4개의 작은 공을 같은 평면에 서로 직각이 되도록 연결한다. 같은 평면에서 두 개의 작은 공 사이에 큰 공을 하나씩 끼워 넣는다. 큰 공의 아래와 위쪽에 작은 공을 하나씩 연결하고, 작은 공의 아래와 위에도 큰 공을 하나씩 연결한다. 큰 공 13개와 작은 공 14개가 필요할 것이다. 단위 세포의 모양을 확인하고, 단위 세포에 몇 개의 큰 공과 작은 공이 들어있는가를 확인한다.
8) 꼭지점에 큰 공이 위치하고, 면의 중앙에 작은 공이 위치하는 면심 격자를 만들

어서, 단위 세포에 들어있는 큰 공과 작은 공의 수를 확인한다.

9) 3개의 큰 공을 실험대에 삼각형으로 서로 맞닿도록 배열하여 나무 막대기로 연결한다. 3개의 공 사이에 생긴 공간에 큰 공 하나를 얹어보고, 4개의 큰 공 사이에 만들어진 공간이 정사면체 중심이 되는 것을 확인한다.

10) 큰 공 3개가 삼각형 모양으로 연결된 구조를 2개를 만들어서 서로 겹치도록 올려 놓은 후에 위쪽의 삼각형을 60도 회전시켜서 6개의 큰 공 사이에 만들어지는 공간이 정육면체의 중심이 되는 것을 확인한다.

4. 실험 결과

1. 원시 격자

모서리의 길이	________________	cm
단위 세포의 부피	________________	cm^3
단위 세포에 포함된 공의 수	________________	개
비어있는 공간의 부피	________________	cm^3

2. 체심 격자

모서리의 길이	________________	cm
단위 세포의 부피	________________	cm^3
단위 세포에 포함된 공의 수	________________	개
비어있는 공간의 부피	________________	cm^3

3. 면심 격자

모서리의 길이	________________	cm
단위 세포의 부피	________________	cm^3
단위 세포에 포함된 공의 수	________________	개
비어있는 공간의 부피	________________	cm^3

4. NaCl 구조

모서리의 길이 ______________________ cm

단위 세포의 부피 ______________________ cm^3

염화 이온의 수 ______________________ 개

나트륨 이온의 수 ______________________ 개

5. 큰 공과 작은 공으로 된 면심 격자

큰 공의 수 ______________________ 개

작은 공의 수 ______________________ 개

6. 조밀쌓음 구조(close-packing structure)

정사면체 자리에 들어갈 수 있는 작은 공의 크기

정팔면체 자리에 들어갈 수 있는 작은 공의 크기

읽을거리

보석

보석 중의 왕은 역시 다이아몬드다. 탄소 원자가 서로 맞닿아서 단단한 조밀 쌓임 구조를 이루고 있는 무색투명한 결정이다. 잘 다듬은 결정면에서 반사되는 영롱한 빛으로 그 아름다움의 극치를 보이는 다이아몬드는 동서를 막론하고 순결과 불멸(不滅)의 상징으로 여겨지지만 다이아몬드는 탄소의 결정 구조 중에서는 흑연보다 불안정한 것이기 때문에 충분히 오랜 시간이 지나면 결국은 검은색의 탄소 가루로 부서진다. 다만 그 과정이 너무 느려서 우리에게는 영원히 안정한 것처럼 보일 뿐이다.

수정(quartz)은 실리콘 주변에 4개의 산소가 배열되어 삼차원 구조를 이루고 있는 또 다른 무색투명하고 단단한 결정이다. 유리와는 달리 자외선도 흡수하지 않는 특성을 가지고 있어서 렌즈와 같은 광학재료로 널리 쓰인다. 수정 결정 속에 철 이온이 혼합되면 짙은 자주색의 "자수정"(amethyst)이 되고, 물 분자가 결정 속에 갇히게 되면 "오팔" 이 된다. 여러 가지 불순물이 띠 모양으로 섞이게 되면 한복 단추나 도장으로 많이 사용되는 "마노"(agate, 瑪瑙)가 된다.

알루미늄 이온 주위에 6개의 산소가 정팔면체 모양으로 둘러싸고 있는 결정은 "강옥석"(corundum)이라고 부른다. 알루미늄이 있어야 할 자리의 약 1% 정도에 크롬 이온이 들어가면 붉은 색의 "루비"(ruby)가 되고, 철 이온이 들어가면 청색의 "사파이어"(sapphire)가 된다.

알루미늄, 실리콘, 그리고 베릴륨의 산화물인 "녹주석"(beryl, 綠柱石)이라는 결정에서 알루미늄 자리에 약간의 크롬이 들어가면 초록색의 "에메랄드"(emerald)가 되고, 철 이온이 들어가면 청색의 "남옥"(aquamarine, 藍玉)이 된다.

결정 속에 혼합된 불순물인 중금속 이온이 보석의 아름다운 색깔을 만들어낸다. 루비 결정에 들어있는 크롬은 가시광선에서 푸른색을 흡수하고 붉은색은 그대로 통과시키기 때문에 루비의 붉은 색이 나타난다.

물론 화학자들도 보석을 합성하려고 노력한다. 고온, 고압에서 탄소를 처리해서 만든 인조 다이아몬드는 공업용으로 널리 쓰이고 있고, 인조 루비와 에메랄드의 합성에도 성공했다.

실험 39 불꽃 시험 Flame Test

■ 목표 : 불꽃 시험을 통해 금속 이온들의 종류를 확인하고 금속 이온들의 원자 스펙트럼을 이해한다.

■ 핵심 개념 : 불꽃 시험(flame test), 원자 스펙트럼(atomic spectrum), 원자 방출(atomic emission), 원자 흡광(atomic absorption), 들뜬 상태(excited state), 바닥 상태(ground state)

■ 관련 개념 : 전자 배열(electronic configuration), 전자 에너지 준위(electronic energy level), 선 스펙트럼(line spectrum)

1. 서론

각종 축제 때 불꽃놀이(fireworks)를 하는 것을 볼 수 있는데, 불꽃의 색깔도 다양하고 그 모양도 현란하여 우리에게 큰 즐거움과 감흥을 일깨운다. 이 불꽃의 색깔은 모두 화학 물질, 그 중에서도 여러 가지 금속 원자가 높은 온도에서 각각 고유한 색깔을 나타내는 것을 응용한 것이다.

어떤 원소의 특징적인 불꽃 시험을 통해서 금속 이온들을 확인할 수 있다. 어떤 금속 이온이 불꽃 시험에서 특정한 불꽃 색깔을 나타내는 것은 금속 원자의 전자들이 열 에너지나 전기 에너지에 의해 들뜬 상태에서 바닥 상태로 내려가면서 흡수한 에너지를 광자로 방출하기 때문이다.

원자의 바닥 상태(ground state)란 원자 내의 모든 전자들이 가장 낮은 에너지 준위에 배치되어 있는 상태이다. 전자는 빛을 흡수하면 높은 에너지 준위로 올라간다. 전자가 높은 에너지 준위로 올라 간 상태를 들뜬 상태(excited state)라고 한다. 여러 개의 전자를 갖는 원자의 경우 단 하나의 전자라도 빛을 흡수하여 높은 에너지 준위로 올라갔다면, 이 원자는 들뜬 상태에 있다고 말한다. 전자가 높은 에너지 준위로 올라가는 방법은 빛을 흡수하는 방법 외에도 열에너지를 흡수하거나, 전기 에너지를 흡수하는 방법이 있다. 에너지가 높은 들뜬 상태에 있는 원자는 안정한 상태가 아니므로 다시 빛을 방출하고 에너지가 낮은 바닥 상태로 돌아간다. 이 과정에서 방출된 빛이 우리가 관측하는 빛의 색깔이 된다. 들뜬 상태로부터 바닥 상태로 돌아가는 원자로부터 방출되는 빛이 눈으로 직접 볼 수 있는 경우는 가시 광선을 방출하는 것이다. 불꽃

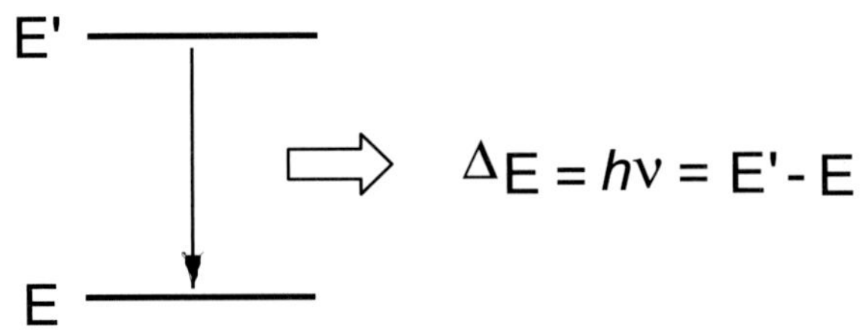

그림 39-1 높은 에너지 상태, E′에서 낮은 E로 내려오면서 빛이 방출되는 그림(원자방출)

시험이 그 예인데, 어떤 금속들은 방출하는 가시 광선 색깔이 다른 것을 이용해서 미지 시료의 금속을 확인하는데 응용한다.

2. 실험 기구 및 시약

A. 실험 기구

니크롬선

알코올 램프(또는 분젠 버너)

시험관(test tube)

시험관 스탠드(test tube rack)

핀셋(pincers)

전선절단기(nippers)

B. 시약

0.2 M LiCl

0.2 M NaCl

0.2 M KCl

0.2 M $CaCl_2$

0.2 M $BaCl_2$

0.2 M $SrCl_2$

0.2 M $CuCl_2$

3 M HCl

여러 가지 혼합 용액 (예: 0.1 M LiCl + 0.1 M NaCl)

3. 실험 방법

A. 불꽃 시험

1) 철사절단기를 사용하여 니크롬선을 10 cm 정도 자른다.
2) 선의 끝을 작은 동그라미로 만들어 준다.
3) 나무 막대기(젓가락 크기 정도) 또는 유리 막대와 연결하여 손잡이를 만든다.
4) 니크롬선을 3 M HCl 에 담근 다음 불꽃에 닿게 해서 깨끗이 한다.
   알코올 램프 불꽃의 가장 끝 부분에서 금속선이 빨갛게 되도록 가열한다.
   니크롬선 표면에 있는 금속 이온 불순물에 의해 색이 나타날 수 있는데, 색이 사라질 때까지 가열한다.
5) 각 용액에 니크롬선을 담근 후 겉불꽃에 대어 불꽃색을 관찰하고 기록한다.
6) 사용한 니크롬선을 다른 용액에 넣으면 그 용액이 오염되므로 니크롬선을 먼저 깨끗이 한 다음 다른 이온 용액의 불꽃 시험을 한다.
   니크롬선을 3 M HCl에 넣은 다음 불꽃으로 깨끗이 한 다음, 다음 실험에 사용한다.
7) 금속 화합물 두 종류 혼합하여 불꽃색을 관찰한다.
8) 금속 화합물 두 종류의 혼합비를 변경해서 불꽃색을 관찰한다.

B. 미지 용액 시험

조교로부터 미지 시료를 받아서 불꽃 시험을 행하고 미지 시료 중의 양이온을 확인한다.

4. 주의 및 참고 사항

1) 알코올 램프 및 분젠 버너의 불꽃 길이는 눈에 보이는 것보다 길다. 학생들은 반드시 보안경을 써야 하고 불길을 조심해야 한다.
2) 실험이 끝난 후에는 반드시 알코올 램프 및 분젠 버너를 꺼야 한다(가스통을 잠근다).
3) Ba^{2+}나 Sr^{2+}은 불꽃의 수명이 짧으므로 순간적으로 주의 깊게 관찰해야 한다.
4) 니크롬선은 끝을 작은 원 형태로 만들어서 용액이 많이 묻을 수 있도록 한다.
5) 나트륨 이온은 소량이 있어도 불꽃에서 긴 수명, 강한 노란색을 보인다.
6) 각종 이온 용액이 나트륨 이온으로 오염되기가 쉽다. 오렌지색이 계속해서 보이면 오염되었다고 볼 수 있으므로 주의한다.

5. 실험 결과 처리

1) 용액 종류와 불꽃 색깔을 관찰하고 기록한다.

6. 생각해볼 사항

1) 불꽃놀이에서 볼 수 있는 초록색, 빨간색, 오렌지색은 각각 어떤 금속 이온과 결합된 물질에서 나는 색깔인가?
2) 알코올 램프를 사용할 경우와 분젠 버너를 사용할 때 불꽃 색깔이 같은가 또는 다른가? 그 이유는 무엇인가?
3) 원자 흡광 분석기의 원리와 응용을 살펴보자.
4) 색깔을 나타내지 않는 금속 이온들은 어떻게 분석할 수 있는가?
5) 불꽃 색깔을 내는 원소와 색깔이 없는 원소들의 전자 구조는 어떻게 다른가?
6) 불꽃놀이에 사용되는 재료들을 구해서 분석해보면 어떨까?

7. 실험 결과

	금속 이온 종류	관찰된 불꽃 색
(1)	______________	______________
(2)	______________	______________
(3)	______________	______________
(4)	______________	______________
(5)	______________	______________
(6)	______________	______________
(7)	______________	______________

미시시료 A: ______________

미지시료 B: ______________

부록 1 SI 단위

화학에서 사용되는 단위로는 국제적 협약으로 만들어진 국제 단위계 (International System of Units, SI Unit) 와 그 밖에 전통적으로 많이 사용되는 단위가 있다. SI 단위는 "기본 단위", "보충 단위" 및 "유도 단위"로 구성되어 있다. 이들을 표의 형태로 수록하여 찾아보기 쉽고 사용하기 용이하게 하였다. 단위에 관한 자세한 설명은 생략하였다.

표 1. SI 기본 단위

물리량	단위명	기호
길이	미터 (meter)	m
질량	킬로그램 (kilogram)	kg
시간	초 (second)	s
전류	암페어 (ampere)	A
온도	켈빈 (kelvin)	K
물질의 양	몰 (mole)	mol
빛의 세기	칸델라 (candela)	cd

표 2. 기본 단위로 표시한 SI 유도 단위의 예

물리량	단위명	기호
넓이	제곱 미터	m^2
부피	세제곱 미터	m^3
속력, 속도	초 당 미터	m/s
가속도	제곱 초 당 미터	m/s^2
파수	역센티미터	1/cm
밀도	세제곱 미터 당 킬로그램	kg/m^3
비부피	킬로그램 당 세제곱 미터	m^3/kg

전류 밀도	제곱 미터 당 암페어	A/m^2
자기장 세기	미터 당 암페어	A/m
농도	세제곱 미터 당 몰	mol/m^3
휘도	제곱 미터 당 칸델라	cd/m^2

표 3. 특별한 이름을 가진 SI 유도 단위

물리량	단위명	기호	식	SI 기본 단위 표시
진동수	헤르츠 (hertz)	Hz		s^{-1}
힘	뉴우톤 (newton)	N		$m \cdot kg \cdot s^{-2}$
압력, 스트레스	파스칼 (pascal)	Pa	N/m^2	$m^{-1} \cdot kg \cdot s^{-2}$
에너지, 일, 열량	주울 (joule)	J	$N \cdot m$	$m^2 \cdot kg \cdot s^{-2}$
일률	와트 (watt)	W	J/s	$m^2 \cdot kg \cdot s^{-3}$
전하량	쿨롱 (coulomb)	C		$s \cdot A$
전위, 전위차, 기전력	볼트 (volt)	V	W/A	$m^2 \cdot kg \cdot s^{-3} \cdot A^{-1}$
전기 용량	패러드 (farad)	F	C/V	$m^{-2} \cdot kg^{-1} \cdot s^4 \cdot A^2$
전기 저항	오옴 (ohm)	W	V/A	$m^2 \cdot kg \cdot s^{-3} \cdot A^{-2}$
전기 전도도	지멘스 (siemens)	S	A/V	$m^{-2} \cdot kg^{-1} \cdot s^3 \cdot A^2$
자기력 선속	웨버 (weber)	Wb	$V \cdot s$	$m^2 \cdot kg \cdot s^{-2} \cdot A^{-1}$
자기력 선속 밀도	테슬라 (tesla)	T	Wb/m^2	$kg \cdot s^{-2} \cdot A^{-1}$
인덕턴스	헨리 (henry)	H	Wb/A	$m^2 \cdot kg \cdot s^{-2} \cdot A^{-2}$
섭씨 온도	섭씨도 (Celsius degree)	C		K
광선속	루멘 (lumen)	lm		$cd \cdot sr$
조명도	룩스 (lux)	lx	lm/m^3	$m^{-3} \cdot sd \cdot sr$

표 4. 특별한 이름으로 표시하는 SI 유도 단위의 예

물리량	단위명	기호	SI 기본 단위 표시
동적 점성도	파스칼 초	$Pa \cdot s$	$m^{-1} \cdot kg \cdot s^{-1}$
표면 장력	미터 당 뉴우톤	N/m	$kg \cdot s^{-2}$
열선속 밀도, 복사 조도	제곱미터 당 와트	W/m^2	$kg \cdot s^{-3}$
열용량, 엔트로피	켈빈 당 주울	J/K	$m^2 \cdot kg \cdot s^{-2} \cdot K^{-1}$

비열용량, 비엔트로피	킬로그램 켈빈 당 주울	J/(kg·K)	$m^2 \cdot s^{-2} \cdot K^{-1}$
비에너지	킬로그램 당 주울	J/kg	$m^2 \cdot s^{-2}$
열전도도	미터 캘빈 당 와트	W/(m·K)	$m \cdot kg \cdot s^{-3} \cdot K^{-1}$
에너지 밀도	세제곱 미터 당 주울	J/m^3	$m^{-1} \cdot kg \cdot s^{-2}$
전기장 세기	미터 당 볼트	V/m	$m \cdot kg \cdot s^{-3} \cdot A^{-1}$
전하 밀도	세제곱 미터 당 쿨롱	C/m^3	$m^{-3} \cdot s \cdot A$
전기 선속 밀도	제곱 미터 당 쿨롱	C/m^2	$m^{-2} \cdot s \cdot A$
유전율	미터 당 패러드	F/m	$m^{-3} \cdot kg^{-1} \cdot s^4 \cdot A^{-2}$
투자율	미터 당 헨리	H/m	$m \cdot kg \cdot s^{-2} \cdot A^{-2}$
몰에너지	몰 당 주울	J/mol	$m^2 \cdot kg \cdot s^{-2} \cdot mol^{-1}$
몰엔트로피, 몰열용량	몰 켈빈 당 주울	J/(mol·K)	$m^2 \cdot kg \cdot s^{-2} \cdot K^{-1} \cdot mol^{-1}$

표 5. SI 접 두 어

인 자	접두어	기호	인 자	접두어	기호
10^{24}	요타(yotta)	Y	10^{-1}	데시(deci)	d
10^{21}	제타(zetta)	Z	10^{-2}	센티(centi)	c
10^{18}	엑사(exa)	E	10^{-3}	밀리(milli)	m
10^{15}	페타(peta)	P	10^{-6}	마이크로(micro)	μ
10^{12}	테라(tera)	T	10^{-9}	나노(nano)	n
10^{9}	기가(giga)	G	10^{-12}	피코(pico)	p
10^{6}	메가(mega)	M	10^{-15}	펨토(femto)	f
10^{3}	킬로(kilo)	k	10^{-18}	아토(atto)	a
10^{2}	헥토(hecto)	h	10^{-21}	젭토(zepto)	z
10^{1}	데카(deca)	da	10^{-24}	욕토(yocto)	y

표6. SI 단위와 함께 사용할 수 있는 단위

단위명	기호	SI 단위 표시
분	min	1 min = 60 s
시간	h	1 h = 60 min = 3600 s

일	d	1 d = 24 h = 86400 s
도	°	$1° = (\pi/180)$ rad
분	′	$1' = (1/60)° = (\pi/10800)$ rad
초	″	$1'' = (1/60)' = (\pi/648000)$ rad
리터	L, *l*	$1\ L = 1\ dm^3 = 10^{-3}\ m^3$
톤	t	$1\ t = 10^3\ kg$

표 7. SI 단위가 실험적으로 얻어지는 국제 단위와 함께 사용하는 단위

단위명	기호	정의
전자 볼트	eV	(가)
원자질량 단위	amu (u)	(나)

(가) 전자 볼트는 한 개의 전자가 진공에서 1볼트의 전위차를 지날 때 얻는 운동 에너지이다. 근사적으로 $1\ eV = 1.602\ 177\ 33(49) \times 10^{-19}$ J이다.

(나) 원자질량 단위는 ^{12}C 핵종의 원자 질량의 1/12과 같다.
근사적으로 $1\ amu = 1.660\ 540\ 2(10) \times 10^{-27}$ kg이다.

표 8. SI 단위와 함께 잠정적으로 사용되는 단위

단위명	기호	SI 기본 단위 표시
해리 (nautical mile)		1 해리 = 1852 m
놋트 (knot)		1 놋트 = $(1852/3600)\ m \cdot s^{-1}$
옹스트롬 (angstrom)	Å	$1\ Å = 0.1\ nm = 10^{-10}\ m$
아르 (are)	a	$1\ a = 1\ dam^2 = 10^2\ m^2$
헥타아르 (hectare)	ha	$1\ ha = 1\ hm^2 = 10^4\ m^2$
바 (bar)	bar	1 bar = 0.1 Mpa = 100 kPa = 1000 hPa = 10^5 Pa
퀴리 (curie)	Ci	$1\ Ci = 3.7 \times 10^{10}\ Bq$
뢴트겐 (roentgen)	R	$1\ R = 2.58 \times 10^{-4}\ kg^{-1} \cdot C$

표9. 흔히 사용되고 있는 CGS 단위

단위명	기호	SI 단위 값
에르그 (erg)	erg	1 erg = 10^{-7} J
다인 (dyne)	dyn	1 dyn = 10^{-5} N
포와즈 (poise)	P	1 P = 1 dyn · s/cm^2 = 0.1 Pa · s
스톡스 (stokes)	St	1 St = 1 cm^2 · s^{-1} = 10^{-4} m^2 · s^{-1}
가우스 (gauss)	Gs, G	1 Gs = 10^{-4} T
에르스텟 (oersted)	Oe	1 Oe = (1000/4π) m^{-1} · A
맥스웰 (maxwell)	Mx	1 Mx = 10^{-8} Wb
스틸브 (stilb)	sb	1 sb = 1 cm^{-2} · cd = 10^{-4} m^{-2} · cd
포트 (phot)	ph	1 ph = 10^4 lx

표 10. 일반적으로 사용을 기피해야 할 기타 단위

단위명	SI 단위 값
표준 기압	1 atm = 101,325 Pa
킬로그램 힘	1 kgf = 9.806 65 N
칼로리	1 cal = 4.18 J
마이크론	1 μ = 10^{-3} mm = 10^{-6}m
카랏	1 metric carat = 200 mg = 2 × 10^{-4} kg
토어	1 torr = (101,325/760) Pa
스테르	1 st = 1 m^3
감마{자기력 선속 밀도}	1 γ = 1 nT = 10^{-9} T
감마{질량 단위}	1 γ = 1 μg = 10^{-9} kg
람다{부피 단위}	1 λ = 10^{-6} L = 10^{-9} m^3

표 11. 기본 상수값

물리량	기호	값
진공에서 빛의 속도	c	$2.997\ 92 \times 10^{8}$ m s^{-1}
Avogadro 수	N_A	$6.022\ 045 \times 10^{23}$ mol^{-1}
Faraday 상수	F	$9.648\ 546 \times 10^{4}$ C mol^{-1}
Planck 상수	h	$6.626\ 18 \times 10^{-34}$ J s
물의 어는점 (1 기압에서)		273.15 K
기체 상수	R	8.314 41 J K^{-1} mol^{-1}
Boltzmann 상수	k	$1.380\ 66 \times 10^{-23}$ J K^{-1}
양성자의 전하량	e	$1.602\ 19 \times 10^{-19}$ C
전자 질량	m_e	$9.109\ 53 \times 10^{-31}$ kg
양성자 질량	m_p	$1.672\ 65 \times 10^{-27}$ kg
중성자 질량	m_n	$1.674\ 95 \times 10^{-27}$ kg
Bohr 마그네톤	μ_B	$9.273\ 2 \times 10^{-24}$ m^{2} A
진공의 투자율	μ_0	$4\pi \times 10^{-7}$ J s^{2} C^{-2} m^{-1}
진공의 유전율	ε_0	$8.854\ 185 \times 10^{-12}$ J^{-1} C^{2} m^{-1}
표준 중력 가속도	g	9.806 65 m s^{-2}

부록 2 산과 염기의 해리상수(25 ℃)

산과 염기의 해리		K_a or K_b	pK_a or pK_b
$H_2O = H^+ + OH^-$ (25 ℃)		1.00×10^{-14}	14.00
(0 ℃)		0.11×10^{-14}	14.94
(60 ℃)		9.61×10^{-14}	13.02
$CH_3COOH = H^+ + CH_3COO^-$		1.76×10^{-5}	4.75
$H_3BO_3 = H^+ + H_2BO_3^-$		6.0×10^{-10}	9.22
$CO_2(aq)+H_2CO_3(aq) = H^+ + HCO_3^-$	K_1:	4.4×10^{-7}	6.35
$HCO_3^- = H^+ + CO_3^{2-}$	K_2:	4.7×10^{-11}	10.33
$H_2CrO_4 = H^+ + HCrO_4^-$	K_1:	2×10^{-1}	0.7
$HCrO_4^- = H^+ + CrO_4^{2-}$	K_2:	3.2×10^{-7}	6.50
$HCHO_2 = H^+ + HCO_2^-$		1.8×10^{-4}	3.74
$HCN = H^+ + CN^-$		4×10^{-10}	9.4
$HF = H^+ + F^-$		6.9×10^{-4}	3.16
$H_2O_2 = H^+ + HO_2^-$		2.4×10^{-12}	11.62
$HSO_4^- = H^+ + SO_4^{2-}$	K_2:	1.2×10^{-2}	1.92
$H_2S = H^+ + HS^-$	K_1:	1.0×10^{-7}	7.00
$HS^- = H^+ + S^{2-}$	K_2:	2×10^{-18}	17.7
$HNO_2 = H^+ + NO_2^-$		4.5×10^{-4}	3.50
$H_2C_2O_4 = H^+ + HC_2O_4^-$	K_1:	3.8×10^{-2}	1.42
$HC_2O_4^- = H^+ + C_2O_4^{2-}$	K_2:	5.0×10^{-5}	4.30
$H_3PO_4 = H^+ + H_2PO_4^-$	K_1:	7.1×10^{-3}	2.15
$H_2PO_4^- = H^+ + HPO_4^{2-}$	K_2:	6.3×10^{-8}	7.20
$HPO_4^{2-} = H^+ + PO_4^{3-}$	K_3:	4.4×10^{-13}	12.36
$H_3PO_3 = H^+ + H_2PO_3^-$	K_1:	1.6×10^{-2}	1.80
$H_2SO_3 = H^+ + HSO_3^-$	K_1:	1.2×10^{-2}	1.92
$HSO_3^- = H^+ + SO_3^{2-}$	K_2:	5.6×10^{-8}	7.25
$NH_3 + H_2O = NH_4^+ + OH^-$		1.8×10^{-5}	4.75
$CH_3NH_2 + HOH = CH_3NH_3^+ + OH^-$		5.0×10^{-4}	3.3
$Ba(OH)_2 = BaOH^+ + OH^-$		strong	
$BaOH^+ = Ba^{2+} + OH^-$	K_2:	1.4×10^{-1}	0.85
$Ca(OH)_2 = CaOH^+ + OH^-$		strong	
$CaOH^+ = Ca^{2+} + OH^-$	K_2:	3.5×10^{-2}	1.5

부록 3 용해도곱(18~25 ℃)

화합물	K_{sp}	화합물	K_{sp}	화합물	K_{sp}
아세트산염		크롬산염		황산염	
$AgCH_3COO$	4×10^{-13}	Ag_2CrO_4	2×10^{-12}	Ag_2SO_4	1.7×10^{-5}
		$BaCrO_4$	1.2×10^{-10}	$BaSO_4$	1.5×10^{-9}
할로젠화 및 시안산염		$PbCrO_4$	2×10^{-16}	$CaSO_4$	2.4×10^{-5}
AgCN	10^{-16}	$SrCrO_4$	3.6×10^{-5}	$PbSO_4$	1.3×10^{-8}
AgCl	1.8×10^{-10}			$SrSO_4$	7.6×10^{-7}
AgBr	5×10^{-13}	수산화물			
AgI	8.5×10^{-17}	$Al(OH)_3$	10^{-33}	황화물	
CuCl	3.2×10^{-7}	$Ca(OH)_2$	1.3×10^{-6}	Ag_2S	10^{-50}
Hg_2Cl_2	1.1×10^{-18}	$Cr(OH)_3$	10^{-30}	CdS	10^{-26}
$PbCl_2$	1.6×10^{-5}	$Cu(OH)_2$	2×10^{-19}	CoS	10^{-21}
PbI_2	8.3×10^{-9}	$Fe(OH)_2$	2×10^{-15}	CuS	10^{-36}
MgF_2	8×10^{-8}	$Fe(OH)_3$	10^{-37}	FeS	10^{-17}
CaF_2	1.7×10^{-10}	$Mg(OH)_2$	9×10^{-12}	HgS	10^{-50}
		$Mn(OH)_2$	2×10^{-13}	MnS	10^{-13}
탄산염		$Pb(OH)_2$	4×10^{-15}	NiS	10^{-22}
Ag_2CO_3	8×10^{-12}	$Sn(OH)_2$	10^{-27}	PbS	10^{-26}
$BaCO_3$	1.6×10^{-9}	$Zn(OH)_2$	5×10^{-17}	SnS	10^{-27}
$CaCO_3$	4.8×10^{-9}			ZnS	10^{-20}
$CuCO_3$	2.5×10^{-10}	옥살산염			
$FeCO_3$	2×10^{-11}	BaC_2O_4	1.5×10^{-8}		
$MgCO_3$	4×10^{-5}	CaC_2O_4	1.3×10^{-9}		
$MnCO_3$	9×10^{-11}	MgC_2O_4	8.6×10^{-5}		
$PbCO_3$	1.5×10^{-13}	SrC_2O_4	5.6×10^{-8}		
$SrCO_3$	7×10^{-10}				

부록 4 표준 환원 전위(25 ℃)

산화제 세기	반쪽 반응	E° (V)	환원제 세기
산화력의 세기가 증가됨 ↑	$\frac{1}{2}F_2(g) + H^+ + e^- \rightleftharpoons HF(aq)$	+3.06	환원력의 세기가 증가됨 ↓
	$\frac{1}{2}F_2(g) + e^- \rightleftharpoons F^-$	+2.87	
	$H_2O_2(aq) + 2H^+ + 2e^- \rightleftharpoons 2H_2O$	+1.77	
	$PbO_2(s) + 4H^+ + SO_4^{2-} + 2e^- \rightleftharpoons 2H_2O + PbSO_4(s)$	+1.685	
	$Ce^{4+} + e^- \rightleftharpoons Ce^{3+}$	+1.61	
	$Bi_2O_4(s) + 4H^+ + 2e^- \rightleftharpoons 2H_2O + 2BiO^+$	+1.6	
	$MnO_4^- + 8H^+ + 5e^- \rightleftharpoons 4H_2O + Mn^{2+}$	+1.51	
	$Mn^{3+} + e^- \rightleftharpoons Mn^{2+}$	+1.51	
	$Au^{3+} + 3e^- \rightleftharpoons Au$	+1.50	
	$HClO(aq) + H^+ + 2e^- \rightleftharpoons H_2O + Cl^-$	+1.49	
	$ClOl_3^- + 6H^+ + 5e^- \rightleftharpoons 3H_2O + \frac{1}{2}Cl_2(g)$	+1.47	
	$Co^{3+} + e^- \rightleftharpoons Co^{2+}$	+1.45	
	$\frac{1}{2}Cl_2 + e^- \rightleftharpoons Cl^-$	+1.3595	
	$Cr_2O_7^{2-} + 14H^+ + 6e^- \rightleftharpoons 7H_2O + 2Cr^{3+}$	+1.33	
	$MnO_2(s) + 4H^+ + e^- \rightleftharpoons 2H_2O + Mn^{2+}$	+1.23	
	$O_2(g) + 4H^+ + 4e^- \rightleftharpoons 2H_2O$	+1.229	
	$\frac{1}{2}Br_2(g) + e^- \rightleftharpoons Br^-$	+1.0652	
	$AuCl_4^- + 3e^- \rightleftharpoons 4Cl^- + Au$	+1.00	
	$NO_3^- + 4H^+ + 3e^- \rightleftharpoons 2H_2O + NO(g)$	+0.96	
	$2Hg^{2+} + 2e^- \rightleftharpoons Hg_2^{2+}$	+0.92	
	$ClO^- + H_2O + 2e^- \rightleftharpoons 2OH^- + Cl^-$	+0.89	
	$HO_2^- + H_2O + 2e^- \rightleftharpoons 3OH^-$	+0.81	
	$Hg^{2+} + 2e^- \rightleftharpoons Hg(l)$	+0.854	
	$O_2 + 4H^+(10^{-7}M) + 4e^- \rightleftharpoons 2H_2O$	+0.815	
	$Ag^+ + e^- \rightleftharpoons Ag$	+0.79991	
	$Hg_2^{2+} + 2e^- \rightleftharpoons 2Hg(l)$	+0.789	
	$Fe^{3+} + e^- \rightleftharpoons Fe^{2+}$	+0.771	
	$O_2(g) + 2H^+ + 2e^- \rightleftharpoons H_2O_2(aq)$	+0.682	
	$MnO_4^- + 2H_2O + 3e^- \rightleftharpoons 4OH + MnO_2(s)$	+0.60	
	$I_3^- + 2e^- \rightleftharpoons 3I^-$	+0.54	
	$\frac{1}{2}I_2(aq) + e^- \rightleftharpoons I^-$	+0.536	
	$MnO_2(s) + H_2O + NH_4^+ + e^- \rightleftharpoons NH_3 + Mn(OH)_3(s)$	+0.50	
	$O_2(g) + 2H_2O + 4e^- \rightleftharpoons 4OH$	+0.401	
	$Cu^{2+} + 2e^- \rightleftharpoons Cu$	+0.337	
	$BiO^+ + 2H^+ + 3e^- \rightleftharpoons H_2O + Bi$	+0.32	
	$HAsO_2(aq) + 3H^+ + 3e^- \rightleftharpoons 2H_2O + As$	+0.2475	

산화제 세기	반쪽 반응	$E°$ (V)	환원제 세기
산화력의 세기가 증가됨 (↑)	$AgCl(s) + e^- \rightleftarrows Cl^- + Ag$	+0.2222	환원력의 세기가 증가됨 (↓)
	$SbO^+ + 2H^+ + 3e^- \rightleftarrows H_2O + Sb$	+0.212	
	$SO_4^{2-} + 4H^+ + 2e^- \rightleftarrows H_2O + H_2SO_3(aq)$	+0.17	
	$Sn^{4+} + 2e^- \rightleftarrows Sn^{2+}$	+0.15	
	$S+2H^+ + 2e^- \rightleftarrows H_2S(g)$	+0.141	
	$2H^+ + 2e^- \rightleftarrows H_2(g)$	0.000	
	$O_2(g) + H_2O + 2e^- \rightleftarrows OH^- + HO_2^-$	−0.076	
	$Pb^{2+} + 2e^- \rightleftarrows Pb$	−0.126	
	$CrO_4^{2-} + 4H_2O + 3e^- \rightleftarrows 5OH^- + Cr(OH)_3(s)$	−0.13	
	$Sn^{2+} + 2e^- \rightleftarrows Sn$	−0.136	
	$Ni^{2+} + 2e^- \rightleftarrows Ni$	−0.250	
	$Co^{2+} + 2e^- \rightleftarrows Co$	−0.277	
	$PbSO_4(s) + 2e^- \rightleftarrows SO_4^{2-} + Pb$	−0.356	
	$Cd^{2+} + 2e^- \rightleftarrows Cd$	−0.403	
	$Cr^{3+} + e^- \rightleftarrows Cr^{2+}$	−0.41	
	$2H^+(10^{-7}M) + 2e^- \rightleftarrows H_2(g)$	−0.414	
	$Fe^{2+} + 2e^- \rightleftarrows Fe$	−0.44	
	$S + 2e^-(1\ M\ OH^-) \rightleftarrows S^{2-}$	−0.48	
	$2CO_2(g) + 2H^+ + 2e^- \rightleftarrows H_2C_2O_4(aq)$	−0.49	
	$Cr^{3+} + 3e^- \rightleftarrows Cr$	−0.74	
	$Zn^{2+} + 2e^- \rightleftarrows Zn$	−0.763	
	$2H_2O + 2e^- \rightleftarrows 2OH^- + H_2(g)$	−0.828	
	$SO_4^{2-} + H_2O + 2e^- \rightleftarrows 2OH^- + SO_3^{2-}$	−0.93	
	$Mn^{2+} + 2e^- \rightleftarrows Mn$	−1.18	
	$Al^{3+} + 3e^- \rightleftarrows Al$	−1.66	
	$Mg^{2+} + 2e^- \rightleftarrows Mg$	−2.37	
	$Na^+ + e^- \rightleftarrows Na$	−2.714	
	$Ca^{2+} + 2e^- \rightleftarrows Ca$	−2.87	
	$Sr^{2+} + 2e^- \rightleftarrows Sr$	−2.89	
	$Ba^{2+} + 2e^- \rightleftarrows Ba$	−2.90	
	$Cs^+ + e^- \rightleftarrows Cs$	−2.92	
	$K^+ + e^- \rightleftarrows K$	−2.925	
	$Li^+ + e^- \rightleftarrows Li$	−3.045	

부록 5 물의 증기압

온 도	증 기 압	온 도	증 기 압	온 도	증 기 압
0	4.579	21	18.650	42	61.50
1	4.926	22	19.827	43	64.80
2	5.294	23	21.068	44	68.26
3	5.685	24	22.377	45	71.88
4	6.101	25	23.756	46	75.65
5	6.543	26	25.209	47	79.60
6	7.013	27	26.739	48	83.71
7	7.513	28	28.349	49	88.02
8	8.045	29	30.043	50	92.51
9	8.609	30	31.824	55	118.04
10	9.209	31	33.695	60	149.38
11	9.844	32	35.663	65	187.54
12	10.518	33	37.729	70	233.7
13	11.231	34	39.898	75	289.1
14	11.987	35	42.175	80	355.1
15	12.788	36	44.563	85	433.6
16	13.634	37	47.067	90	525.76
17	14.530	38	49.692	95	633.90
18	15.477	39	52.442	99	733.24
19	16.477	40	55.324	100	760.00
20	17.535	41	58.34	101	787.57

*온도는 섭씨 온도(°C), 증기압은 mmHg의 단위로 표시되었음.

부록 6 물의 밀도

온도(℃)	밀도(g/mL)	온도(℃)	밀도(g/mL)
0	0.99984	21	0.99800
1	0.99990	22	0.99777
2	0.99994	23	0.99754
3	0.99997	24	0.99730
4	0.99998	25	0.99705
5	0.99997	26	0.99679
6	0.99994	27	0.99652
7	0.99990	28	0.99624
8	0.99985	29	0.99575
9	0.99978	30	0.99565
10	0.99970	31	0.99534
11	0.99961	32	0.99503
12	0.99950	33	0.99471
13	0.99938	34	0.99437
14	0.99925	35	0.99403
15	0.99910	36	0.99369
16	0.99895	37	0.99333
17	0.99878	38	0.99297
18	0.99860	39	0.99260
19	0.99841	40	0.99222
20	0.99821	41	0.99183

$1\ g/mL = 1\ g/cm^3 = 1 \times 10^{-3}\ kg/m^3$

부록 7 주요 시약의 특성

1. 산

1) **황산**(sulfuric acid, H_2SO_4) : 18 M 수용액(98 wt%)으로 판매되며, 매우 센산으로 물과 격렬하게 반응하면서 많은 열을 낸다. 진한 황산을 묽힐 때는 물을 잘 저으면서 산을 서서히 넣어 주어야 한다. 진한 황산은 강한 탈수력을 가지고 있다. 황산으로 금속을 녹이는 경우에 너무 많은 양을 사용하면 남은 황산을 증발시키기가 매우 어렵기 때문에 적당한 양을 사용해야 한다.

2) **질산**(nitric acid, HNO_3) : 15 M 수용액(70 wt%)으로 판매되는 매우 센산으로 강한 산화력을 가지고 있어서 금속과 잘 반응하고, 갈색의 이산화질소 기체가 발생한다. 그러나 알루미늄, 철, 주석과 같은 금속은 진한 질산에 의해서 산화되면 잘 녹지 않는 금속 산화물 막이 만들어 지기 때문에 묽은 질산을 사용한 것이 더 유리하다.

3) **염산**(hydrochloric acid, HCl) : 12 M 수용액(37 wt%)으로 판매되는 센산이다. 금속과 반응하면 수소 기체와 금속 양이온이 생성된다. 휘발성이 크기 때문에 반응 후에 남은 염산은 가열해서 쉽게 증발시킬 수 있다.

4) **인산**(phosphoric acid, H_3PO_4)15 M 수용액(85 wt%)으로 판매되는 약한 산이다. 휘발성이 없고 산화력이 약하다.

5) **아세트산**(acetic acid, CH_3COOH) : 유기산으로 빙초산이라고 부르는 18 M 수용액(99.7 wt%)으로 판매된다. 흔히 사용되는 약한 산으로 산성의 완충 용액을 만드는 데 많이 사용된다. 진한 질산과 혼합하면 폭발성 물질이 만들어지기 때문에 조심해야 한다.

2. 염기

1) **수산화 나트륨**(sodium hydroxide, NaOH) : 물에 녹이면 많은 열이 발생하고, 수용액은 센 염기성을 나타낸다. 수용액은 공기 중의 이산화탄소를 흡수해서 탄산염이 만들어지면서 용액의 pH가 낮아진다. 그러므로 수산화 나트륨 수용액은 사용하기 직전에 만들어야 하고, 정밀한 실험을 위해서는 1차 표준 물질로 표준화해야 한다.

2) **암모니아 수용액**(aqueous ammonium solution, NH_4OH) : 진한 암모니아 용액은 15 M의 암모니아를 포함하고 있으며, 전형적인 약염기로 염기성의 완충 용액을 만드는 데 사용된다.

3. 기타 시약

1) **과산화수소**(hydrogen peroxide, H_2O_2) : 보통 30% 수용액으로 판매되는 강한 산화제이지만 약한 환원력도 가지고 있다. 진한 과산화수소 용액은 피부에 화상을 입힐 수 있기 때문에 주의해야 하지만, 묽은 용액은 소독용으로 사용되기도 한다.

2) **과망간산 칼륨**(potassium permanganate, $KMnO_4$) : 매우 강한 산화제로, 산성 용액에서는 Mn^{2+} 이온이 생성되고, 염기성 용액에서는 물에 녹지 않는 MnO_2가 생성된다. 진한 황산을 넣어주면 폭발성이 매우 큰 화합물이 만들어진다.

3) **다이크롬산 칼륨**(potassium dichromate, $K_2Cr_2O_7$) : 강한 산화제로 초록색의 Cr^{3+} 이온을 생성한다. 산성 용액에서는 오렌지색의 $Cr_2O_7^{2-}$로 존재하고, 염기성 용액에서는 노란색의 CrO_4^{2-}로 존재한다. 크롬 이온은 독성이 매우 강하기 때문에 사용한 다음에 반드시 회수해서 적절하게 처리해야 한다.

4) **싸이오아세트아마이드**(thioacetamide, CH_3CSNH_2) : 고체의 유기 화합물로 산성과 염기성 용액에서 쉽게 가수분해되어서 H_2S가 발생하기 때문에 정성 분석에서 황화물 침전을 얻기 위한 H_2S의 공급원으로 많이 사용된다.

부록 8 분광광도계의 사용법

스펙트로닉 20(Spectronic 20) 분광광도계는 일반화학 실험에 적절하도록 조작이 단순한 홑살 분광광도계로 시료에 의해서 빛이 흡수되는 정도를 측정하는 장치이다.

램프에서 나온 빛은 렌즈로 모아져서 빛살을 형성하고, 회절발(grating)로 만들어진 단색화 장치를 통과하면서 340~650 nm 파장 범위에서 20 nm 정도의 띠나비를 가진 단색광이 만들어져서 시료를 거쳐 광전관에 도달하게 된다.

시료 용액에 들어있는 용질에 의한 흡광도는 시료 용액과 바탕 용매의 투과도의 비로부터 결정된다. 우선 바탕 용매의 투과도가 100% (흡광도 0%)가 되도록 입사광의 세기를 조절하고, 같은 조건에서 입사광을 시료 용액에 투과시키면 그 값의 비로부터 시료의 흡광도로 계기에 표시된다. 흡광도 A와 몰 흡광계수 ε 및 시료 용기의 두께 b를 알면 다음과 같은 베르(Beer)의 법칙에 따라 용질의 몰 농도 c를 결정할 수 있다.

$$A = \varepsilon bc$$

분광광도계의 조작방법

1. 분광광도계의 전원을 연결하고 적어도 15분 이상 예열을 시킨다.
2. "dark"라고 표시된 영점 조절 손잡이를 돌려서 계기의 바늘이 "0"에 오도록 한다. 이때 시료 용기를 넣는 곳에는 아무 것도 넣지 말고 뚜껑을 닫아 두어야 한다.
3. 파장 선별기를 돌려서 원하는 빛의 파장을 선택한다.
4. 시료 용기에 바탕 용매를 넣고 뚜껑을 닫은 후 빛세기 조절 손잡이로 계기의 바늘이 100% 투과도 (흡광도 0)가 되도록 조절한다.
5. 시료가 든 용기를 넣고 뚜껑을 닫은 후 흡광도를 읽는다.
6. 분광광도계의 감도가 변하지 않았는가를 확인하기 위하여 위의 4 과정을 반복해서 계기의 바늘이 같은 위치에 오는가를 확인한다(바늘이 같은 위치에 오지 않으면 (2) 이후를 반복한다).

주의 사항

1. 시료 용기를 사용하기 전에 깨끗하게 닦고 시료 용액으로 씻어낸다.
2. 입사광의 파장을 바꾸기 전에는 언제나 빛의 세기를 최소로 하고, 바탕 용매를 다시 넣어서 투과도가 100%가 되도록 조절해야 한다. 너무 센 빛이 광전관에 닿

게 되면 광전관에 손상이 생길 수 있다.

3. 시료 용기에 손자국이나 지문이 남지 않도록 조심해야 한다.

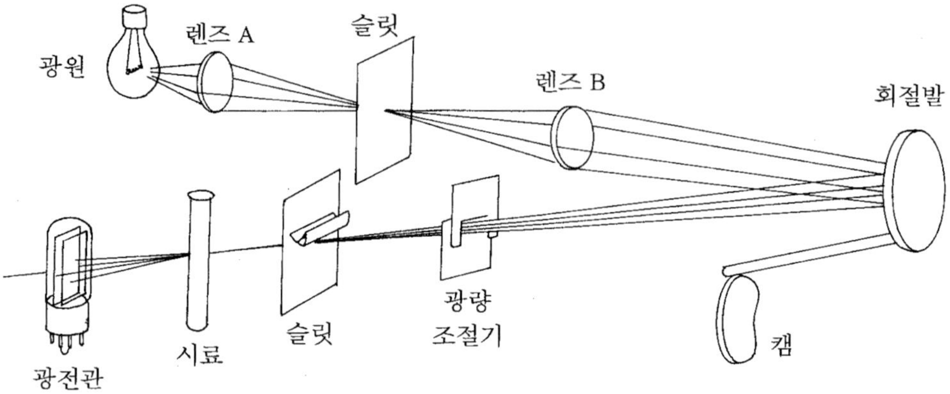

그림 A8-1 분광광도계의 내부 구조

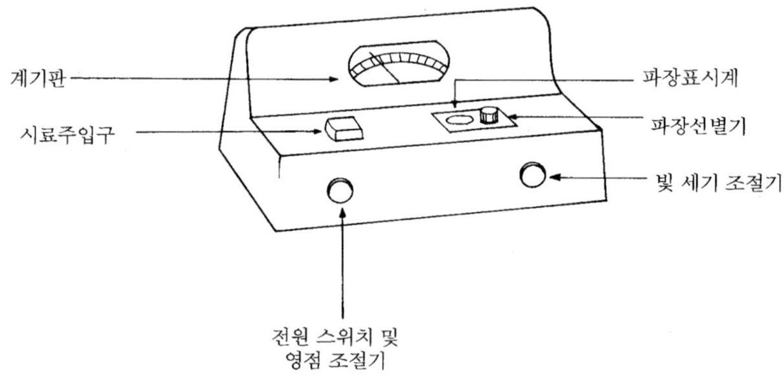

그림 A8-2 스펙트로닉 20

부록 9 유리 세공

실리카(SiO_2)가 주성분인 유리는 완전한 결정형 고체가 아니고 녹는점도 확실하지 않다. 유리는 반응성이 매우 낮아서 대부분의 화합물과 반응하지 않는 특성을 가지고 있다. 또한 유리를 가열하면 물렁물렁하게 되어서 모양을 쉽게 변화시킬 수 있고, 냉각시키면 다시 딱딱하게 되기 때문에 실험에 필요한 기구를 만드는 데에 많이 사용된다.

유리는 그 성분에 따라 매우 다양한 특성을 나타내면, 화학 실험실에서는 주로 소다-석회 유리와 보로규산염 유리를 많이 사용한다. 소다-석회 유리는 소다(Na_2CO_3), 석회석($CaCO_3$), 그리고 실리카(SiO_2)를 혼합해서 만든 것으로 300~400 ℃에서 물렁물렁해지고 쉽게 구부러진다. 그러나 소다-석회 유리는 열팽창 계수가 크기 때문에 급격하게 가열하거나 냉각시키면 쉽게 깨지는 단점이 있다. 한편 파이렉스나 키맥스라는 상품명으로 생산되는 보로규산염 유리는 700~800 ℃가 되어야만 물렁물렁해지기 때문에 가공이 어렵지만 열팽창 계수가 작아서 급격한 온도 변화에도 깨지지 않는 장점이 있다.

실험실에서는 소다-석회 유리로 만든 유리관을 많이 사용한다. 유리관을 가스 버너로 가열하면 물렁물렁하게 되어서 구부리거나 길게 뽑을 수 있게 되어 실험에 필요한 모양으로 쉽게 가공할 수 있다. 유리관은 가열하여 매우 뜨거운 상태에서도 겉보기에는 아무런 변화가 없는 것 같기 때문에 조심해서 취급하지 않으면 화상을 입을 수 있다.

1. 유리관 자르기

유리관을 편편한 실험대에 올려놓고, 왼손으로 잘 잡은 상태에서 삼각줄(file)로 한 번에 깊은 흠집을 만든다. 줄을 톱질할 때처럼 앞뒤로 움직이는 것은 좋지 않다. 한번에 흠집이 생기지 않으면 줄을 새 것으로 바꾸어야 한다.

흠집의 반대쪽에 두 엄지손가락을 대고, 유리관을 바깥쪽으로 가볍게 꺾으면서 양쪽으로 잡아당긴다. 무리한 힘을 주지 않더라도 유리관이 잘라질 것이다. 직경이 큰 유리관을 자를 경우에는 흠집 부근을 수건으로 감싸고 자르는 것이 좋다.

잘라진 유리관의 절단면은 매우 날카롭기 때문에 가스 버너의 불꽃으로 둥글게 만들어야 한다. 유리관의 끝을 불꽃에 넣고 돌리면서 가열한다. 너무 오래 가열하면 유리관의 끝이 좁아지기 때문에 불꽃에 잠시만 넣으면 된다.

2. 유리관 굽히기

유리관을 굽히기 위해서는 넓은 부위를 고르게 가열하는 것이 중요하다. 가스 버너의 불꽃이 넓게 퍼지도록 만드는 장치를 사용하면 편리하다. 그림 A9-2와 같이 유리관을 가스 버너의 불꽃에 넣고 두 손으로 돌리면서 고르게 가열한다. 유리관 위쪽의 불꽃이 노란색으로 바뀌게 되면 유리관이 적당히 가열된 것이다.

유리관이 적당히 물러지면 편편한 석면판에 올려놓고 원하는 각도까지 유리관을 굽힌 후에 충분히 식힌다. 구부러진 부분이 꺾이거나 직경이 줄어들게 되면 좋지 않다. 유리관이 균일하고 부드럽게 구부러지도록 몇 차례 연습하는 것이 좋다.

3. 유리관 뽑기

유리관을 버너 불꽃으로 충분히 가열한 후에 유리관을 불꽃에서 꺼낸다. 불꽃에서 꺼내기 전에 유리관을 양손으로 조금 밀어서 가열된 부분이 조금 두꺼워지도록 만드는 것도 좋다. 뜨거운 유리관을 몇 초 동안 돌린 후에 가볍게 잡아당기면 유리관이 가늘게 늘어난다. 석면관 위에 놓아서 충분히 식힌 후에 가운데를 잘라서 불꽃으로 처리하여 날카로운 부분을 둥글게 만들어서 사용한다.

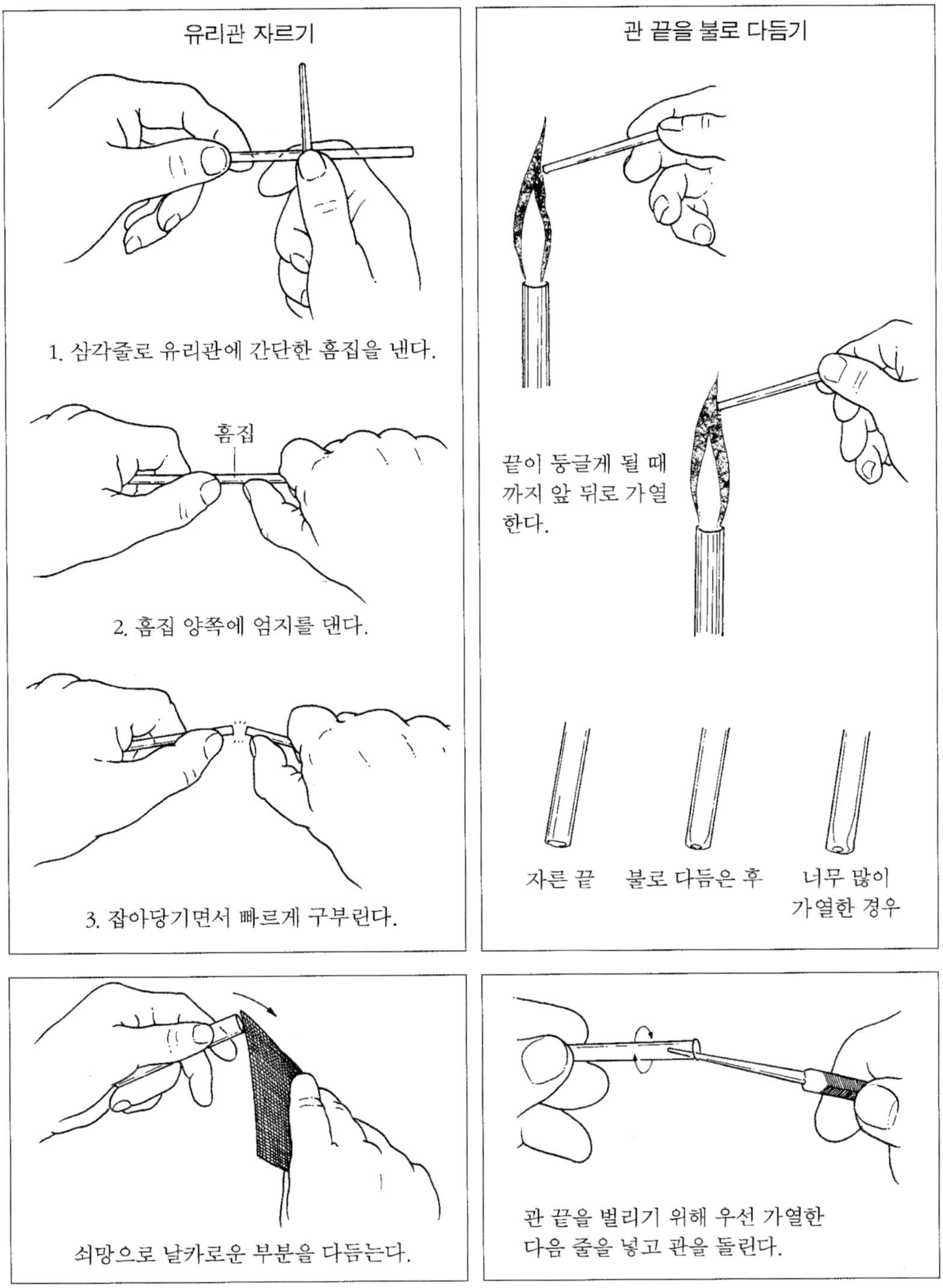
유리관 자르기
1. 삼각줄로 유리관에 간단한 흠집을 낸다.
흠집
2. 흠집 양쪽에 엄지를 댄다.
3. 잡아당기면서 빠르게 구부린다.
관 끝을 불로 다듬기
끝이 둥글게 될 때
까지 앞 뒤로 가열
한다.
자른 끝
불로 다듬은 후
너무 많이
가열한 경우
쇠망으로 날카로운 부분을 다듬는다.
관 끝을 벌리기 위해 우선 가열한
다음 줄을 넣고 관을 돌린다.

그림 A9-1

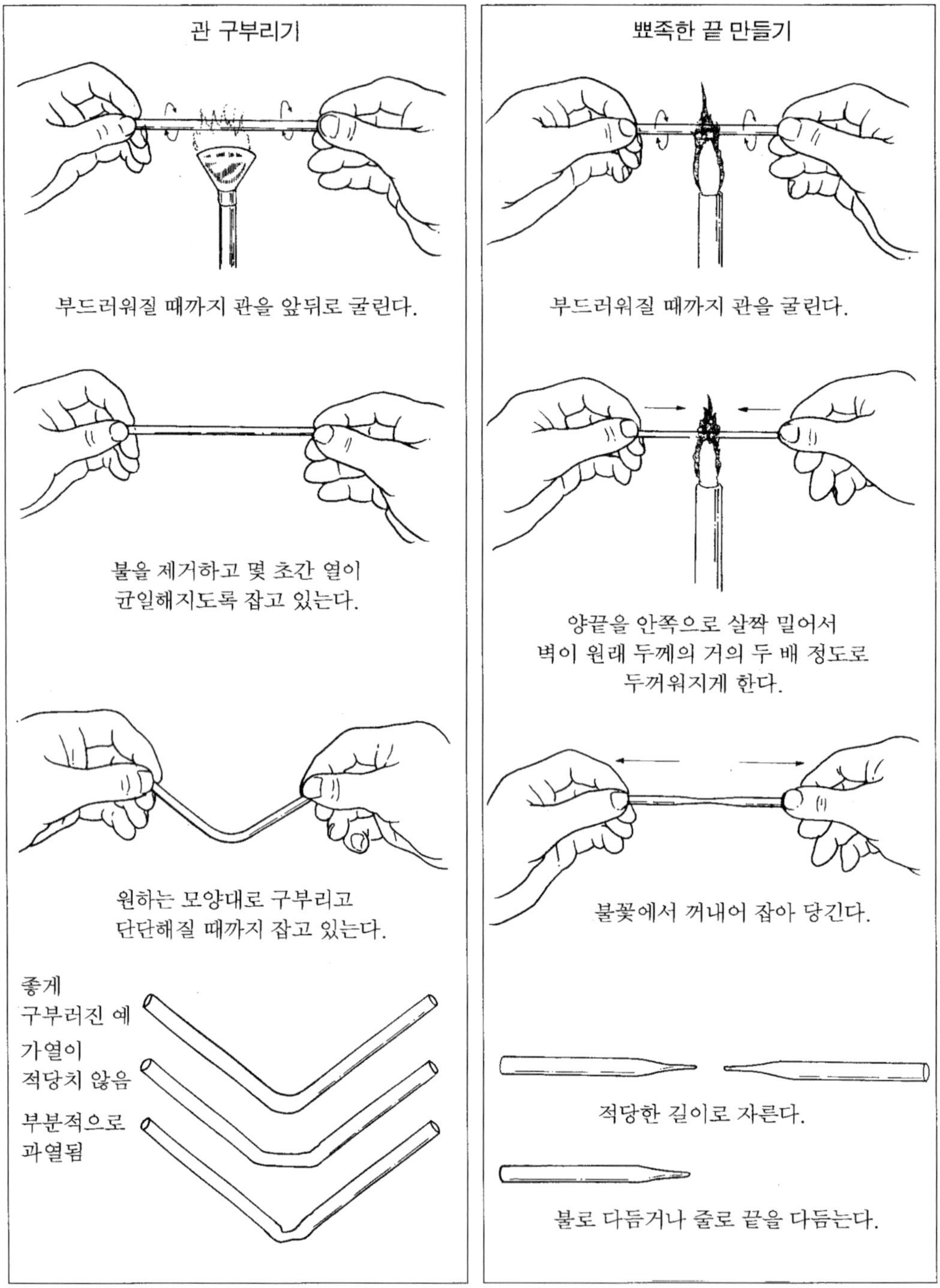
관 구부리기
부드러워질 때까지 관을 앞뒤로 굴린다.
불을 제거하고 몇 초간 열이
균일해지도록 잡고 있는다.
원하는 모양대로 구부리고
단단해질 때까지 잡고 있는다.
좋게
구부러진 예
가열이
적당치 않음
부분적으로
과열됨
뾰족한 끝 만들기
부드러워질 때까지 관을 굴린다.
양끝을 안쪽으로 살짝 밀어서
벽이 원래 두께의 거의 두 배 정도로
두꺼워지게 한다.
불꽃에서 꺼내어 잡아 당긴다.
적당한 길이로 자른다.
불로 다듬거나 줄로 끝을 다듬는다.

그림 A9-2

표준일반화학실험 [제 7개정판]

초 판 2011년 2월 28일
제 판 2021년 2월 28일

편 자 대한화학회
발행인 이 덕 길
발행처 천 문 각
주 소 서울 도봉구 시루봉로 15길 19(방학동)
전 화 (02)3491-5305, 3492-5962
팩 스 (02)3494-5962
등 록 제6-50호
정 가 15,000원

ISBN 89-85056-12-3

원소의 이름, 기호, 원소 번호 및 질량

원소 이름		기호	번호	질량
가돌리늄	Gadolinium	Gd	64	157.25
갈륨	Gallium	Ga	31	69.72
구리	Copper	Cu	29	36.54
규소	Silicon	Si	14	28.086
금	Gold	Au	79	196.967
나이오븀	Niobium	Nb	41	92.906
나트륨(소듐)	Sodium	Na	11	22.9898
납	Lead	Pb	82	207.19
네오디뮴	Neodymium	Nd	60	144.24
네온	Neon	Ne	10	20.183
넵투늄	Neptunium	Np	93	(237)
노벨륨	Nobelium	No	102	(259)
니켈	Nickel	Ni	28	58.71
다름슈타튬	Darmstadtium	Ds	110	(281)
더브늄	Dubnium	Db	105	(262)
디스프로슘	Dysprosium	Dy	66	162.50
라돈	Radon	Rn	86	(222)
라듐	Radium	Ra	88	(226)
란타넘	Lanthanum	La	57	138.91
러더포듐	Rutherfordium	Rf	104	(261)
레늄	Rhenium	Re	75	186.2
로듐	Rhodium	Rh	45	102.905
로렌슘	Lawrencium	Lr	103	(262)
뢴트게늄	Roentgenium	Rg	111	(272)
루비듐	Rubidium	Rb	37	85.47
루테늄	Ruthenium	Ru	44	101.07
루테튬	Lutetium	Lu	71	174.97
리튬	Lithium	Li	3	6.939
마그네슘	Magnesium	Mg	12	24.312
마이트너륨	Meitnerium	Mt	109	(266)
망가니즈	Manganese	Mn	25	54.9380
멘델레븀	Mendelevium	Md	101	(260)
몰리브데넘	Molybdenum	Mo	42	95.94
바나듐	Vanadium	V	23	50.942
바륨	Barium	Ba	56	137.34
백금	Platinum	Pt	78	195.09
보륨	Bohrium	Bh	107	
버클륨	Berkelium	Bk	97	(247)
베릴륨	Beryllium	Be	4	9.0122
붕소	Boron	B	5	10.811
브로민	Bromine	Br	35	79.909
비소	Arsenic	As	33	74.9216
비스무트	Bismuth	Bi	83	208.980
사마륨	Samarium	Sm	62	150.35
산소	Oxygen	O	8	15.9994
세륨	Cerium	Ce	58	140.12
세슘	Caesium	Cs	55	132.905
셀레늄	Selenium	Se	34	78.96
수소	Hydrogen	H	1	1.00797
수은	Mercury	Hg	80	200.59
스칸듐	Scandium	Sc	21	44.956
스트론튬	Strontium	Sr	38	87.62
시보귬	Seaborgium	Sg	106	
아르곤	Argon	Ar	18	39.948
아메리슘	Americium	Am	95	(243)
아스타틴	Astatine	At	85	(210)
아연	Zinc	Zn	30	65.37
아인슈타이늄	Einsteinium	Es	99	(254)
악티늄	Actinium	Ac	89	(227)
안티모니	Antimony	Sb	51	121.75
알루미늄	Aluminium	Al	13	26.9815
어븀	Erbium	Er	68	167.26
염소	Chlorine	Cl	17	35.453
오스뮴	Osmium	Os	76	190.2
요오드(아이오딘)	Iodine	I	53	126.9044
우라늄	Uranium	U	92	238.03
유로퓸	Europium	Eu	63	151.96
은	Silver	Ag	47	107.870
이리듐	Iridium	Ir	77	192.2
이터븀	Ytterbium	Yb	70	173.04
이트륨	Yttrium	Y	39	88.905
인	Phosphorus	P	15	30.9738
인듐	Indium	In	49	114.82
저마늄(게르마늄)	Germanium	Ge	32	72.59
제논	Xenon	Xe	54	131.30
주석	Tin	Sn	50	118.69
지르코늄	Zirconium	Zr	40	91.22
질소	Nitrogen	N	7	14.0067
철	Iron	Fe	26	55.847
카드뮴	Cadmium	Cd	48	112.40
칼리포늄	Californium	Cf	98	(251)
칼슘	Calcium	Ca	20	40.08
코발트	Cobalt	Co	27	58.9332
코페르니슘	Copernicium	Cn	112	
퀴륨	Curium	Cm	96	(247)
크로뮴	Chromium	Cr	24	51.996
크립톤	Krypton	Kr	36	83.80
타이타늄	Titanium	Ti	22	47.90
탄소	Carbon	C	6	12.01115
탄탈럼	Tantalum	Ta	73	180.948
탈륨	Thallium	Tl	81	204.37
터븀	Tungsten	Tb	65	158.924
텅스텐	Terbium	W	74	183.85
테크네튬	Technetium	Tc	43	(99)
텔루륨	Tellurium	Te	52	127.60
토륨	Thorium	Th	90	232.038
툴륨	Thulium	Tm	69	168.934
팔라듐	Palladium	Pd	46	106.4
페르뮴	Fermium	Fm	100	(257)
포타슘(카리)	Potassium	K	19	39.102
폴로늄	Polonium	Po	84	(210)
프라세오디뮴	Praseodymium	Pr	59	140.907
프랑슘	Francium	Fr	87	(223)
프로메튬	Promethium	Pm	61	(145)
프로탁티늄	Protactinium	Pa	91	(231)
플루오린(불소)	Fluorine	F	9	18.9984
플루토늄	Plutonium	Pu	94	(242)
하슘	Hassium	Hs	108	
하프늄	Hafnium	Hf	72	178.49
헬륨	Hellium	He	2	4.0026
홀뮴	Holmium	Ho	67	164.930
황	Sulfur	S	16	32.064